新时代新理念职业教育教材·土木建筑类
职业教育校企合作开发教材

公路工程造价软件应用及案例分析

主　编　聂莉萍　祝海宾
副主编　孙　微　张　先　李洪梅
编　者　徐隽尉　谢晓琴
主　审　何银龄

北京交通大学出版社
·北京·

内 容 简 介

本教材主要介绍公路工程造价基础知识、用工程造价软件编制概算预算及工程量清单预算的详细操作、施工图预算和工程量清单预算编制实例等内容。每个项目均有课程思政案例，每个任务均有任务引入、任务分析、任务实施，每个任务后都附有考核与评价。

本教材可作为高等职业院校道路与桥梁专业的教材，也可作为公路工程造价培训或自学的用书。

图书在版编目(CIP)数据

公路工程造价软件应用及案例分析/聂莉萍，祝海宾主编；孙微，张先，李洪梅副主编 .—北京：北京交通大学出版社，2024. 1

新时代新理念职业教育教材. 土木建筑类

ISBN 978-7-5121-5144-4

Ⅰ. ①公… Ⅱ. ①聂… ②祝… ③孙… ④张… ⑤李… Ⅲ. ①道路工程-工程造价-编制-应用软件-职业教育-教材 Ⅳ. ①U415. 13-39

中国国家版本馆 CIP 数据核字(2024)第 230693 号

公路工程造价软件应用及案例分析

GONGLU GONGCHENG ZAOJIA RUANJIAN YINGYONG JI ANLI FENXI

责任编辑：谭文芳

出版发行：北京交通大学出版社　电话：010-51686414　http://www.bjtup.com.cn

地　　址：北京市海淀区高梁桥斜街 44 号　邮编：100044

印 刷 者：艺堂印刷（天津）有限公司

经　　销：全国新华书店

开　　本：185 mm×260 mm　印张：19. 5　字数：499 千字

版 印 次：2024 年 1 月第 1 版　2024 年 1 月第 1 次印刷

定　　价：79. 00 元

本书如有质量问题，请向北京交通大学出版社质监组反映。对您的意见和批评，我们表示欢迎和感谢。

投诉电话：010-51686043，51686008；传真：010-62225406；E-mail：press@bjtu. edu. cn。

前　言

本教材基于道路与桥梁专业人才培养目标，根据教学改革和课程标准相关要求及现行《公路工程建设项目概算预算编制办法》（JTG 3830—2018）等规范和法令性文件，并结合最新版的公路工程造价管理软件进行编写。

本教材以项目为导向，以真实生产项目、工作任务、实例为载体，以任务实施为主线构建教材内容，将知识点贯穿任务实施过程，全面对接社会实际岗位要求，并融入课程思政元素，使学生通过学习，掌握实际岗位需要的知识、技能，培养职业素养，引导正确的价值取向。

本教材包含公路工程造价基础知识、用工程造价软件编制概算预算及工程量清单预算的详细操作、施工图预算和工程量清单预算编制实例等内容。每个项目均有课程思政案例，每个任务均有任务引入、任务分析、任务实施，每个任务后均附有考核与评价。本教材中嵌入了实操练习、考核与评价操作视频二维码，配套有高质量 PPT（可通过扉页二维码获取），便于教师组织教学和学生自学，提升学习效果。

本教材可作为高等职业院校道路与桥梁专业的教材，也可作为公路工程造价培训或自学的用书。

本教材由江西交通职业技术学院聂莉萍、珠海纵横创新软件有限公司祝海宾担任主编，由江西交通职业技术学院孙微、张先、李洪梅担任副主编，由珠海纵横创新软件有限公司何银龄担任主审。全书的具体编写分工为：江西交通职业技术学院孙微编写项目 1；江西交通职业技术学院张先编写项目 2；江西交通职业技术学院聂莉萍编写项目 3、项目 4、项目 5；江西交通职业技术学院李洪梅编写项目 6；珠海纵横创新软件有限公司祝海宾编写项目 7；江西交通职业技术学院徐隽尉、珠海纵横创新软件有限公司谢晓琴负责了前期编写资料的准备和收集。全书最后由聂莉萍统稿。

由于编写时间仓促，编者水平有限，教材中难免有错误和疏漏之处，敬请同行专家及广大读者提出批评意见，以便编者修订完善。

编　者

2023 年 11 月

目　　录

项目 1

公路工程造价基础知识

项目目标

知识目标：了解公路建设项目的划分和基本建设程序；了解公路工程造价的含义及特点；掌握公路工程定额的概念和定额应用知识；了解公路工程投资估算的概念和费用组成；掌握公路工程概算预算的概念和费用组成；了解公路工程概算预算费用的计算方法和程序；了解公路工程招标投标的概念。

技能目标：会应用公路工程造价基础知识解决实际问题。

素质目标：通过学习公路工程造价基础知识，运用基础知识解决实际问题，建立重视基本概念、基本知识的意识；养成重视原理、细节的品质，培养有责任、有担当的精神。

任务脉络

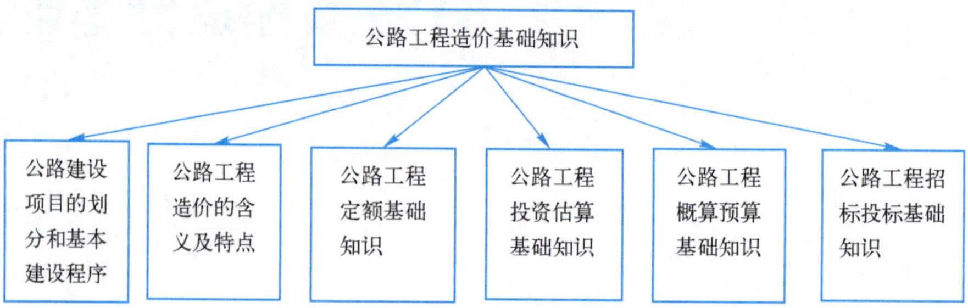

【小贴士】我国的工程造价发展历程

中国是人类对工程项目造价认识最早的国家之一。在封建社会，许多朝代官府都大兴土木，这使得历代工匠们积累了丰富的建筑管理经验，官员们的归纳整理促进了工程项目施工和造价管理方面理论及方法的形成。据我国春秋战国时期科学技术名著《考工记》“匠人为沟洫”记载：“凡修筑沟渠堤防，一定要先以匠人们一天修筑的进度为参照，再以一里工程所需的匠人数和天数来预算这个工程的劳动力，然后再调配人力，再进行施工。”这是人类最早的工程造价预算与工程施工控制方法文字记录之一。但随着工业革命的到来和资本主义的发展，中华民族的发展开始落后，这种落后同样也体现在工程造价管理方面。

改革开放以前，我国工程造价管理模式一直沿用着苏联模式——基本建设概预算制度。

改革开放后，工程造价管理历经了计划经济时期的概预算管理、工程定额管理的“量价统一”、工程造价管理的“量价分离”各阶段，目前逐步过渡到以市场机制为主导、由政府职能部门实行协调监督、与国际惯例全面接轨的新管理模式。为适应 20 世纪 50 年代初期大规模的基础建设而建立了工程造价体制，并经过长期的工程实践，形成了具有计划经济特色的工程造价管理体制并且日臻完善，对合理确定和有效控制造价起到了积极的作用。

新中国成立以来，我国的工程造价管理主要经历了以下几个阶段。

第一阶段，从新中国成立初期到 20 世纪 50 年代中期，是无统一预算定额与单价的工程造价计价模式。这一时期主要是通过设计图计算出的工程量来确定工程造价。当时计算工程量没有统一的规则，只有估价员根据企业的累积资料和本人的工作经验，结合市场行情进行工程报价，经过与业主洽商后达成最终工程造价。

第二阶段，从 20 世纪 50 年代到 90 年代初期，是有政府统一预算定额与单价的工程造价计价模式，基本属于政府定价。这一阶段延续的时间最长，并且影响最为深远。当时的工程计价基本上是在统一的预算定额与单价情况下进行的，因此工程造价的确定主要是按设计图及统一的工程量计算规则计算工程量，并套用统一的预算定额与单价，计算出工程直接费，再按规定计算间接费及有关费用，最终确定工程的概算造价或预算造价，并在竣工后编制决算，经审核后的决算即为工程最终造价。

第三阶段，从 20 世纪 90 年代至 2003 年，这段时间造价管理沿袭了以前的造价管理方法，同时随着我国社会主义市场经济的发展，国家有关部门对传统的预算定额计价模式提出了“控制量，放开价，引入竞争”的基本改革思路。各地在编制新预算定额的基础上，明确规定将预算定额单价中的材料、人工、机械价格作为编制期的基期价，并定期发布当月市场价格信息进行动态指导，在规定的幅度内予以调整，同时在引入竞争机制方面做了新的尝试。

第四阶段，2003 年 3 月有关部门发布《建设工程工程量清单计价规范》，自 2003 年 7 月 1 日起在全国实施，工程量清单计价是在建设施工招投标时招标人依据工程施工图纸及招标文件要求，以统一的工程量计算规则和统一的施工项目划分规定，为投标人提供实物工程量项目和技术性措施项目的数量清单；投标人在国家定额指导下及企业内部定额的要求下进行投标。

【学后谨记】

结合历史背景，了解我国工程造价的发展历程，掌握我国公路工程造价的基本理论知识，成为一个有责任、有担当、有实力的专业造价能手。

任务 1.1　公路建设项目的划分和基本建设程序

▶ 任务引入

请问从工程项目划分上看，一条公路、桥梁工程、桥梁主梁、箱形梁分别属于什么工程？

▶ 任务分析

根据任务要求，需要知道公路建设项目的概念及公路建设项目的划分。

相关知识

1.1.1 公路建设项目的概念

建设项目又称基本建设项目，是指需要投入一定量的资本和实物资产，有预期的社会经济目标，在一定的约束条件下，经过研究决策和实施（设计和施工）等一系列程序，形成固定资产，建成后能独立发挥生产功能或满足生活需要的一次性事业。如一座工厂、一所学校、一条公路、一条铁路、一个港口的建设，都是一个建设项目。

公路建设项目，一般指建成后可以发挥其使用价值和投资效益的一条公路或一座独立大、中型桥梁或一座隧道。

1.1.2 公路建设项目的划分

每个公路建设项目，就其实物形态来说，都由许多部分组成。为了便于编制各种施工组织设计和概算预算文件，必须对公路建设项目进行划分，公路建设项目可依次划分为单项工程、单位工程、分部工程和分项工程。

1. 单项工程

单项工程是建设项目的组成部分。一个建设项目，可以只有一个单项工程，也可以包括几个单项工程。单项工程一般是指具有独立设计文件，建成后可以独立发挥设计规定的生产能力或效益的工程，如一个公路建设项目中的独立大桥工程、独立隧道工程等。

2. 单位工程

单位工程是单项工程的组成部分，一般是指不能独立发挥生产能力或效益，虽没有独立的设计文件，但具有独立的整体设计内容、独立施工条件的工程，如某隧道单项工程，可划分为土建工程、照明工程、通风工程等单位工程；一条公路可划分为路线工程、桥涵工程等单位工程。

3. 分部工程

分部工程是单位工程的组成部分，一般是按单位工程的工程部位来划分，如路线工程中的路基工程、路面工程；桥梁工程中的基础工程、桥梁下部工程、桥梁上部工程等。

4. 分项工程

分项工程是分部工程的组成部分，是按工程的不同结构、不同材料、不同施工方法等因素划分的，如基础工程可划分为桩基础和扩大基础等；路面工程可分为水泥混凝土路面、沥青混凝土路面等；基础工程可划分为围堰、挖基坑、砌基础、回填等分项工程。

▶ 任务实施

【实操练习 1-1】请问从工程项目划分上看，一条公路、桥梁工程、桥梁主梁、箱形梁分别属于什么工程？

【答】：根据公路建设项目的概念，一条公路属于一个建设项目。桥梁工程是一条公路的组成部分，不能独立发挥生产能力或效益，没有独立的设计文件，但具有独立的整体设计内容、独立的施工条件，属于单位工程。桥梁主梁是桥梁工程的组成部分，是按桥梁的部位来划分的，属于分部工程。箱形梁是桥梁主梁按不同结构来划分的，属于分项工程。

1.1.3　公路建设项目基本建设程序

基本建设项目在整个实施过程中各项工作进程的先后顺序，称为基本建设程序。它涉及从设想、选择、评估、决策、设计、施工到建成验收、投入使用全过程所必须经历的各阶段、各环节的先后次序关系及相互联系。按照建设项目发展的内在联系和发展过程，基本建设程序可分为规划与决策阶段、设计阶段、施工阶段、竣工验收阶段。它由基本建设进程的客观规律和政府管理体制决定，主要包括以下各内容：

（1）国民经济长远规划及公路网建设规划；

（2）建设项目建议书；

（3）可行性研究；

（4）设计阶段：可分为一阶段设计（施工图设计）、二阶段设计（初步设计和施工图设计）、三阶段设计（初步设计、技术设计、施工图设计）三种；

（5）施工准备阶段；

（6）施工阶段；

（7）竣工验收；

（8）交付使用。

常见问题解析

一条公路中独立的大中桥具有独立设计文件，建成后可以独立发挥设计规定的生产能力或效益，属于单项工程。一条公路中的桥涵工程不能独立发挥生产能力或效益，没有独立的设计文件，但具有独立的整体设计内容、独立的施工条件，属于单位工程。

答案

考核与评价

考核评价内容	姓名：	
	班级：	
	自评	师评
公路建设项目的划分和基本建设程序	掌握： 未掌握：	合格： 不合格：
1. 什么叫公路建设项目？ 2. 什么叫单项工程、单位工程、分部工程和分项工程？ 3. 从项目划分上看，路面基层属于什么工程？ 4. 公路建设项目基本建设程序有哪些？		

任务1.2　公路工程造价的含义及特点

▶ 任务引入

什么是控制公路工程建设项目投资的最高限额？

▶ 任务分析

现行《公路工程建设项目概算预算编制办法》(JTG 3830—2018)对建设项目投资的最高限额有明确规定。

相关知识

1.2.1 公路工程造价的含义

公路工程造价是指一个公路建设项目从开始立项到建成交付使用，预期花费或实际花费的全部费用。

工程造价的直意就是工程的建造价格，它有两种含义。第一种含义是指建设一项工程预期开支或实际开支的全部固定资产投资费用，这一含义是从投资者（建设单位）角度来定义的。投资者选定一个投资项目，在项目中所支付的全部费用形成了固定资产和无形资产，所有这些开支就构成了工程造价。从这个意义上说，工程造价就是工程投资费用，公路工程造价就是公路工程固定资产投资费用。第二种含义是指工程价格，即为建成一项工程，预计或实际所形成的建设安装工程的价格和工程总价格。第二种含义可认为是工程承包发包价格。

1.2.2 公路工程造价的特点

1. 大额性

公路工程不仅实物形体庞大，而且造价高，一个公路工程项目造价少则数十万，多则数亿、数十亿，特大的工程造价可达百亿、千亿。

2. 个别性、差异性

每一工程的地质、水文、地形等自然条件都不可能完全相同，各种工程之间存在差异性，决定了工程造价的个别性和差异性。

3. 动态性

一项工程从决策到竣工交付使用，有一个较长的过程，存在许多影响工程造价的不确定因素，如征地、拆迁、用水用电、与铁路交叉等要涉及土地、电力、铁路等相关部门，会受相关部门影响；工程变更，材料设备价格、工资标准、利率等的变动，这种变动会影响到造价的变动；自然条件如气候冷暖、雨雪、洪水等，对建设工期、造价也有很大的影响，直到竣工决算才能确定工程的实际造价。

4. 层次性

一个建设项目往往含有一个或多个单项工程，一个单项工程又可分为若干个单位工程，一个单位工程可分为若干分部工程，分部工程又可进一步划分为若干分项工程。与之对应，工程造价也有多个层次：分项工程造价→分部工程造价→单位工程造价→单项工程造价→建设项目造价。

1.2.3 公路建设项目基本建设程序和各阶段工程造价的关系

由于公路工程建设各阶段的工作内容和深度不同，各阶段所编制的造价文件的依据、作用也不同，各阶段的造价文件名称和作用关系见表 1-1 所示。

表 1-1　公路建设项目基本建设程序和各阶段工程造价的关系

造价文件名称	建设程序中所处的阶段	主要作用和相关关系
投资估算	项目建议书阶段 可行性研究阶段	1）投资估算是项目建议书和工程可行性研究报告的重要组成部分。 2）项目建议书阶段的投资估算，是项目主管部门审批项目建议书的依据之一，并对项目的规划和规模起参考作用。 3）可行性研究阶段的投资估算是项目投资决策的重要依据，也是研究、分析和计算项目投资经济效益的重要条件
设计概算	初步设计阶段	1）设计概算是初步设计文件的重要组成部分。 2）按两阶段设计的建设项目，经批准后的设计概算是建设项目投资的最高限额
修正概算	技术设计阶段	1）修正概算是技术设计文件的重要组成部分。 2）按三阶段设计的建设项目，经批准后的修正概算是建设项目投资的最高限额
施工图预算	施工图设计阶段	1）施工图预算是施工图设计文件的重要组成部分。 2）施工图预算应控制在批准的设计概算（三阶段设计为修正概算）范围之内。 3）经审查的施工图预算是编制最高投标限价的依据
最高投标限价	招标投标阶段	1）最高投标限价是招标人对招标项目所能接受的最高价格，超过该价格的，招标人不予接受。 2）防止投标人围标，无限制地哄抬报价，给建设单位造成损失
投标报价	招标投标阶段	1）投标报价是投标人在对建设项目进行成本预测的基础上，考虑适当利润而确定出来的，是投标人完成招标文件规定的工作内容向招标人提出的意向性价格。 2）投标报价不得超过最高投标限价
合同价	招标投标阶段	是承发包双方签订承发包合同的价格。受物价变动、工程变更等影响，它并不等同于最终决算的实际工程造价
结算	施工阶段	1）工程结算是指施工企业按照合同规定的内容全部完成所承包的工程，经验收质量合格，并符合合同要求之后，通过编制工程结算书向建设单位进行工程价款结算，是施工单位向建设单位索取工程报酬的依据。 2）工程结算确定的是工程建设阶段的工程价款
竣工决算	竣工验收阶段	1）工程决算包括计算整个项目从立项到竣工验收、交付使用全过程中实际支付的全部建设费用，包括建筑安装工程费、土地使用及拆迁补偿费、工程建设其他费、建设期贷款利息等费用。 2）反映了工程建设项目的最终造价，是正确核定新增固定资产价值、办理固定资产交付使用手续的依据。由建设单位对工程项目发生的费用进行归集、分配、汇总编制

各个阶段的造价文件是相互衔接、由粗到细、由浅到深、由预期到实际、前者制约后者、后者修正和补充前者的。从以上可知，公路工程造价的编制泛指投资估算、设计概算（修正概算）、施工图预算、最高投标限价、投标报价、结算、竣工决算等造价文件的编制。

▶ 任务实施

【实操练习 1-2】什么是控制公路工程建设项目投资的最高限额？

【答】：现行《公路工程建设项目概算预算编制办法》（JTG 3830—2018）对建设项目投资的最高限额作出了规定：设计概算是初步设计文件和技术设计文件的重要组成部分，经批准后的概算应是建设项目投资的最高限额。按三阶段设计的建设项目，经批准的修正概算是建设项目投资的最高限额。

常见问题解析

工程造价有两种含义：一是指建设一项工程预期开支或实际开支的全部固定资产投资费用，二是指工程价格。

答案

考核与评价

考核评价内容	姓名：	
	班级：	
	自评	师评
公路工程造价的含义 基本建设程序和各阶段工程造价的关系	掌握： 未掌握：	合格： 不合格：
1. 公路工程造价的概念及含义是什么？ 2. 基本建设程序和各阶段的工程造价名称分别有哪些？		

任务 1.3　公路工程定额基础知识

▶ 任务引入

现有挖土方 10 000 m^3，土质为普通土，土方运距 1 000 m，用 2 m^3 挖掘机挖装、15 t 以内的自卸汽车运输，请用《公路工程预算定额》（JTG/T 3832—2018）确定完成该工作内容规定消耗的工料机数量。

▶ 任务分析

根据任务要求，需要知道套哪些定额、如何套定额及如何计算规定消耗的工料机数量。

相关知识

1.3.1　定额的概念

在生产过程中，完成某一单位合格产品或完成某一工作成果，要消耗一定的人工、材料、机械设备和资金。从个别的生产过程来考察，受技术水平、组织管理水平及其他客观条件的影响，其消耗水平是不相同的。从全社会总体的生产工作过程来考察，为了统一考核其消耗水平，便于经营管理和经济核算，需要有一个统一的平均消耗标准，便产生了定额。

定额是在合理的施工组织和一般正常的施工条件下，完成单位合格产品所规定的人工、材料、机械、资金等消耗量的标准。

定额水平就是定额标准的高低，定额水平高反映生产力水平较高，完成单位合格产品消耗的人工、材料、机械等较少；定额水平低反映生产力水平低，完成单位合格产品消耗的人工、材料、机械等较多。定额水平与当时的生产因素及生产力水平有密切关系，是一定时期社会生产力的反映。

1.3.2　定额的作用

(1) 定额是节约社会劳动和提高生产效率的工具。
(2) 定额是国家对工程建设项目进行宏观调控和管理的手段。
(3) 定额有利于市场竞争。
(4) 定额是对市场行为的规范。
(5) 定额有利于完善市场的信息系统。
(6) 定额有利于推广先进的施工技术和工艺。

1.3.3　定额的分类

定额可以按不同的方法进行分类。

1. 按专业不同分类

各个不同专业都分别有相应的主管部门颁发的在本专业使用的定额，如公路工程定额、建筑安装工程定额、设备安装工程定额、给排水工程定额、水利水电工程定额、铁路工程定额、市政工程定额、水运工程定额等。

2. 按定额反映的实物消耗内容分类

在施工生产中起主要作用的有三大要素，即劳动力、材料和机械。公路工程定额是按实物量法编制的定额，工、料、机三种要素在公路工程定额中是主要内容。

1) *劳动消耗定额*

简称为劳动定额，也叫工时定额或人工定额。它是在合理的施工组织和一般正常的施工条件下，为完成单位合格产品所规定的劳动量消耗标准。劳动消耗定额分为时间定额和产量定额。

时间定额是在合理的施工组织和一般正常的施工条件下生产单位合格产品所消耗的劳动时间。如表 1-2 所示的《公路工程预算定额》中的“1-1-20 整修路基”定额表的第 2 栏，用人工整修路拱 1 000 m^2，需要人工 7.6 工日，它的时间定额就是 7.6 工日/1 000 m^2 = 0.007 6 工日/m^2。

产量定额是指在合理的施工组织和一般正常的施工条件下，工人在单位时间内完成合格产品的数量。产量定额是时间定额的倒数，产量定额 = 1÷时间定额。如表 1-2 所示的《公路工程预算定额》中的“1-1-20 整修路基”定额表的第 2 栏，用人工整修路拱每 1 000 m^2，需要人工 7.6 工日，它的时间定额是 7.6 工日，它的产量定额是 1 000 m^2/7.6 工日 = 131.58 m^2/工日。

表 1-2　预算定额表 1-1-20 整修路基

工程内容：整修路拱：1）整平；2）按规定的坡度修整路拱。
　　　　　整修边坡：1）修整；2）铺平；3）拍实。

单位：表列单位

顺序号	项　目	单位	代号	整修路拱		二级及二级以上公路整修边坡		三、四级公路整修边坡	
				机械	人工	人工	机械	人工	机械
				1 000 m²		1 km			
				1	2	3	4	5	6
1	人工	工日	1001001	–	7.6	235.7	141.4	111.2	70.7
2	0.6 m² 以内履带式液压单斗挖掘机	台班	8001025	–	–	–	8	–	4
3	120 kW 以内自行式平地机	台班	8001058	0.08	–	–	–	–	–
4	8~10 t 光轮压路机	台班	8001079	0.13	–	–	–	–	–
5	基价	元	9999001	147	808	25 050	21 688	11 818	10 844

2）材料消耗定额

简称材料定额，是指在节约和合理使用材料的条件下，完成单位数量合格产品所需消耗材料的数量标准。它包括材料的净用量、场内运输和操作损耗。

如表 1-3 所示《公路工程预算定额》中的“1-1-17　挖掘机带破碎锤破碎石方”定额表的第 1 栏，每完成 100 m³天然密实方的软石，材料消耗定额是：破碎锤钢钎 0.11 根，其他材料费 280.9 元。

表 1-3　预算定额表 1-1-17 挖掘机带破碎锤破碎石方

工程内容：1）准备工作；2）破碎石方；3）解小巨石；4）锤头保养及钢钎更换。

单位：100 m³ 天然密实方

顺序号	项　目	单位	代号	挖掘机带破碎锤破碎石方		
				软石	次坚石	坚石
				1	2	3
1	人工	工日	1001001	2.9	3.2	4.1
2	破碎锤钢钎	根	2009039	0.11	0.21	0.32
3	其他材料费	元	7801001	280.9	436.4	722.4
4	设备摊销费	元	7901001	239.3	256.4	299.1
5	2.0 m³ 履带式液压单斗挖掘机	台班	8001030	1.11	1.85	2.35
6	基价	元	9999001	2 739	4 277	5 696

3）机械台班消耗定额

简称机械定额，它规定了在正常施工条件下，合理地组织生产与合理利用某种机械完成单位合格产品所必需的机械台班消耗标准或在单位时间内机械完成的产品数量。机械台班定额按表现形式分为机械时间定额和机械产量定额，机械产量定额是机械时间定额的倒数。

如表 1-4 所示《公路工程预算定额》中的“1-1-11 自卸汽车运土、石方”定额表的第 1 栏，用 6 t 以内的自卸汽车运 1 000 m³天然密实方，运第一个 1 km 需要 6 t 以内自卸汽车

11.19 个台班，即机械时间定额为 11.19 台班/1 000 m^3 = 0.011 9 台班/m^3，机械产量定额为 1 000 m^3/11.19 台班 = 89.37 m^3/台班。

表 1-4　预算定额表 1-1-11 自卸汽车运土、石方

工程内容：1）等待装、运、卸；2）空回。

单位：1 000 m^3 天然密实方

顺序号	项　目	单位	代号	土方									
				自卸汽车装载质量（t）									
				6 以内		8 以内		10 以内		12 以内		15 以内	
				第一个 1 km	每增运 0.5 km	第一个 1 km	每增运 0.5 km	第一个 1 km	每增运 0.5 km	第一个 1 km	每增运 0.5 km	第一个 1 km	每增运 0.5 km
				1	2	3	4	5	6	7	8	9	10
1	6 t 以内自卸汽车	台班	8007013	11.19	1.44	–	–	–	–	–	–	–	–
2	8 t 以内自卸汽车	台班	8007014	–	–	8.25	1.15	–	–	–	–	–	–
3	10 t 以内自卸汽车	台班	8007015	–	–	–	–	6.82	0.83	–	–	–	–
4	12 t 以内自卸汽车	台班	8007016	–	–	–	–	–	–	5.96	0.72	–	–
5	15 t 以内自卸汽车	台班	8007017	–	–	–	–	–	–	–	–	5.01	0.58
6	基价	元	9999001	6 443	829	5 611	782	5 178	630	5 105	606	4 643	538

4）机械台班费用定额

机械台班费用定额是以机械的一个台班为单位，规定其所消耗的工时、燃料及费用等数量标准并可折算为货币形式表现的定额。施工中的机械使用费、驾驶工人数、燃料数等，均可按照机械台班费用定额并根据工程数量计算。如表 1-5 所示，60 kW 以内的履带式推土机，一个台班所规定消耗人工、燃料、费用的数量标准为：不变费用 173.42 元，人工 2 工日，柴油 40.86 kg。

表 1-5　机械台班费用定额（节选）

序号	代号	机械名称				规格型号	不变费用				
							折旧费	检修费	维护费	安拆辅助费	小计
	8001	一、土、石方工程机械									
1	8001001	推土机	履带式	功率（kW）	60 以内	T80	55.21	32.45	85.76		173.42
2	8001002				75 以内	TY100	83.62	49.15	129.90		262.67
3	8001003				90 以内	T120A	110.75	65.10	172.04		347.89
4	8001004				105 以内	T140-1 带松土器	126.72	74.48	196.84		398.04
5	8001005				120 以内		153.08	89.97	237.76		480.81
6	8001006				135 以内	T180 带松土器	209.63	123.21	325.62		658.46
7	8001007				165 以内	T220 带松土器	250.56	147.26	389.18		787.00
8	8001008				240 以内	SH320 带松土器	302.64	177.87	363.40		843.91
9	8001009				320 以内	带松土器	472.42	277.66	522.11		1 272.19

续表

可变费用										定额基价
人工	汽油	柴油	重油	煤	电	水	木柴	其他费用	小计	
工日	kg			t	kW · h	m^3	kg	元		
2		40.86							516.56	689.98
2		54.97							621.54	884.21
2		65.37							698.91	1 046.80
2		76.52							781.87	1 179.91
2		89.14							875.76	1 356.57
2		98.06							942.13	1 600.59
2		120.35							1 107.96	1 894.96
2		174.57							1 511.36	2 355.27
2		234.75							1 959.10	3 231.29
2		76.52							781.87	1 170.14

《公路工程机械台班费用定额》是编制公路建设估算、概算、预算的依据，是计算机械台班预算价格和工程仪器仪表台班预算价格的依据，《公路工程机械台班费用定额》还可计算机械台班和工程仪器仪表台班消耗的人工、燃料等实物量。

3. 按使用要求分类

公路工程建设工作所处阶段不同，编制造价文件所需的定额等编制依据也不同。公路工程定额按使用要求可分为施工定额、预算定额、概算定额、估算指标等。

1）施工定额

施工定额是建筑安装工人或小组在正常施工条件下，为完成单位数量合格产品所需劳动力、材料和机械消耗的数量标准。它是企业管理生产、编制施工阶段施工组织设计和施工作业计划、签发工程任务单和限额领料单，考核工效、计算劳动报酬、加强企业成本管理和经济核算、编制施工预算的依据。

2）预算定额

它是编制施工图预算的依据，也是编制工程概算定额（指标）的基础，适用于公路基本建设新建、改扩建工程。

3）概算定额

它是编制初步设计概算的依据，也是编制建设项目投资估算指标的基础。

4）估算指标

公路工程估算指标是编制项目建议书和可行性研究报告投资估算的依据，也可作为技术方案比较的参考。

4. 按编制单位和执行定额的范围不同分类

定额可分为全国统一定额、行业统一定额、地区统一定额、企业定额和补充定额五种。

1.3.4 定额运用的基础知识

以《公路工程预算定额》为例。

1.《公路工程预算定额》的基本组成

现行《公路工程预算定额》（JTG/T 3832—2018）的组成部分包括：发布和实施日期、总说明、目录、章节说明、定额表、附注等，其中内容最多的是定额表，如表 1-6 所示“1-1-1 伐树、挖根、除草、清除表土”定额表。

2. 定额代号

也称定额编号，在编制概算预算文件时，在计算表格中要列出所套的定额代号。一般采用［页号-表号-栏号］的编号方法，另一种编号方法是省去页号，按［章-表-栏］的编号方法。

如定额 1-1-11-9 表示第 1 章第 1 节的 11 号定额表的第 9 栏定额。在用软件计算时，还可用 8 位数字来表示定额代号，第 1 位数字表示章号，第 2、3 位表示节号，第 4、5 位表示定额表号，第 6、7、8 位数字表示定额栏号。如定额 1-1-11-9 还可表示为 10111009。

表 1-6　预算定额表 1-1-1 伐树、挖根、除草、清除表土

工程内容：伐树：1）锯（砍）倒；2）断枝；3）截断；4）运出路基外；5）场地清理。
挖根：1）起土挖根；2）场地清理；3）运出路基外。
除草：1）割草；2）挖根（连根挖）；3）场地清理。
清除表土：推土机推挖表土，推出路基外。

单位：表列单位

顺序号	项目	单位	代号	伐树及挖根（10 棵）树（直径 10 cm 以上）			砍挖灌木林（1 000 m^3）（直径 10 cm 以下）		除草（1 000 m^3）				挖竹根（10 m^3）	清除表土（100 m^3）推土机功率（kW）	
				人工伐树及挖根	人工伐树，挖掘机挖树根 挖掘机斗容（m^3）		稀	密	人工割草	人工挖草皮	推土机推除草皮 推土机功率（kW）				
					1.0 以内	2.0 以内					90 以内	135 以内		90 以内	135 以内
				1	2	3	4	5	6	7	8	9	10	11	12
1	人工	工日	1001001	3.5	1.2	1.2	6.2	13.6	2	14.1	–	–	0.3	0.4	0.4
2	90 kW 以内履带式推土机	台班	8001003	–	–	–	–	–	–	–	0.3	–	–	0.21	–
3	135 kW 以内履带式推土机	台班	8001006	–	–	–	–	–	–	–	–	0.18	–	–	0.12
4	1.0 m^3 以内履带式液压单斗挖掘机	台班	8001027	–	0.07	–	–	–	–	–	–	–	0.05	–	–
5	2.0 m^3 以内履带式液压单斗挖掘机	台班	8001030	–	–	0.05	–	–	–	–	–	–	–	–	–
6	小型机具使用费	元	8099001	17.7	17.7	17.7	–	–	–	–	–	–	–	–	–
7	基价	元	9999001	390	229	220	659	1 445	213	1 499	314	288	92	262	235

注：1. 挖竹根按挖抗体积计算；挖芦苇根按挖竹根乘以系数 0.73。
2. 砍挖灌木林，每 1 000 m^3 灌木林 220 棵以下为稀，220 棵以上为密。
3. 清除表土和除草定额不可同时套用。清除的表土如需远运，按土方运输定额另行计算。

定额代号在概算预算文件中十分重要。一是保证复核审核人员利用代号快速查找核对所套定额的准确性；二是以代号形式建立一一对应的模式，便于计算机处理及修编定额人员的统计工作；三是在概算预算文件的有些表［如现行《公路工程建设项目概算预算编制办法》(JTG 3830—2018 中分项工程概算预算表)（21-2）表］中，“定额表号”一栏必须填上对应的定额代号。

3. 套定额的步骤

套定额就是平时所说的“查定额”，是根据编制概算预算或其他造价文件的具体条件和目的，套需要的、正确的定额的过程。为了正确套定额，必须反复学习定额、熟练掌握定额，收集并熟悉各级交通主管部门有关定额运用的文件和规定。以编制预算为例，套定额的基本步骤如下。

（1）根据套定额的目的，确定所套的定额的种类（是概算定额还是预算定额等）。

（2）根据项目表，依次按目、节确定需套定额的分项名称，确定其施工方案（施工方法），并根据定额目录找到对应的定额表。要注意核查定额表的工程内容是否与设计要求、施工方案（施工方法）相符合。如人工挖土这项作业，在路基工程中有“1-1-6 人工挖运土方、装运石方”定额表，桥涵工程中有“4-1-1 人工挖基坑土石方”定额表，要注意区分。

（3）在定额表中找到并确定相应的子目（栏号）。要注意检查定额表的计量单位（定额单位）与项目表的目、节的工程量单位是否一致，看看定额的总说明、章说明、节说明及表下的注是否与所套定额子目有关，若有关，则按说明和注的内容进行相应调整。

（4）根据确定的定额子目确定各项目定额值，可直接套的就直接套，需计算的则计算后再套。

（5）重新按上述步骤复核。

（6）套完该分项的一个定额后，再套该分项的其他定额，全部完成后，再套另一个分项的定额。

当熟练运用后，上列步骤可不必依次进行。

▶ 任务实施

【实操练习 1-3】 现有挖土方 10 000 m^3，土质为普通土，土方运距 1000 m，用 2 m^3 挖掘机挖装、15 t 以内的自卸汽车运输，请用《公路工程预算定额》确定完成该工作内容规定消耗的工料机数量。

【分析】：根据任务要求，需要知道套哪些定额、如何套定额及如何计算规定消耗的工料机数量。

完成挖土方有三道工序，一是挖，二是装，三是运，需要查挖掘机挖装的定额和自卸汽车运输的定额，对应的定额表为《公路工程预算定额》第一章路基工程“1-1-9 挖掘机挖装土、石方”和“1-1-11 自卸汽车运土、石方”，如表 1-7 和表 1-8 所示。

【答】：(1) 土方为普通土，用 2 m^3 挖掘机挖装，所套定额为“1-1-9 挖掘机挖装土、石方”定额表第 8 栏，定额代号为［1-1-9-8］；15 t 以内的自卸汽车运输，运距 800 m，所套定额为“1-1-11 自卸汽车运土、石方”定额表第 9 栏，定额代号为［1-1-11-9］。故需要套的定额代号为：［1-1-9-8］和［1-1-11-9］。

表 1-7　预算定额表 1-1-9 挖掘机挖装土、石方

工程内容：挖掘机就位，开辟工作面，挖土或爆破后石方，装车，移位，清理工作面。

单位：1000 m^3 天然密实方

顺序号	项　目	单位	代号	挖装土方								
				斗容量（m^3）								
				0.6 以内			1.0 以内			2.0 以内		
				松土	普通土	硬土	松土	普通土	硬土	松土	普通土	硬土
				1	2	3	4	5	6	7	8	9
1	人工	工日	1001001	2.7	3.1	3.4	2.7	3.1	3.4	2.7	3.1	3.4
2	0.6 m^3 以内履带式液压单斗挖掘机	台班	8001025	2.7	3.16	3.64	–	–	–	–	–	–
3	1.0 m^3 以内履带式液压单斗挖掘机	台班	8001027	–	–	–	1.7	1.98	2.26	–	–	–
4	2.0 m^3 以内履带式液压单斗挖掘机	台班	8001030	–	–	–	–	–	–	1.14	1.3	1.47
5	基价	元	9999001	2 535	2 960	3 391	2 318	2 696	3 062	1 998	2 281	2 568

表 1-8　预算定额表 1-1-11 自卸汽车运土、石方

工程内容：1）等待装、运、卸；2）空回。

单位：1 000 m^3 天然密实方

顺序号	项　目	单位	代号	土方									
				自卸汽车装载质量（t）									
				6 以内		8 以内		10 以内		12 以内		15 以内	
				第一个 1 km	每增运 0.5 km	第一个 1 km	每增运 0.5 km	第一个 1 km	每增运 0.5 km	第一个 1 km	每增运 0.5 km	第一个 1 km	每增运 0.5 km
				1	2	3	4	5	6	7	8	9	10
1	6 t 以内自卸汽车	台班	8007013	11.19	1.44	–	–	–	–	–	–	–	–
2	8 t 以内自卸汽车	台班	8007014	–	–	8.25	1.15	–	–	–	–	–	–
3	10 t 以内自卸汽车	台班	8007015	–	–	–	–	6.82	0.83	–	–	–	–
4	12 t 以内自卸汽车	台班	8007016	–	–	–	–	–	–	5.96	0.72	–	–
5	15 t 以内自卸汽车	台班	8007017	–	–	–	–	–	–	–	–	5.01	0.58
6	基价	元	9999001	6 443	829	5 611	782	5 178	630	5 015	606	4 643	538

(2)《公路工程预算定额》规定消耗的工料机数量。

定额表所列的工、料、机、资金消耗为每完成一个定额单位所规定消耗的工、料、机、资金数量。实际工程量为 10 000 m^3，分别是两个定额表“1-1-9 挖掘机挖装土、石方”和“1-1-11 自卸汽车运土、石方”的定额单位 1 000 m^3 天然密实方的 10 倍，故完成实际工程量 10 000 m^3 所规定消耗的工、料、机、资金的数量也是定额表中定额值的 10 倍。

2 m³挖掘机挖装 10 000 m³普通土规定消耗的工料机数量为

$$人工：3.1\times\frac{10\ 000}{1\ 000}=31\ 工日$$

$$2\ m^3以内履带式液压单斗挖掘机：1.3\times\frac{10\ 000}{1\ 000}=13\ 台班$$

15 t 以内的自卸汽车运输 10 000 m³ 土方规定消耗的工料机数量为

$$15\ t以内自卸汽车：5.01\times\frac{10\ 000}{1\ 000}=50.1\ 台班$$

常见问题解析

定额规定消耗的工料机数量=每完成一个定额单位所消耗的工料机数量×(实际工程量÷定额单位)。要注意实际工程量的单位和定额单位的一致性，如果实际工程量的单位和所套定额的单位不一致，则要按相应的计算规则换算。

答案

考核与评价

考核评价内容	姓名：	
	班级：	
	自评	师评
公路工程定额的应用	掌握： 未掌握：	合格： 不合格：
1. 现行的《公路工程预算定额》的组成部分有哪些？ 2. 定额代号的编号方法有哪些？ 3. 套定额的步骤有哪些？		

任务 1.4　公路工程投资估算基础知识

▶ 任务引入

公路工程投资估算总金额由哪些费用组成？

▶ 任务分析

现行《公路工程建设项目投资估算编制办法》（JTG 3820—2018）对公路工程投资估算总金额的费用组成有明确规定。

相关知识

1.4.1　编制依据

（1）国家发布的有关法律、法规等。

(2) 现行《公路工程估算指标》(JTG/T 3821—2018)、《公路工程概算定额》(JTG/T 3831—2018)、《公路工程预算定额》(JTG/T 3832—2018)、《公路工程机械台班费用定额》(JTG/T 3833—2018) 及《公路工程建设项目投资估算编制办法》(JTG 3820—2018)。

(3) 工程所在地省级交通运输主管部门发布的补充规定和定额等。

(4) 项目建议书或工程可行性研究图纸等设计文件、工程实施方案。

(5) 批准的项目建议书等有关资料。

(6) 工程所在地的人工、材料与设备、施工机械价格等。

(7) 有关合同、协议等。

(8) 其他有关资料。

1.4.2　文件组成

投资估算文件应由封面、扉页、目录、编制说明及全部计算表格组成。

投资估算文件可按不同的需要分为甲、乙组文件。甲组文件为各项费用计算表，乙组文件为建筑安装工程费各项基础数据计算表。甲、乙组文件应按《公路建设项目可行性研究报告编制办法》中关于设计文件报送份数的要求，随设计文件一并报送，并同时提交可计算的造价电子数据文件和新工艺单价分析的详细资料。

投资估算应按一个建设项目［如一条路线或一座独立大（中）桥、隧道］进行编制。当一个建设项目需要分段或分部编制时，应根据需要分别编制，但必须汇总编制“总估算汇总表”。

甲、乙组文件包含的内容如图 1-1 所示。

- 甲组文件
  - 编制说明
  - 前后阶段费用对比表
  - 建设项目属性及技术经济信息表（00表）
  - 总估算汇总表（01-1表）
  - 总估算人工、主要材料、施工机械台班数量汇总表（02-1表）
  - 投资估算表（01表）
  - 人工、主要材料、施工机械台班数量汇总表（02表）
  - 建筑安装工程费计算表（03表）
  - 综合费率计算表（04表）
  - 综合费计算表（04-1表）
  - 设备费计算表（05表）
  - 专项费用计算表（06表）
  - 土地使用及拆迁补偿费计算表（07表）
  - 工程建设其他费计算表（08表）
  - 人工、材料、施工机械台班单价汇总表（09表）
- 乙组文件
  - 分项工程估算计算数据表（21-1表）
  - 分项工程估算表（21-2表）
  - 材料预算单价计算表（22表）
  - 自采材料料场价格计算表（23-1表）
  - 材料自办运输单位运费计算表（23-2表）
  - 施工机械台班单价计算表（24表）
  - 辅助生产人工、材料、施工机械台班单位数量表（25表）

图 1-1　甲、乙组文件包含的内容

1.4.3　投资估算项目及编码规则

(1) 投资估算项目应按项目表的序列及内容编制。当实际出现的工程和费用项目与项目表的内容不完全相符时，第一、二、三、四、五部分和“项”的序号、内容应保留不变，项目表中的“项”以下分项在引用时应保持序号、内容不变，缺少的分项内容可随需要就近增加，并按项目表的顺序以实际出现的级别依次排列，不保留缺少的“项”以下的项目序号。

（2）投资估算项目主要内容如图 1-2 所示。

第一部分 建筑安装工程费
第一项 临时工程
第二项 路基工程
第三项 路面工程
第四项 桥梁涵洞工程
第五项 隧道工程
第六项 交叉工程
第七项 交通工程及沿线设施
第八项 绿化及环境保护工程
第九项 其他工程
第十项 专项费用
1）施工场地建设费
2）安全生产费
第二部分 土地使用及拆迁补偿费
第三部分 工程建设其他费
第四部分 预备费
第五部分 建设期贷款利息

图 1-2 投资估算项目主要内容

投资估算项目表的详细内容如表 1-9 所示。分项编号采用部（1 位数）、项（2 位数）、目（2 位数）、节（2 位数）、细目（2 位数）组成，以部、项、目、节、细目等依次逐层展开。

表 1-9 投资估算项目表（节选）

分项编号	工程或费用名称	单位	主要工作内容	备注
1	第一部分 建筑安装工程费	公路公里		建设项目路线总长度（主线长度）
101	临时工程	公路公里		
10101	临时道路	km		新建施工便道与利用原有道路的总长
1010101	临时便道（修建、拆除与维护）	km		新建施工便道长度
1010102	原有道路的维护与恢复	km		利用原有道路长度
1010103	保通便道	km		
101010301	保通便道（修建、拆除与维护）	km		修建、拆除与维护
101010302	保通临时安全设施	km		临时安全设施修建、拆除与维护
10102	临时便桥、便涵	m/座		
1010201	临时便桥	m/座	修建、拆除与维护	临时施工汽车便桥
1010202	临时涵洞	m/座		
10103	临时码头	座		按不同的形式分级
10104	其他临时工程	公路公里		包括临时电力线路（不包括场外高压供电线路）、其他临时零星工程等
	……			

1.4.4 费用组成

投资估算总金额的费用组成如图 1-3 所示。

- 投资估算总金额
  - 建筑安装工程费
    - 直接费
      - 人工费
      - 材料费
      - 施工机械使用费
    - 设备购置费
    - 措施费
      - 冬季施工增加费
      - 雨季施工增加费
      - 夜间施工增加费
      - 特殊地区施工增加费
        - 高原地区施工增加费
        - 风沙地区施工增加费
        - 沿海地区增加费
      - 行车干扰施工增加费
      - 施工辅助费
      - 工地转移费
    - 企业管理费
      - 基本费用
      - 主副食运费补贴
      - 职工探亲路费
      - 职工取暖补贴
      - 财务费用
    - 规费
      - 养老保险费
      - 失业保险费
      - 医疗保险费
      - 住房公积金
      - 工伤保险费
    - 利润
    - 税金
    - 专项费用
      - 施工场地建设费
      - 安全生产费
  - 土地使用及拆迁补偿
  - 工程建设其他费用
    - 建设项目管理费
      - 建设单位（业主）管理费
      - 建设项目信息化费
      - 工程监理费
      - 设计文件审查费
      - 竣（交）工验收试验检测费
    - 研究试验费
    - 建设项目前期工作费
    - 专项评价（估）费
    - 联合试运转费
    - 生产准备费
    - 工程保通管理费
    - 工程保险费
    - 其他相关费用
  - 预备费用
    - 价差预备费
    - 基本预备费
  - 建设期贷款利息

图 1-3　投资估算总金额的费用组成

▶ 任务实施

【实操练习 1-4】 公路工程投资估算总金额由哪些费用组成？

【答】：根据现行《公路工程建设项目投资估算编制办法》（JTG 3820—2018），公路工程投资估算总金额由建筑安装工程费、土地使用及拆迁补偿、工程建设其他费用、预备费用、建设期贷款利息组成。

1.4.5 公路工程建设项目各项费用计算程序及计算方式

公路工程建设投资估算各项费用的计算程序及计算方式见表 1-10。

表 1-10 公路工程建设投资估算各项费用的计算程序及计算方式

序号	项 目	说明及计算式
（一）	定额直接费	∑人工消耗量×人工基价+∑（材料消耗量×材料基价+机械台班消耗量×机械台班基价）
（二）	定额设备购置费	∑设备购置数量×设备基价
（三）	直接费	∑人工消耗量×人工单价+∑（材料消耗量×材料预算单价+机械台班消耗量×机械台班预算单价）
（四）	设备购置费	∑设备购置数量×预算单价或按规定计算
（五）	措施费	（一）×施工辅助费费率+定额人工费和定额施工机械使用费之和×其余措施费综合费率
（六）	企业管理费	（一）×企业管理费综合费率
（七）	规费	各类工程人工费（含施工机械人工费）×规费综合费率
（八）	利润	[（一）+（五）+（六）]×利润率
（九）	税金	[（三）+（四）+（五）+（六）+（七）+（八）]×9%
（十）	专项费用	
	施工场地建设费	[（一）+（二×40%）+（五）+（六）+（七）+（八）+（九）]×累进费率
	安全生产费	建筑安装工程费（不含安全生产费本身）×（≥1.5%）
（十一）	定额建筑安装工程费	（一）+（二×40%）+（五）+（六）+（七）+（八）+（九）+（十）
（十二）	建筑安装工程费	（三）+（四）+（五）+（六）+（七）+（八）+（九）+（十）
（十三）	土地使用及拆迁补偿费	按规定计算
（十四）	工程建设其他费	
	建设项目管理费	
	建设单位（业主）管理费	（十一）×累进费率
	建设项目信息化费	（十一）×累进费率
	工程监理费	（十一）×累进费率
	设计文件审查费	（十一）×累进费率
	竣（交）工验收试验检测费	按规定计算
	研究试验费	
	建设项目前期工作费	（十一）×累进费率
	专项评价（估）费	按规定计算

续表

序号	项　　目	说明及计算式
	联合试运转费	（十一）×费率
	生产准备费	
	工具器购置费	按规定计算
	办公和生活用家具购置费	按规定计算
	生产人员培训费	按规定计算
	应急保通设备购置费	
	工程保通管理费	按规定计算
	工程保险费	[（十二）-（四）]×费率
	其他相关费用	
（十五）	预备费	
	基本预备费	[（十二）+（十三）+（十四）]×费率
	价差预备费	（十二）×费率
（十六）	建设期贷款利息	按实际贷款额度及利率计算
（十七）	公路基本造价	（十二）+（十三）+（十四）+（十五）+（十六）

常见问题解析

当实际出现的工程和费用项目与项目表的内容不完全相符时，第一、二、三、四、五部分和“项”的序号、内容应保留不变，“项”以下分项在引用时应保持序号、内容不变，缺少的分项内容可随需要就近增加，并按项目表的顺序以实际出现的级别依次排列，不保留缺少的“项”以下的项目序号。

答案

考核与评价

考核评价内容	姓名：	
	班级：	
	自评	师评
公路建设项目投资估算的费用组成	掌握： 未掌握：	合格： 不合格：
1. 公路建设项目投资估算的建筑安装工程费由哪些费用组成？ 2. 公路建设项目投资估算的直接费由哪些费用组成？ 3. 公路建设项目投资估算的措施费由哪些费用组成？ 4. 公路建设项目投资估算的工程建设其他费由哪些费用组成？		

任务 1.5　公路工程概算预算基础知识

▶ 任务引入

公路工程概算、预算总金额由哪些费用组成？

▶ 任务分析

现行《公路工程建设项目概算预算编制办法》（JTG 3830—2018）对公路工程概算、预算总金额的费用组成有明确规定。

相关知识

1.5.1 编制依据

公路工程概算预算的编制是一项十分细致的工作，编制前应全面了解公路工程所在地的建设条件，掌握各种基础资料，正确引用规定的定额、取费标准和材料及设备价格。在编制时严格执行国家的方针、政策和有关制度，符合公路设计规范和施工技术规范。编制的主要依据如下。

1. 设计概算编制依据应包括的内容

（1）国家发布的有关法律、法规等。

（2）现行《公路工程建设项目概算预算编制办法》（JTG 3830—2018）、《公路工程概算定额》（JTG/T 3831—2018）、《公路工程预算定额》（JTG/T 3832—2018）、《公路工程机械台班费用定额》（JTG/T 3833—2018）。

（3）工程所在地省级交通运输主管部门发布的补充规定和定额等。

（4）可行性研究报告的批（核）准文件（修正概算时为初步设计批复文件）等有关资料。

（5）初步设计（或技术设计）图纸等设计文件、工程施工方案（含施工组织设计）。

（6）工程所在地的人工、材料与设备、施工机械价格等。

（7）有关合同、协议等。

（8）其他有关资料。

2. 施工图预算编制依据应包括的内容

（1）国家发布的有关法律、法规等。

（2）现行《公路工程建设项目概算预算编制办法》（JTG 3830—2018）及配套定额。

（3）工程所在地省级交通运输主管部门发布的补充规定和定额等。

（4）批准的初步设计文件或技术设计文件（若有）等有关资料。

（5）施工图设计图纸等设计文件、工程施工方案（含施工组织设计）。

（6）工程所在地的人工、材料与设备、施工机械价格等。

（7）有关合同、协议等。

（8）其他有关资料。

1.5.2 概算预算文件组成

概算、预算文件应由封面、扉页、目录、编制说明及全部计算表格组成。

概算、预算文件可按不同的需要分为甲、乙组文件。

甲组文件为各项费用计算表，乙组文件为建筑安装工程费各项基础数据计算表。甲、乙组文件应按《公路工程基本建设项目设计文件编制办法》中关于设计文件报送份数的要求，随设计文件一并报送，并同时提交可计算的造价电子数据文件和新工艺单价分析的详细资料。

乙组文件中的“分项工程概（预）算表”（21-2 表）可只提交电子版，或按需要提交纸质版。

概算、预算应按一个建设项目［如一条路线或一座独立大（中）桥、隧道］进行编制。当一个建设项目需要分段或分部编制时，应根据需要分别编制，但必须汇总编制“总概（预）算汇总表”。甲、乙组文件包含的内容如图 1-4 所示。

甲组文件：
- 编制说明
- 前后阶段费用对比表
- 建设项目属性及技术经济信息表（00表）
- 总概（预）算汇总表（01-1表）
- 总概（预）算人工、主要材料、施工机械台班数量汇总表（02-1表）
- 概（预）算表（01表）
- 人工、主要材料、施工机械台班数量汇总表（02表）
- 建筑安装工程费计算表（03表）
- 综合费率计算表（04表）
- 综合费用计算表（04-1表）
- 设备费计算表（05表）
- 专项费用计算表（06表）
- 土地使用及拆迁补偿费计算表（07表）
- 工程建设其他费计算表（08表）
- 人工、材料、施工机械台班单价汇总表（09表）

乙组文件：
- 分项工程概（预）算计算数据表（21-1表）
- 分项工程概（预）算表（21-2表）
- 材料预算单价计算表（22表）
- 自采材料料场价格计算表（23-1表）
- 材料自办运输单位运费计算表（23-2表）
- 施工机械台班单价计算表（24表）
- 辅助生产人工、材料、施工机械台班单位数量表（25表）

图 1-4　甲、乙组文件包含的内容

1.5.3　概算预算项目及编码规则

公路建设项目从筹建至竣工验收、交付使用的全过程中需要的建设费用是由建筑安装工程费、土地使用及拆迁补偿费、工程建设其他费、预备费、建设期贷款利息五部分费用组成的。其中公路工程概算、预算价值的主要组成部分是建筑安装工程的概算、预算价值。在一定意义上讲，编制公路工程概算、预算的关键是编制建筑安装工程的概算、预算。

建筑安装工程是由相当数量的分项工程组成的庞大复杂的综合体，直接计算出它的全部人工、材料、施工机械台班的消耗量及价值，是一项极为困难的工作。为准确无误地计算和确定建筑安装工程的造价，必须对公路建设项目进行科学的分析与分解，使之有利于公路工程概算、预算的编审，编制概算、预算项目时不重不漏，保证质量。因此，必须对概算、预算项目的划分、排列顺序及内容作出统一规定，这就形成了公路工程概算、预算项目表。概算、预算项目主要内容如图 1-5 所示。

概算、预算项目表的详细内容见现行《公路工程建设项目概算预算编制办法》（JTG 3830—2018）附录 B，格式如表 1-11 所示。

分项编号采用部（1 位数）、项（2 位数）、目（2 位数）、节（2 位数）、细目（2 位数）组成，以部、项、目、节、细目等依次逐层展开。

第一部分 建筑安装工程费
第一项 临时工程
第二项 路基工程
第三项 路面工程
第四项 桥梁涵洞工程
第五项 隧道工程
第六项 交叉工程
第七项 交通工程及沿线设施
第八项 绿化及环境保护工程
第九项 其他工程
第十项 专项费用
1）施工场地建设费
2）安全生产费
第二部分 土地使用及拆迁补偿费
第三部分 工程建设其他费
第四部分 预备费
第五部分 建设期贷款利息

图 1-5 概算、预算项目主要内容

表 1-11 概算、预算项目表（节选）

分项编号	工程或费用名称	单位	主要工作内容	备注
1	第一部分 建筑安装工程费	公路公里		建设项目路线总长度（主线长度）
101	临时工程	公路公里		
10101	临时道路	km		新建施工便道与利用原有道路的总长
1010101	临时便道（修建、拆除与维护）	km		新建施工便道长度
1010102	原有道路的维护与恢复	km		利用原有道路长度
1010103	保通便道	km		
101010301	保通便道（修建、拆除与维护）	km		修建、拆除与维护
101010302	保通临时安全设施	km		临时安全设施修建、拆除与维护
10102	临时便桥、便涵	m/座		
1010201	临时便桥	m/座	修建、拆除与维护	临时施工汽车便桥
1010202	临时涵洞	m/座		
10103	临时码头	座		按不同的形式分级
10104	临时供电设施	总额		包括临时电力线路、变压器摊销等，不包括场外高压供电线路
10105	临时电信设施	总额		不包括广播线
	……			

公路工程概算、预算项目应按项目表的序列及内容编制。当实际出现的工程和费用项目与项目表的内容不完全相符时，第一、二、三、四、五部分和“项”的序号、内容应保留不变，项目表中的“项”以下的分项在引用时应保持序号、内容不变，缺少的分项内容可随需要就近增加，并按项目表的顺序以实际出现的级别依次排列，不保留缺少的“项”以

下的项目序号。

1.5.4　概算预算费用的组成

概算、预算总金额的费用组成如图 1-6 所示。

- 概算、预算总金额
  - 建筑安装工程费
    - 直接费
      - 人工费
      - 材料费
      - 施工机械使用费
    - 设备购置费
    - 措施费
      - 冬季施工增加费
      - 雨季施工增加费
      - 夜间施工增加费
      - 特殊地区施工增加费
        - 高原地区施工增加费
        - 风沙地区施工增加费
        - 沿海地区增加费
      - 行车干扰施工增加费
      - 施工辅助费
      - 工地转移费
    - 企业管理费
      - 基本费用
      - 主副食运费补贴
      - 职工探亲路费
      - 职工取暖补贴
      - 财务费用
    - 规费
      - 养老保险费
      - 失业保险费
      - 医疗保险费
      - 住房公积金
      - 工伤保险费
    - 利润
    - 税金
    - 专项费用
      - 施工场地建设费
      - 安全生产费
  - 土地使用及拆迁补偿费
  - 工程建设其他费用
    - 建设项目管理费
      - 建设单位（业主）管理费
      - 建设项目信息化费
      - 工程监理费
      - 设计文件审查费
      - 竣（交）工验收试验检测费
    - 研究试验费
    - 建设项目前期工作费
    - 专项评价（估）费
    - 联合试运转费
    - 生产准备费
    - 工程保通管理费
    - 工程保险费
    - 其他相关费用
  - 预备费用
    - 价差预备费
    - 基本预备费
  - 建设期贷款利息

图 1-6　概算、预算总金额的费用组成

▶ 任务实施

【实操练习 1-5】试问公路工程概算、预算总金额由哪些费用组成？

【答】：根据现行《公路工程建设项目概算预算编制办法》(JTG 3830—2018)，公路工程概算、预算总金额由建筑安装工程费、土地使用及拆迁补偿费、工程建设其他费、预备费、建设期贷款利息组成。

1.5.5 公路工程建设项目各项费用计算程序及计算方式

公路工程建设项目各项费用计算程序及计算方式见表 1-12。

表 1-12 公路工程建设项目各项费用计算程序及计算方式

序号	项　目	说明及计算式
(一)	定额直接费	∑人工消耗量×人工基价+∑（材料消耗量×材料基价+机械台班消耗量×机械台班基价）
(二)	定额设备购置费	∑设备购置数量×设备基价
(三)	直接费	∑人工消耗量×人工单价+∑（材料消耗量×材料预算单价+机械台班消耗量×机械台班预算单价） 其中： ① 人工费以概算、预算定额人工工日数乘以综合工日单价计算。人工工日单价由省级交通运输主管部门制定发布，并适时进行动态调整。 ② 材料费指施工过程中耗用的构成工程实体的原材料、辅助材料、构配件、零件、半成品或成品，按工程所在地的材料价格计算的费用。材料预算价格由材料原价、运杂费、场外运输损耗、采购及保管费组成，即运到工地仓库（施工地点存放材料的地方）的价格。材料预算价格=（材料原价+运杂费）×（1+场外运输损耗率）×（1+采购及保管费率）-包装品回收价值。 ③ 施工机械使用费指列入概算、预算定额的工程机械和工程仪器仪表台班数量，按相应的施工机械台班费用定额计算的费用等。工程机械使用费以工程机械耗用量乘以机械台班单价计算。工程仪器仪表使用费指机电工程施工作业所发生的仪器仪表使用费，以施工仪器仪表台班耗用量乘以施工仪器仪表台班单价计算。机械台班单价、施工仪器仪表台班单价应按现行《公路工程机械台班费用定额》(JTG/T 3833—2018) 计算
(四)	设备购置费	∑设备购置数量×预算单价
(五)	措施费	(一) ×施工辅助费费率+定额人工费和定额施工机械使用费之和×其余措施费综合费率
(六)	企业管理费	(一) ×企业管理费综合费率
(七)	规费	各类工程人工费（含施工机械人工费）×规费综合费率
(八)	利润	[(一)+(五)+(六)]×利润率
(九)	税金	[(三)+(四)+(五)+(六)+(七)+(八)]×9%
(十)	专项费用	
	施工场地建设费	[(一)+(二×40%)+(五)+(六)+(七)+(八)+(九)]×累进费率
	安全生产费	建筑安装工程费（不含安全生产费本身)×(≥1.5%)
(十一)	定额建筑安装工程费	(一)+(二×40%)+(五)+(六)+(七)+(八)+(九)+(十)

续表

序号	项　目	说明及计算式
(十二)	建筑安装工程费	(三)+(四)+(五)+(六)+(七)+(八)+(九)+(十)
(十三)	土地使用及拆迁补偿费	按规定计算
(十四)	工程建设其他费	
	建设项目管理费	
	建设单位（业主）管理费	(十一)×累进费率
	建设项目信息化费	(十一)×累进费率
	工程监理费	(十一)×累进费率
	设计文件审查费	(十一)×累进费率
	竣（交）工验收试验检测费	按规定计算
	研究试验费	
	建设项目前期工作费	(十一)×累进费率
	专项评价（估）费	按规定计算
	联合试运转费	(十一)×费率
	生产准备费	
	工具器购置费	按规定计算
	办公和生活用家具购置费	按规定计算
	生产人员培训费	按规定计算
	应急保通设备购置费	
	工程保通管理费	按规定计算
	工程保险费	[(十二)-(四)]×费率
	其他相关费用	
(十五)	预备费	
	基本预备费	[(十二)+(十三)+(十四)]×费率
	价差预备费	(十二)×费率
(十六)	建设期贷款利息	按实际贷款额度及利率计算
(十七)	公路基本造价	(十二)+(十三)+(十四)+(十五)+(十六)

常见问题解析

当实际出现的工程和费用项目与项目表的内容不完全相符时，第一、二、三、四、五部分和“项”的序号、内容应保留不变，项目表中的“项”以下的分项在引用时应保持序号、内容不变，缺少的分项内容可随需要就近增加，并按项目表的顺序以实际出现的级别依次排列，不保留缺少的“项”以下的项目序号。

答案

考核与评价

考核评价内容	姓名：	
	班级：	
	自评	师评
公路工程概算预算基础知识	掌握： 未掌握：	合格： 不合格：
1. 公路工程概算、预算的措施费由哪些费用组成？ 2. 公路工程概算、预算的建筑安装工程费由哪些费用组成？ 3. 什么叫公路工程概算、预算项目表？		

任务 1.6　公路工程招标投标基础知识

▶ 任务引入

公路工程施工投标书由哪些文件组成？

▶ 任务分析

招标项目的招标文件中会规定投标文件的组成，《公路工程标准施工招标文件》（2018 年版）规定了投标文件的组成，需要认真研读这两个文件。

相关知识

1.6.1　工程招标

1. 工程招标的概念

工程招标是指招标人对拟建的工程项目通过法定的程序和方式吸引建设项目的承包单位竞争，并从中选择条件优越者来完成工程建设任务的法律行为。

2. 招标人

公路工程建设项目招标人是提出招标项目、进行招标的项目法人或者其他组织。

3. 工程招标的方式

有邀请招标和公开招标两种。邀请招标是指招标人以投标邀请书的方式邀请特定的法人或其他组织投标。公开招标是招标人以招标公告的方式邀请不特定的法人或其他组织投标。

4. 公路工程招标的程序

根据《公路工程建设项目招标投标管理办法》（交通运输部令 2015 年第 24 号），公路工程建设项目采用资格后审方式公开招标的，应当按照下列程序进行：

（1）编制招标文件，发布招标公告；

（2）发售招标文件，公开招标文件的关键内容；

(3) 需要时，组织潜在投标人踏勘项目现场，召开投标预备会；

(4) 接收投标文件，公开开标；

(5) 组建评标委员会评标，评标委员会编写评标报告、推荐中标候选人；

(6) 公示中标候选人相关信息；

(7) 确定中标人；

(8) 编制招标投标情况的书面报告；

(9) 向中标人发出中标通知书，同时将中标结果通知所有未中标的投标人；

(10) 与中标人订立合同。

采用邀请招标的，在完成招标文件编制并发出投标邀请书后，按照资格后审方式公开招标的第(2)到第(10)项进行。

采用资格预审方式公开招标的，在资格后审方式招标的所有程序前，增加以下程序。因向通过资格预审的申请人发出投标邀请书，故不用发布招标公告。因是资格预审，故评标时不再资格审查。

(1) 编制资格预审文件；

(2) 发布资格预审公告，发售资格预审文件，公开资格预审文件关键内容；

(3) 接收资格预审申请文件；

(4) 组建资格审查委员会对资格预审申请人进行资格审查，资格审查委员会编写资格审查报告；

(5) 根据资格审查结果，向通过资格预审的申请人发出投标邀请书；向未通过资格预审的申请人发出资格预审结果通知书，告知未通过的依据和原因。

5. 招标文件的组成

以公路工程标准施工招标为例，招标文件包括以下内容：

(1) 招标公告(或投标邀请书)；

(2) 投标人须知；

(3) 评标办法；

(4) 合同条款及格式；

(5) 工程量清单；

(6) 图纸；

(7) 技术规范；

(8) 工程量清单计量规则；

(9) 投标文件格式；

(10) 投标人须知前附表规定的其他资料。

1.6.2　工程投标

1. 工程投标的概念

即经过特定审查并取得投标资格的建设项目承包单位，按照招标文件的要求，在规定时间内向招标人提交投标书，以争取中标的法律行为。

2. 投标人

投标人是响应招标、参加投标竞争的法人或者其他组织。投标人应当具备招标文件规定的资格条件，具有承担所投标项目的相应能力。

3. 公路工程投标的程序

与公路工程招标程序相对应，当公路工程建设项目采用资格后审方式公开招标的，公路工程投标应当有下列程序：

（1）经常浏览各媒介上的招标公告，选择合适的项目参加投标；

（2）购买招标文件；

（3）必要时，根据招标人组织参加踏勘项目现场，参加投标预备会；

（4）按招标文件要求编制投标文件，在规定的时间前送至指定地点；

（5）参加开标会；

（6）如果中标，与招标人订立合同。

采用邀请招标的，投标人是根据接到的投标邀请书来购买招标文件。

采用资格预审方式公开招标，除了与资格后审方式的投标程序相同，在购买招标文件前，还要参加资格预审。因为资格预审，故评标时不用再参加资格审查。

（1）经常浏览各媒介上的资格预审公告，选择合适的项目，根据资格预审公告购买资格预审文件；

（2）编制和递交资格预审文件；

（3）如果资格预审通过，则可以购买招标文件参加投标；如果资格预审不通过，则不能参加投标。

4. 投标文件的组成

以公路工程标准施工招标为例，投标文件的组成有以下内容：

（1）投标函及投标函附录；

（2）授权委托书或法定代表人身份证明；

（3）联合体协议书；

（4）投标保证金；

（5）施工组织设计；

（6）项目管理机构；

（7）拟分包项目情况表；

（8）资格审查资料；

（9）其他资料。

5. 投标报价的费用组成

以公路工程标准施工招标为例，施工投标报价应包含成本、利润、国家规定的增值税税金和一定的风险费。

▶ 任务实施

【实操练习 1-6】公路工程施工投标书由哪些文件组成？

【答】：公路工程施工投标书要根据招标项目的招标文件的规定来编制。根据《公路工程标准施工招标文件》（2018 年版），投标文件应包括下列内容。

第一个信封（商务及技术文件）：

商务文件

（1）投标函及投标函附录；

(2) 法定代表人身份证明及授权委托书；
(3) 投标保证金；
(4) 项目管理机构；
(5) 拟分包项目情况表；
(6) 资格审查资料；
(7) 投标人须知前附表规定的其他资料（如有）。

技术文件

(1) 施工组织设计；
(2) 主要材料设备品牌选型（适用于机电工程）。

第二个信封（报价文件）：

(1) 投标报价函；
(2) 价格指数和权重表（如有）；
(3) 已标价工程量清单。

常见问题解析

投标人需要按招标文件的规定来编制投标文件，并对实质性内容进行响应，否则可能会被废标。

答案

考核与评价

<table>
<tr><td rowspan="3">考核评价内容</td><td colspan="2">姓名：</td></tr>
<tr><td colspan="2">班级：</td></tr>
<tr><td>自评</td><td>师评</td></tr>
<tr><td>公路工程招标投标基础知识</td><td>掌握：
未掌握：</td><td>合格：
不合格：</td></tr>
<tr><td>1. 公路工程招标的概念是什么？
2. 公路工程投标的概念是什么？
3. 公路工程标准施工招标的投标报价应该包括哪些费用？</td><td></td><td></td></tr>
</table>

项目 2

公路工程造价管理软件介绍

项目目标

知识目标：了解纵横公路工程造价管理软件的应用范围；掌握软件的下载、安装、注册使用知识；了解软件的基本操作界面；掌握需要建立的文件类型。

技能目标：会下载、安装、注册使用纵横公路工程造价管理软件。

素质目标：通过纵横公路工程造价软件的下载、安装、注册使用，了解、掌握软件的基本操作界面和需建立的文件类型，建立重视基础操作技能的意识；养成踏实、认真的品质。

任务脉络

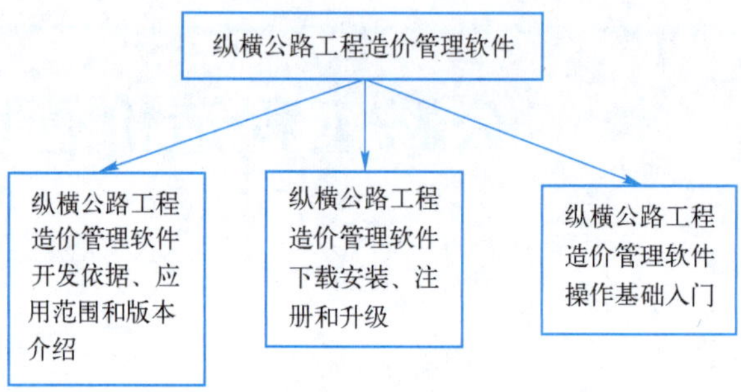

【小贴士】 软实力跑出加速度

2002 年 11 月 28 日，《振兴软件产业行动纲要》正式启动，有关企业技术创新、政府采购、出口、投融资、税收、市场秩序、人才等一系列改善软件产业环境的政策措施在年底启动。次年，纵横软件成立并发布纵横公路工程造价管理软件首个版本，距今使用客户已突破 25 万，先后与近百所高校签订校企合作协议，为在校师生提供软件产品和技术支持。纵横公路工程造价管理软件先后应用于港珠澳大桥、杭州湾跨海大桥等各大项目。

【学后谨记】

软件是新一代信息技术的灵魂，是数字经济发展的基础，是制造强国、网络强国、数字中国建设的关键支撑。熟练掌握一个界面简单、操作简洁、服务专业的软件，可以帮助提升软实力，顺利完成“学生–造价人”的完美蜕变。

编制公路工程造价的传统方法是手工编制，其特点是需要人工根据各费用计算表格之间的逻辑关系，逐项用计算器计算各项费用并填写到相应的表格中，编制速度慢，计算准确度容易受到人为因素影响。后来逐步发展到用 Excel 来编制，再发展到用专门的公路工程造价管理软件来编制。用公路工程造价管理软件，可大大减少造价人员烦琐的重复劳动，简单快捷，计算精确高。特别是在投标时，能快速准确地编制投标报价，其调价功能更是让调价易如反掌，在竞争激烈的投标市场，显得尤为重要。

本书将着重介绍纵横公路工程造价管理软件的使用。

任务 2.1　纵横公路工程造价管理软件开发依据、应用范围和版本介绍

▶ 任务引入

纵横公路工程造价管理软件的应用范围有哪些？

▶ 任务分析

需要了解纵横公路工程造价管理软件的应用范围。

相关知识

2.1.1　开发依据

（1）《公路工程建设项目概算预算编制办法》（JTG 3830—2018）；

（2）《公路工程建设项目投资估算编制办法》（JTG 3820—2018）；

（3）《公路工程预算定额》（JTG/T 3832—2018）；

（4）《公路工程概算定额》（JTG/T 3831—2018）；

（5）《公路工程估算指标》（JTG/T 3821—2018）；

（6）《公路工程机械台班费用定额》（JTG/T 3833—2018）；

（7）《公路工程建设项目造价文件管理导则》（JTG 3810—2017）；

（8）《公路工程标准施工招标文件》（2018 年版）；

（9）各省、自治区、直辖市交通厅（局）发布的《公路工程基本建设项目概算预算编制办法补充规定》《补充定额》《养路费车船税标准》等相关文件；

（10）国家发布的有关法律、法规、规章、规程等。

2.1.2　应用范围

纵横公路工程造价管理软件适用于编制新建、改建公路工程建设项目的投资估算（建议估算、可行性估算）、初步设计概算、修正概算、施工图预算、工程量清单、工程量清单预算、最高投标限价、投标报价、合同价结算、工程变更费用、单价变更结算、工程结算、工程竣工决算等。

▶ 任务实施

【实操练习 2-1】纵横公路工程造价管理软件的应用范围有哪些？

【答】：可以用来编制新建、改建公路工程建设项目的投资估算（建议估算、可行性估算）、初步设计概算、修正概算、施工图预算、工程量清单、工程量清单预算、最高投标限价、投标报价、合同价结算、工程变更费用、单价变更结算、工程结算、工程竣工决算等。

2.1.3 版本介绍

为了满足不同使用者的不同需求，纵横公路工程造价管理软件有很多个版本，当前有以下版本。

1. 专业版

可编制投资估算（建议估算、可行性估算）、初步设计概算、修正概算、施工图预算、工程量清单、工程量清单预算、最高投标限价、投标报价、合同价结算、工程变更费用、单价变更结算、工程结算、工程竣工决算等，可打印、输出到 Excel 或 PDF 文档。

2. 项目专业版（含材料调差）

跟专业版相比，多了材料调差功能。

3. 多用户专业版

跟专业版相比，可以多人网络协同操作。

4. 网络学习版

只要能上网，就可以拥有免费的正版纵横公路造价软件（功能同专业版），但是要求所编制项目造价有限额为 10 亿元。

5. 高校教学版

功能同专业版，但是不能打印和导出，只能浏览。

此外，还有针对某个省或抗疫的版本。

常见问题解析

纵横公路工程造价管理软件有很多个版本，有的仅用来教学和学习，有网络版也有专业版，还有免费和收费之分，可以根据用户的需要选择相应的版本。

答案

考核与评价

考核评价内容	姓名：	
	班级：	
	自评	师评
纵横公路工程造价管理软件开发依据、应用范围和版本介绍	掌握： 未掌握：	合格： 不合格：
1. 纵横公路工程造价管理软件的开发依据有哪些？ 2. 纵横公路工程造价管理软件的应用范围有哪些？		

任务 2.2 纵横公路工程造价管理软件下载安装、注册和升级

▶ 任务引入

如何下载安装纵横公路工程造价管理软件？

▶ 任务分析

在纵横公路工程造价管理软件公司官网上可下载，按提示安装。

相关知识

2.2.1　下载安装

纵横公司所开发的各种软件，都集成在“纵横 Z+造价工作平台”上，需要登录纵横公司官方网站，在“产品下载”窗口中下载安装“纵横 Z+造价工作平台”，再在“纵横 Z+造价工作平台”中的“下载中心”下载对应版本软件进行使用。

1. 下载“纵横 Z+造价工作平台”

首先登录纵横公司官方网站：www.smartcost.com.cn，单击网站顶部的“产品”选项下的“公路造价”选项，如图 2-1（a）所示，在弹出来的窗口中单击“立即下载纵横 Z+”按钮，如图 2-1（b）所示，下载“纵横 Z+造价工作平台”的安装程序。

（a）纵横公路造价管理软件下载界面　　（b）“纵横Z+”造价平台下载界面

图 2-1　下载“纵横 Z+”造价平台

2. 安装“纵横 Z+造价工作平台”

下载完成后，双击“纵横 Z+造价工作平台”的安装程序如“纵横 Z 造价工作平台 Setup.0.2.36.0”，出现如图 2-2（a）所示安装界面，单击“立即安装”按钮进行安装，安装完成后出现如图 2-2（b）所示的界面，单击“启动软件”按钮，进入“纵横 Z+造价工作平台”。

提示：建议将软件安装在非系统盘（如：d:\Program Files\纵横 Z+造价工作平台）。

3. 下载对应版本软件

在“纵横 Z+造价工作平台”中的左下角，如图 2-3（a）所示，单击“下载中心”按钮，出现图 2-3（b）所示窗口。

单击图 2-3（b）窗口中的“公路造价（2018 定额）”按钮，则会显示公路造价（2018 定额）对应的所有版本的软件，如图 2-4 所示。

在图 2-4（a）中找到需要的版本，如“高校教学版”，单击其右侧的“下载”按钮进行下载，下载完成后，出现如图 2-4（b）所示窗口，单击“点击安装软件”按钮，进入安装相应版本软件的界面，单击“下一步”，按照提示安装即可。

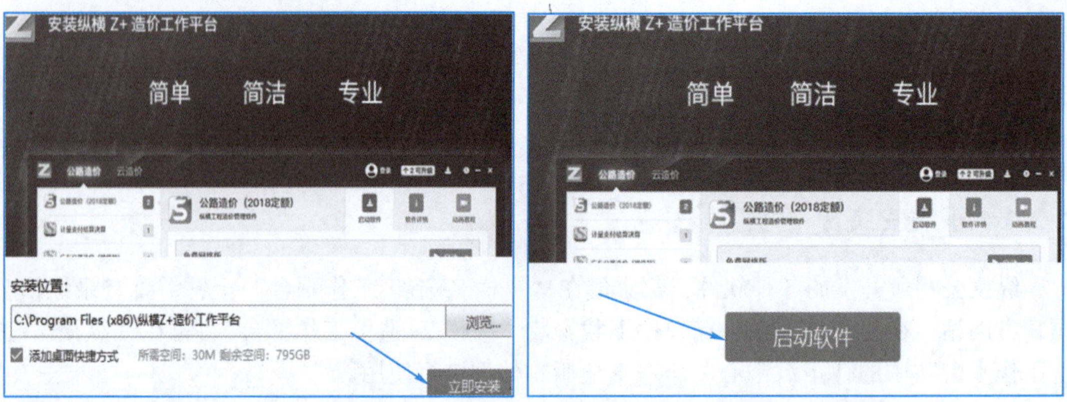

（a）“纵横Z+”造价平台安装界面　　（b）“纵横Z+”安装完成界面

图 2-2　安装“纵横 Z+”造价平台

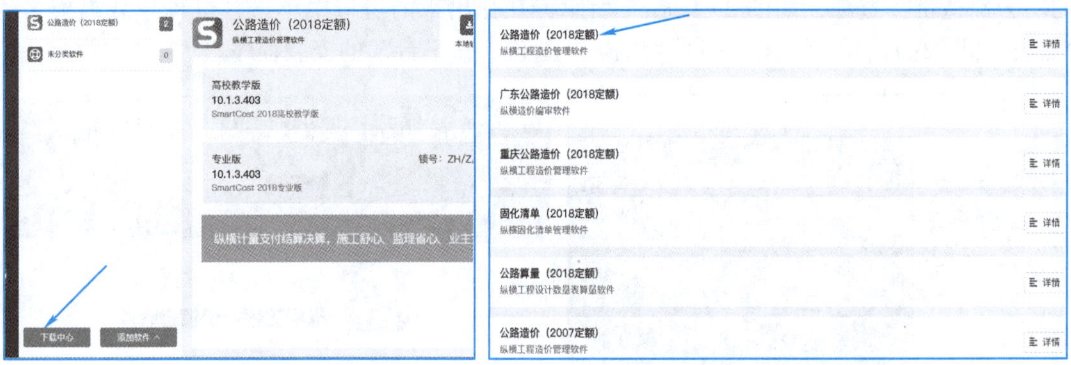

（a）“纵横Z+”造价平台启动界面　　（b）“纵横Z+”造价平台下载中心

图 2-3　进入“纵横 Z+”造价平台下载中心

提示：建议将软件安装在非系统盘（如：d:\Program Files\纵横软件\纵横造价管理软件）。

如果需要安装不同版本的软件，在图 2-4 中找到需要的软件，重复上述操作即可。

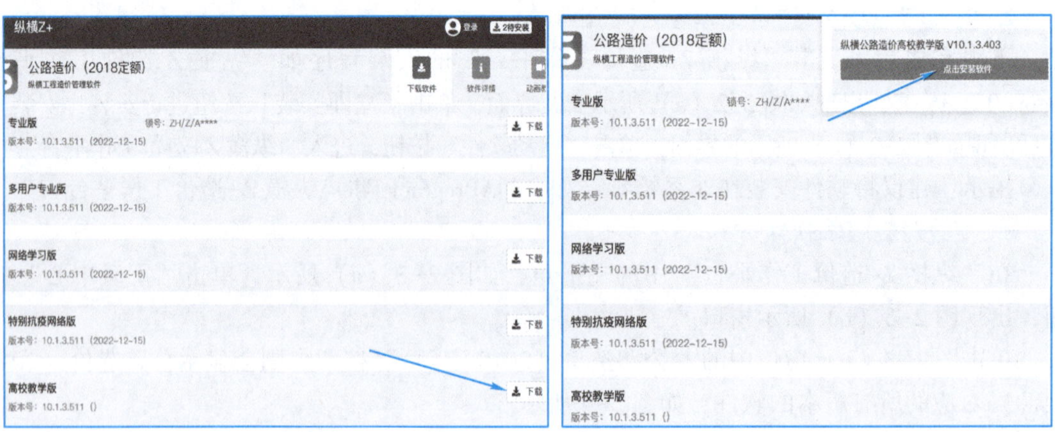

（a）公路造价（2018定额）对应版本软件　　（b）软件下载完成

图 2-4　下载不同版本软件

▶ 任务实施

【实操练习 2-2】 如何下载安装纵横公路工程造价管理软件？

【答】：在纵横公司官方网站：www. smartcost. com. cn，单击网站顶部的“产品”选项下的“公路造价”选项，下载“纵横 Z+造价工作平台”的安装程序，安装这个工作平台后，在该平台的“下载中心”下载安装相应版本的软件。

2. 2. 2　注册使用

1. 专业版

专业版安装完成后，需要配合软件加密锁才能使用。软件加密锁是正式用户身份的唯一标识，须妥善保存，每次启动专业版的软件，须先将软件加密锁插入计算机的 USB 接口中，才能正常启动正式版的软件。

专业版的软件加密锁需要注册，在成功注册前，可使用 50 次或 50 小时（销售人员预先注册好了的除外）。注册方法为：首先，致电销售代表或全国统一服务热线 0756-3850888 以获得注册码；再打开专业版软件，单击“帮助”|“产品注册”|“下一步”|“下一步”|“手工输入注册码”；然后，将之前获得的注册码复制粘贴到“注册码”栏内，软件注册即可完成。

2. 免费网络版

需要注册一个使用账号，并设置密码。

3. 高校教学版

无需注册，不受限制，安装后可直接使用。

2. 2. 3　升级服务

可定期浏览“纵横 Z+造价工作平台”，当出现新版本时，如图 2-5 所示，单击新版本即可进行版本升级。

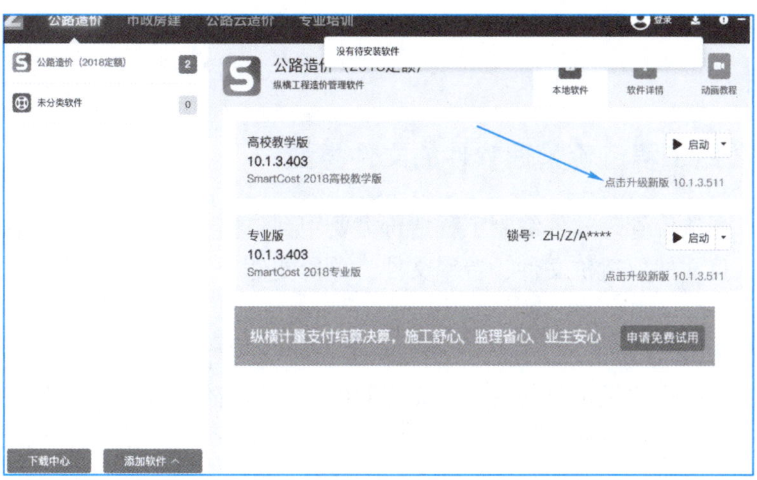

图 2-5　“纵横 Z+造价工作平台”升级新版提示

根据造价人员的需要，纵横公司提供了一些增值服务。可随时在纵横知道文库（网址为 http://zhzdwk. com）上获得补充定额、补充规定、养护定额、材料价格信息等增值服务，可随时在纵横知道问答网址为（http://zhzdwd. com）上获得公路工程造价知识，交流公路工程造价相关问题。

常见问题解析

需要在公司官网下载安装“纵横 Z+造价工作平台”，再在平台上下载安装相应版本的造价软件。

答案

考核与评价

考核评价内容	姓名： 班级：	
	自评	师评
纵横公路工程造价管理软件的下载安装、注册和升级	掌握： 未掌握：	合格： 不合格：
1. 纵横公路工程造价管理软件哪些版本的软件是免费使用的？ 2. 如何下载安装纵横公路工程造价管理软件的免费网络版？		

任务 2. 3　纵横公路工程造价管理软件操作基础入门

▶ 任务引入

用纵横公路工程造价管理软件编制工程造价需要用到的文件类型有哪些？

▶ 任务分析

需要知道纵横公路工程造价管理软件的文件类型。

相关知识

2. 3. 1　纵横公路工程造价管理软件的文件类型

纵横公路工程造价管理软件编制工程造价需要用到一些文件来储存造价编制数据。需要用到的文件有项目文件、造价文件、费率文件、单价文件等，下面分别介绍这些文件的概念和作用。

1. 项目文件和造价文件

编制一个公路工程建设项目的造价，需要明确编制的造价类型，是编制建议估算、可行性估算、概算、施工图预算还是编制工程量清单预算。同一个类型的造价也可以分为一段或划为多个分段来编制。

当用纵横公路工程造价管理软件编制一个公路工程建设项目的造价时，需要先建立一个建设项目文件，再在这个建设项目文件下建立造价文件。建设项目文件一般以建设项目的名称来命名，建设项目文件简称为项目文件，不同的建设项目需要建立不同的项目文件。造价文件一般在编制估算、概算或施工图预算时以编制范围的起点桩号到终点桩号来命名；在编制工程量清单预算时，造价文件名称一般以标段名命名。

造价文件用来储存与造价编制有关的数据，如项目表（工程量清单）、工程量、所选定额等。一个项目文件下可以只有一个造价文件，也可以有多个造价文件。造价文件不能脱离项目文件而单独存在。

如果一个建设项目分一个段来编制造价，只要建立一个项目文件和一个造价文件即可。例如：分一段编制“江西省××高速公路新建工程”的施工图预算（编制范围 K0+000–K10+000），需要建立项目文件“江西省××高速公路新建工程”和造价文件“K0+000–K10+000”，如图 2-6 所示。

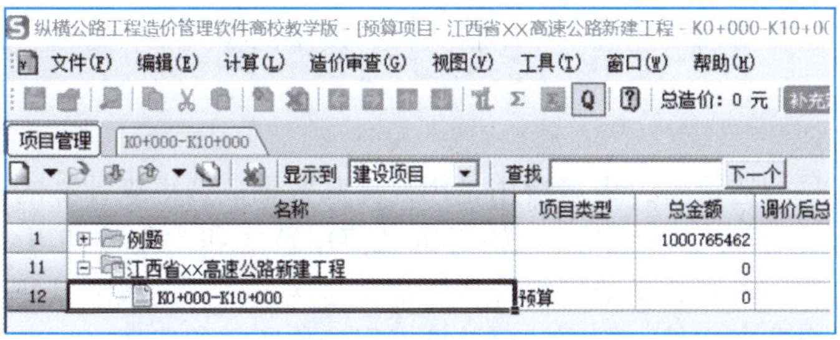

图 2-6　建设项目文件包含一个造价文件

如果一个建设项目的造价分多个段来编制，就需要建立一个项目文件和多个造价文件，每个段建立一个造价文件。例如：分两个段编制建设项目“江西省××高速公路新建工程”的施工图预算，需要建立项目文件“江西省××高速公路新建工程”和两个造价文件“K0+000–K5+000”及“K5+000–K10+000”，如图 2-7 所示。

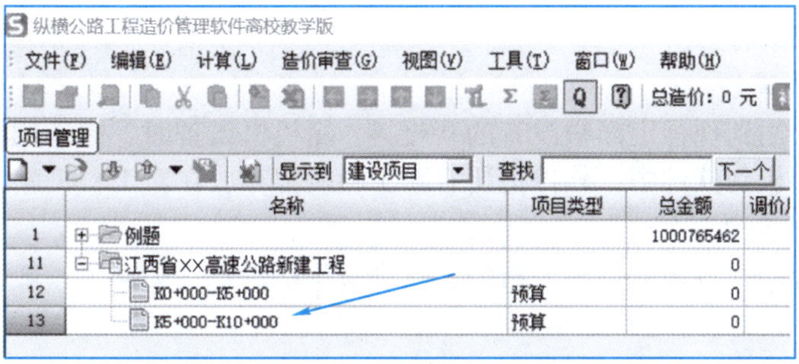

图 2-7　建设项目文件包含两个造价文件

如果分段编制，建设项目的总造价为各段造价的总和。

如果一个建设项目要编制不同类型的造价，则需要在这个项目文件下建立各编制类型的造价文件。如分别编制建设项目“赣州××一级公路新建工程”的可行性估算、概算、施工图预算，需要建立项目文件“赣州××一级公路新建工程”，再在项目文件“赣州××一级公路新建工程”下分别建立三个造价文件“K0+000–K5+000（可行性估算）”“K0+000–K5+000（概算）”“K0+000–K5+000（预算）”，如图 2-8 所示。

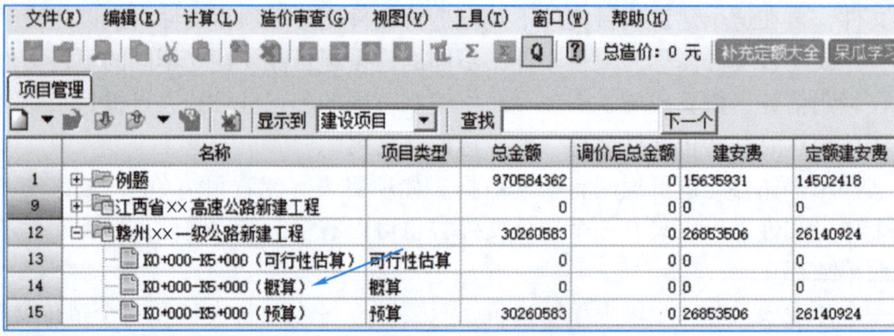

图 2-8　编制范围相同编制类型不同的造价文件名称

2. 单价文件

当计算人工费、材料费、施工机械使用费时，要用所消耗的工料机数量乘以相应的工料机预算单价。编制造价时需要建立一个单价文件，用来储存人工、材料、施工机械台班的预算单价。

3. 费率文件

当计算建设项目的造价时，很多费用是用计算基数乘以费率来计算的。如冬季施工增加费等于以各类工程的定额人工费和定额施工机械使用费之和为基数乘以冬季施工增加费费率，雨季施工增加费、夜间施工增加费等费用都是这样用计算基数乘以费率计算的。当编制造价时需要建立一个费率文件，用来储存计算工程造价所需的费率。

4. 补充定额库文件

在编制概算时依据的是现行《公路工程概算定额》，编制施工图预算时依据的是现行《公路工程预算定额》。现行《公路工程估算指标》《公路工程概算定额》《公路工程预算定额》是 2018 年 12 月 17 日发布，2019 年 5 月 1 日正式实施的，其收编了当时代表社会生产力水平的施工工艺。随着施工技术的不断进步，有些新的施工工艺不断出现。当用户计算造价要采用这些新施工工艺而现行定额中又找不到时，可以编制补充定额。补充定额库文件正是存放补充定额的文件。

5. 新工料机库文件

当计算造价要用到现行定额中没有的新材料、新机械设备时，必须通过“添加工料机”功能先添加新工料机到软件中，软件把所有新工料机都存放在新工料机库文件中。

6. 材料供应价文件

这个文件一般储存各地造价站公布的材料供应价格信息（公路上一般指材料的原价）。

7. 车船税文件

施工中可能会使用各种施工机械，自卸汽车、拖拉机、各种运输车、洒水车等车辆是需要交车船使用税的，机械台班单价包括车船使用税。软件把车船使用税标准储存在车船使用税标准文件中。因各省有自己的车船使用税标准，故车船使用税标准文件一般以省份来命名，如“江西车船税标准（赣财法〔2011〕88 号）2018 版”。

▶ 任务实施

【实操练习 2-3】 用纵横公路工程造价管理软件编制工程造价需要用到的文件类型有哪些？

【答】：一般需要用到的文件类型有：项目文件、造价文件、费率文件、单价文件、车船税文件。如果编制补充定额还需要用到补充定额库文件；如果添加现行定额中没有出现过的新材料、新机械设备，还需要新工料机库文件；如果使用造价站公布的材料供应价格信息，还需要材料供应价文件。

2.3.2　纵横公路工程造价管理软件操作界面

1. “项目管理”界面

单击“项目管理”按钮，即进入“项目管理”界面，如图 2-9 所示。

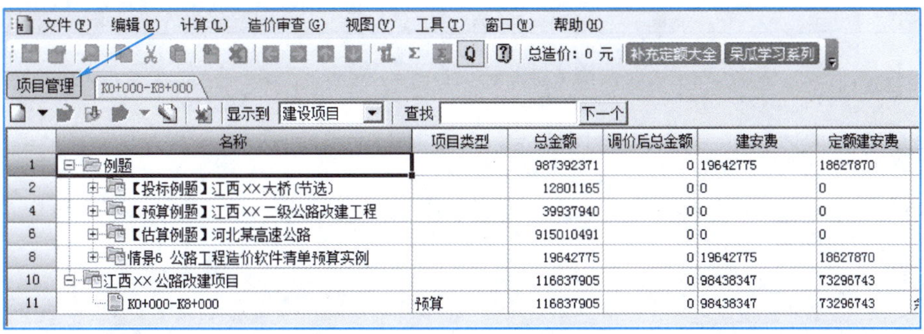

图 2-9　“项目管理”界面

“项目管理”界面的左侧窗口列出了建设项目文件名称，单击项目文件名称前面的“+”号，会显示该项目文件下包含的造价文件名称，单击“-”则关闭显示。

可在“项目管理”界面新建建设项目文件或造价文件，通过鼠标右键菜单中“新建”选项来操作。还可删除建设项目文件或造价文件，通过鼠标右键菜单中“删除”选项来操作。通过鼠标右键菜单中的“修改名称”选项可以修改建设项目文件或造价文件名称。

造价文件所在行会显示对应的单价文件和费率文件名称。可以在单价文件名或费率文件名上双击鼠标左键，进入修改名称状态，删除旧名称输入新名称后按 Enter 键，即修改了单价文件名或费率文件名。

单击选中某个造价文件，窗口最右侧显示该造价文件的项目属性窗口。

2. “造价书”界面

在“项目管理”界面用鼠标左键双击某个造价文件名称，则打开该造价文件，进入“造价书”界面，如图 2-10 所示。

在“造价书”界面，可进行建立项目表（工程量清单）、选定额等造价计算操作。

3. “工料机”界面

单击图 2-11 所示的“工料机”图标，即进入“工料机”界面。

在“工料机”界面，可以汇总工料机、确定工料机预算价格等。

4. “费率”界面

单击“费率”图标，即进入“费率”界面，如图 2-12 所示。

可在“费率”界面选择和确定费率参数、查看费率等。

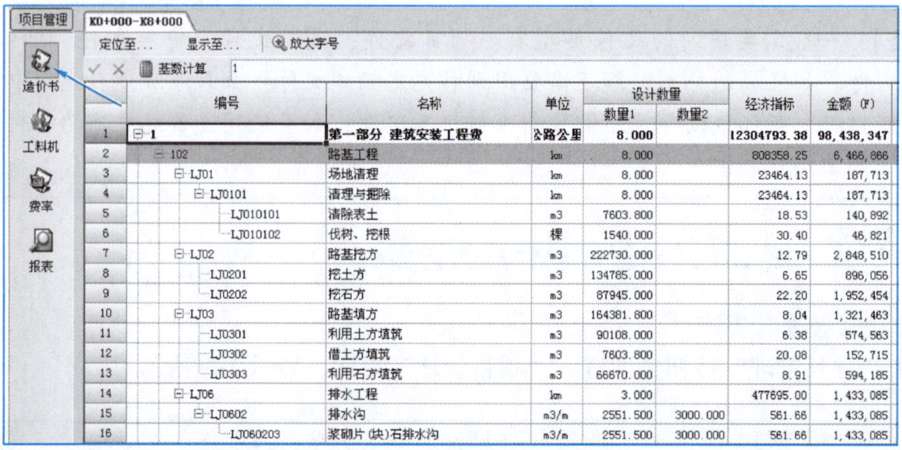

图 2-10 “造价书”界面

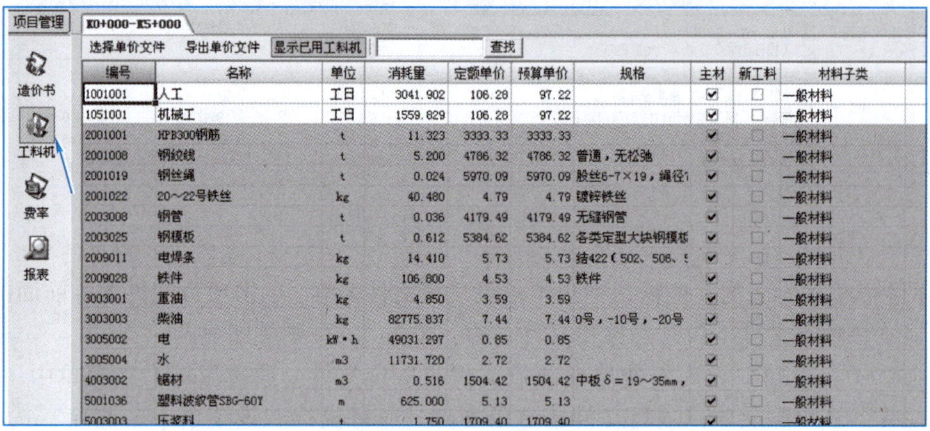

图 2-11 “工料机”界面

图 2-12 “费率”界面

5. “报表” 界面

单击图 2-12 所示的 “报表” 图标，即进入 “报表” 界面，如图 2-13 所示，可在此界面查看、打印、导出各数据报表。

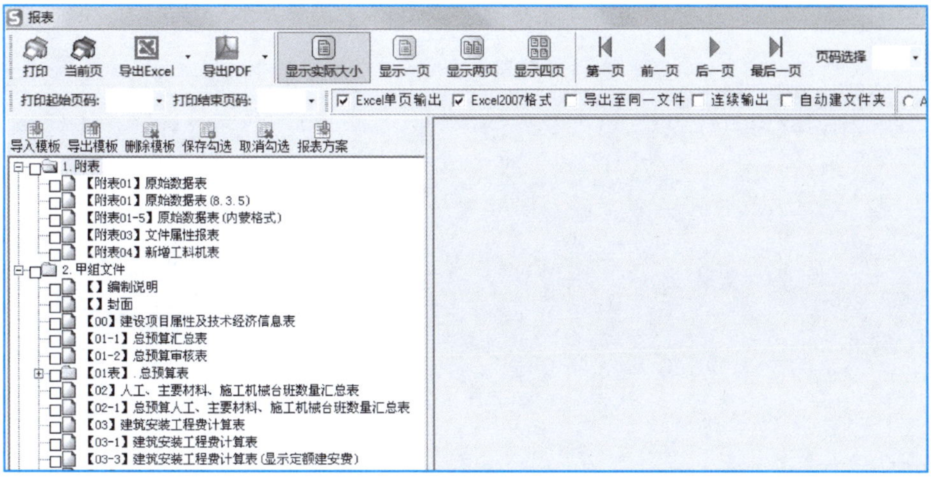

图 2-13 “报表” 界面

常见问题解析

在 “项目管理” 界面，可查看、新建或删除项目文件和造价文件，以及修改文件名称。

答案

考核与评价

考核评价内容	姓名：	
	班级：	
	自评	师评
纵横公路工程造价管理软件的文件类型	掌握： 未掌握：	合格： 不合格：
项目文件、造价文件、费率文件、单价文件、车船税文件的用途分别是什么？		

项目 3

纵横公路工程造价管理软件编制公路工程概算预算

项目目标

知识目标：掌握编制公路工程概算预算的详细流程和操作知识。

技能目标：会用纵横公路工程造价管理软件编制公路工程概算预算。

素质目标：通过运用纵横公路工程造价软件编制公路工程概算预算，养成认真负责、诚信的品质，建立创新意识，培养钻研、积极进取精神。

任务脉络

用纵横公路工程造价管理软件编制公路工程概算预算的基本操作流程如图 3-1 所示。

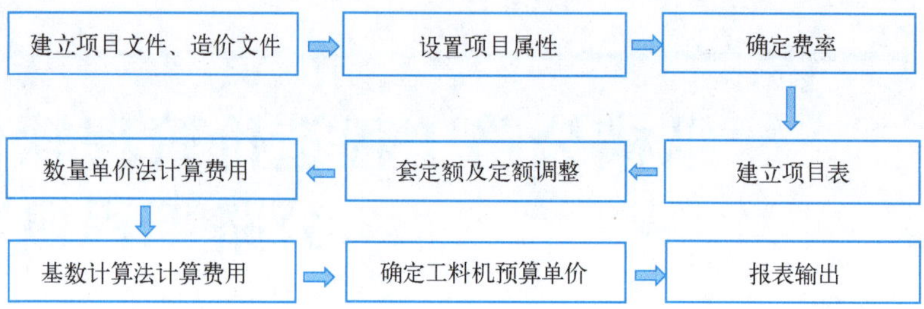

图 3-1　公路工程概算预算的基本操作流程

对于初学者来说，可按图 3-1 所示流程操作。熟悉软件后，则可不完全按该流程进行。

【小贴士】 合理编制概算预算，有效控制工程投资

公路工程建设项目规模大、周期长，所需资金量大，投入的资金量少则数千万，多则上百亿，一般需要 3~5 年时间才能建成。有许多影响工程造价的不确定因素，要尽量规避施工图预算、结算超概算现象。严格控制好施工图预算的编制，把握后续的招投标、结算工作，减少超概情况的发生。建设管理单位严格控制各个环节，加强各方之间的交流与沟通；相关人员通晓法律知识，熟知工程项目的运作规律和工程经济的知识，重点控制前期勘察、设计环节；设计单位提高设计水平，加强设计深度，严格编制并审查设计概算及施工图预算，减少因设计原因导致的漏项和变更，对工程造价和费用支出有着重要意义。

为加强公路工程造价管理，合理确定和有效控制工程造价，在公路工程建设项目设计阶段，设计概算和施工图预算应当按照现行《公路工程建设项目概算预算编制办法》（JTG 3830—2018）等规定编制。设计概算是初步设计文件和技术设计文件的重要组成部分，施工图预算是施工图设计文件的重要组成部分。经批准后的概算应是建设项目投资的最高限额，《公路工程造价管理暂行办法》（中华人民共和国交通运输部令 2016 年第 67 号）规定：初步设计概算的静态投资部分不得超过经审批或者核准的投资估算的静态投资部分的 110%；施工图预算应控制在批准的设计概算范围之内。

【学后谨记】

设计概算、施工图预算是工程投资控制的主要依据，是工程决算的重要参考。我们要成为全过程造价综合型人才，加强造价管理知识的学习，提高项目造价管理的质量，创建更多高质量、高性价比的建设项目。

任务 3.1　建立项目文件、造价文件

▶ 任务引入

任务 3.1（1）

需要编制公路工程项目“赣州××一级公路新建工程”的施工图预算，编制范围为 K0+000–K5+000，请新建项目文件、造价文件、费率文件和单价文件（名称同造价文件）。

任务 3.1（2）

需要分两段编制公路工程项目“赣州××一级公路新建工程”的施工图预算，其中一段的编制范围为 K0+000–K5+000，另一段的编制范围为 K5+000–K10+000。已新建其中一段 K0+000–K5+000 的造价文件、费率文件和单价文件（费率文件和单价文件名同造价文件名）。请新建另一段 K5+000–K10+000 的造价文件、费率文件和单价文件（费率文件和单价文件使用文件名为“K0+000–K5+000”的费率文件和单价文件）。

▶ 任务分析

任务 3.1（1）

需要新建项目文件、造价文件、费率文件和单价文件，其中项目文件名为“赣州××一级公路新建工程”，造价文件名为“K0+000–K5+000”，费率文件、单价文件和造价文件同名。

任务 3.1（2）

编制范围为 K5+000–K10+000 的施工图预算时，项目文件已新建，只要在项目文件“赣州××一级公路新建工程”下新建名称为“K5+000–K10+000”的造价文件，费率文件和单价文件选择已新建好的文件名为“K0+000–K5+000”的费率文件和单价文件。

相关知识

编制一个完整的概算或预算，需要有一个项目文件、一个造价文件、一个费率文件、一个单价文件来分别储存相应的数据。项目文件可以新建、选择软件中现有的或从软件外部导入到软件中。造价文件必须新建。单价文件、费率文件可以新建、选择软件中现有的或从软件外部导入到软件中。

3.1.1　新建项目文件、造价文件

【操作】：

（1）打开一个版本的软件，如“高校教学版”，单击“文件”菜单下的“新建”选项，如图 3–2（a）所示，或者在“项目管理”界面，单击快捷菜单栏中的“新建分段”图标，如图 3–2（b）所示，会弹出“新建项目”对话框，如图 3–3 所示。

（2）在图 3–3 所示“新建项目”对话框中依次输入分段文件名称（造价文件名称即编制范围）、建设项目名称（建设项目文件名称），再选择“项目类型”为“预算”（如果编

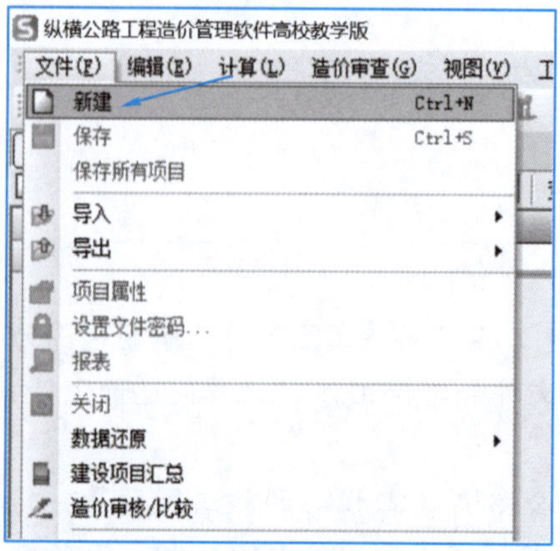

（a）“新建”菜单选项

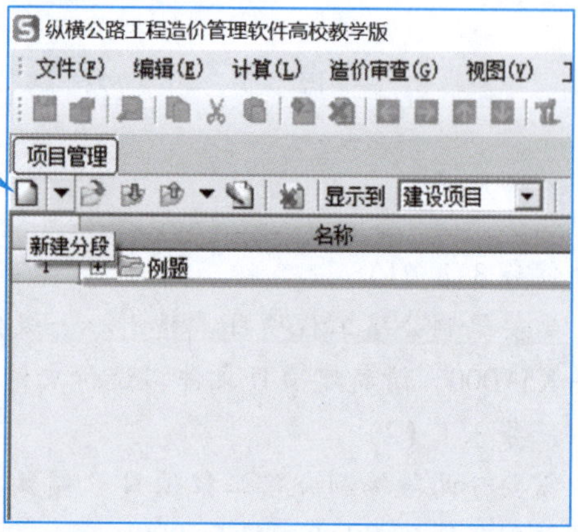

（b）“新建分段”图标

图 3-2　打开“新建项目”对话框的方式

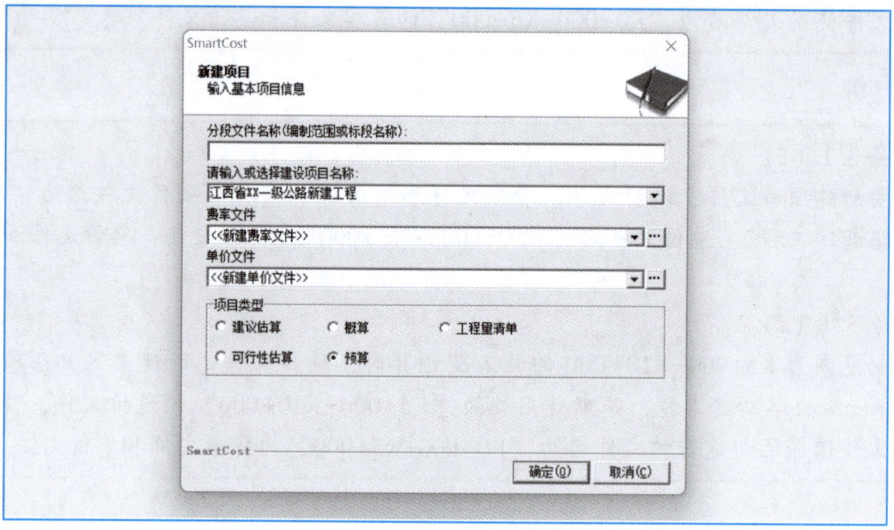

图 3-3　“新建项目”对话框

制的造价是建议估算、可行性估算、概算或工程量清单，则选择相应的类型）。单击“确定”按钮，就新建了一个建设项目文件和一个造价文件。同时，软件默认新建的还有费率文件、单价文件（与造价文件同名）。

【提示】：

（1）软件在新建完这些文件的同时，会默认打开刚刚新建的造价文件，进入该造价文件的“造价书”界面，如图 3-4 所示。

（2）单击“项目管理”按钮，可切换到“项目管理”界面。单击造价文件“K0+000-K5+000”按钮可切换到“造价书”界面，见图 3-4。

（3）当前打开的造价文件名称显示在“项目管理”按钮的右侧。如果要关闭某个打开的造价文件，只要用鼠标右键单击“项目管理”按钮右侧的造价文件名称，再单击出现的“关闭”按钮即可，见图 3-5。

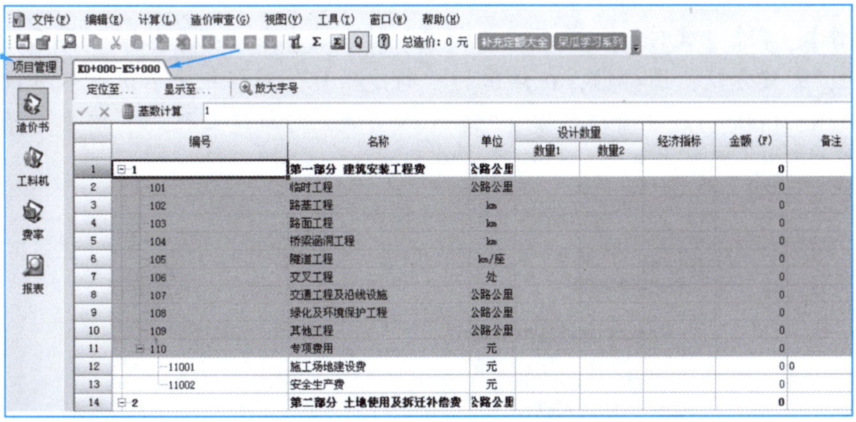

图 3-4　“造价书”界面

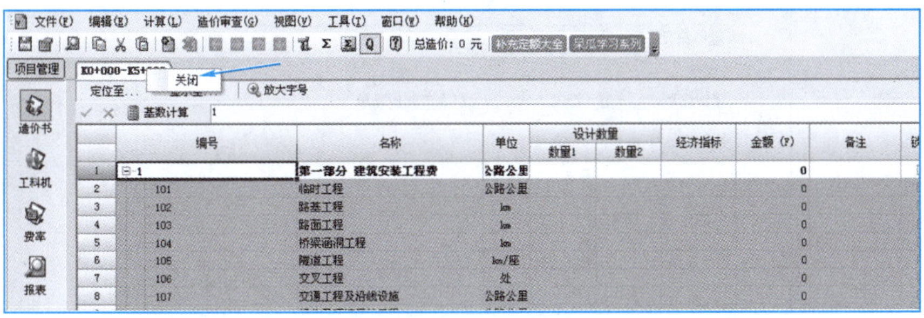

图 3-5　关闭造价文件

（4）如果需要打开某个造价文件，则要在“项目管理”界面，单击这个造价文件所在的项目文件名称左侧的“+”号，如图 3-6 所示，使该项目下所有的造价文件显示出来，如图 3-7 所示，再双击需要打开的造价文件名称即可。

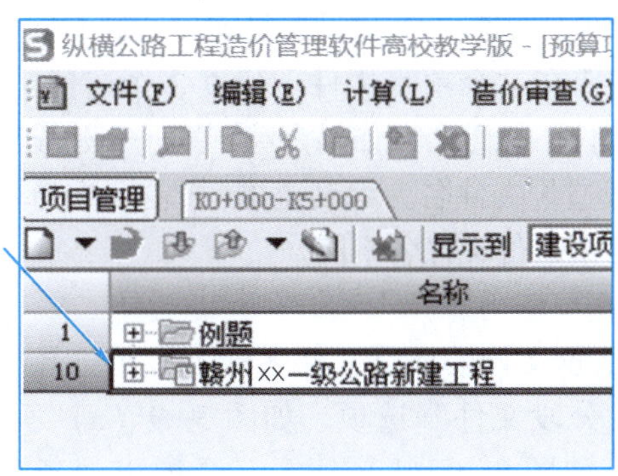

图 3-6　单击“+”号

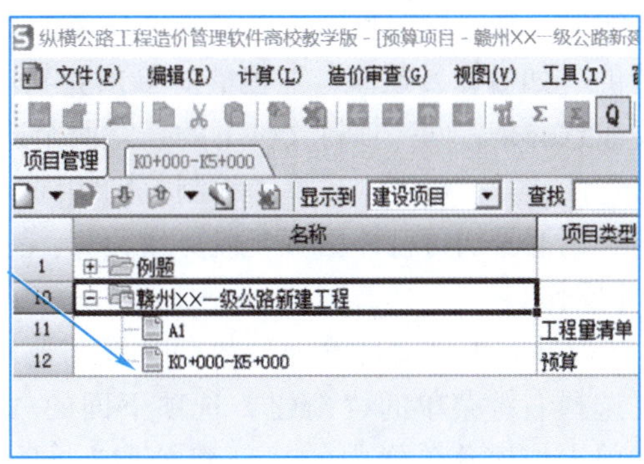

图 3-7　显示造价文件

▶ 任务实施

任务 3.1（1）

【实操练习 3-1】 需要编制公路工程项目“赣州××一级公路新建工程”的施工图预算，编制范围为 K0+000-K5+000，请新建项目文件、造价文件、费率文件和单价文件（名称同造价文件）。

实操练习 3-1 操作视频

【操作】：单击“文件”菜单下的“新建”选项或者在“项目管理”界面单击快捷菜单栏中的“新建分段”图标，在弹出的“新建项目”对话框中依次输入分段文件名称（K0+000-K5+000）、建设项目名称（“赣州××一级公路新建工程”），单击选择“项目类型”为“预算”，单击“确定”按钮，如图 3-8 所示。

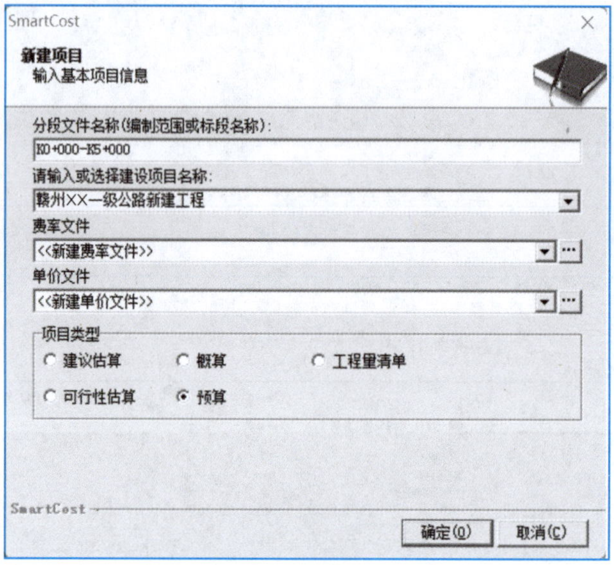

图 3-8　在“新建项目”对话框中输入基本项目信息

3.1.2　在已有项目文件下新建造价文件

如果一个建设项目同一类型造价分多个段来编制，或者一个建设项目需要编制不同类型的造价（如概算、预算、工程量清单预算），就需要在这个项目文件下建立多个造价文件。需要注意的是，同一项目文件下的任意两个造价文件不能重名，如果是编制同一个建设项目的可行性估算、概算、预算，编制范围相同（一般造价文件名为编制范围），需要在造价文件名后用括号加可行性估算、概算或预算，这样可使造价文件名不同。

【操作】：

方法 1：在“项目管理”界面，在需要增加造价文件的项目文件名称上，单击鼠标右键，选择右键菜单的“新建”选项下面的“新建分段文件”选项，如图 3-9（a）所示，或者单击快捷菜单栏中的“新建分段”图标，如图 3-9（b）所示，会弹出“新建项目”对话框，该对话框已有项目文件名称，只要输入新增的分段文件（造价文件）名称即可，如图 3-10 所示。

方法 2：单击“文件”菜单下的“新建”选项，在弹出的如图 3-11 所示的“新建项目”对话框中，单击“请输入或选择建设项目名称”栏所在行右侧的下拉箭头，在下拉列表中选择需要新增造价文件的项目文件名称，如图 3-12 所示，再在“分段文件名称”栏输入新增的分段（造价）文件名称。

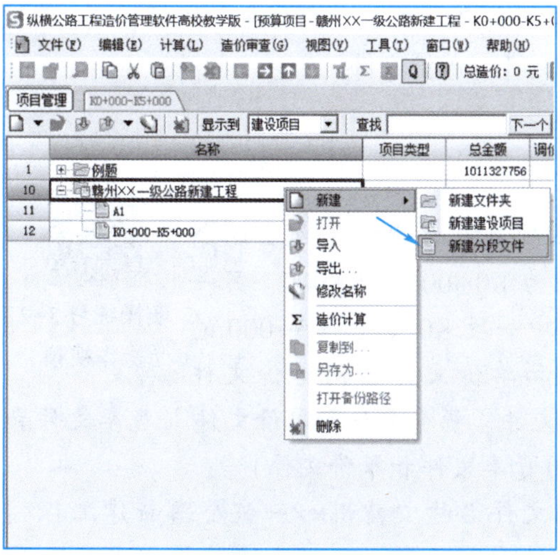

（a）“新建分段文件”菜单

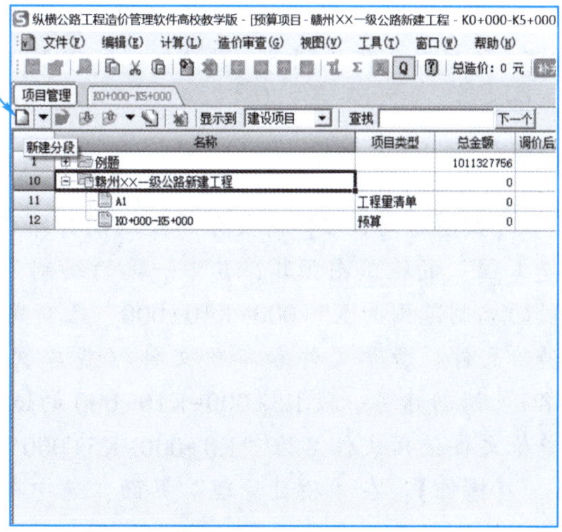

（b）“新建分段”图标

图 3-9　打开“新建项目”对话框的方式

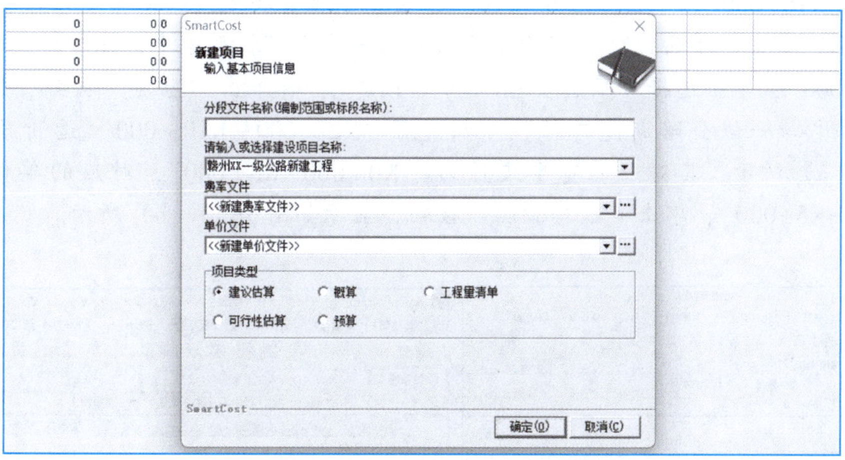

图 3-10　“新建项目”对话框

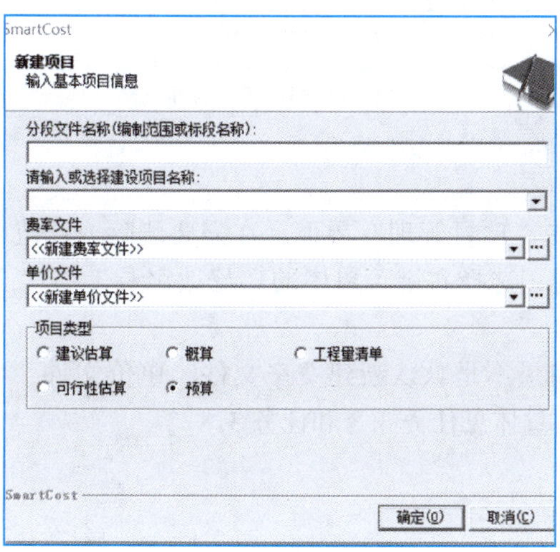

图 3-11　“新建项目”对话框

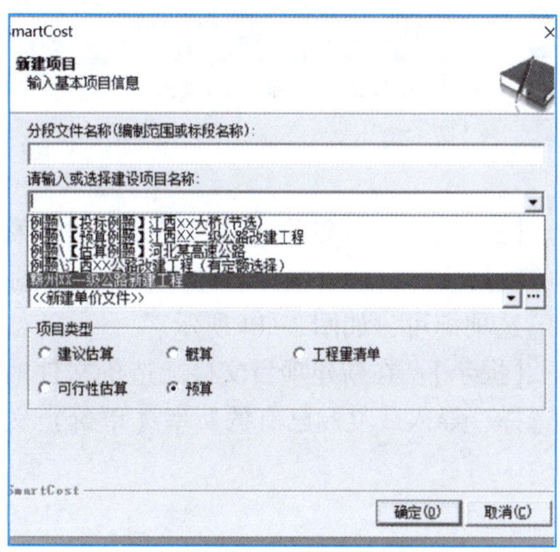

图 3-12　选择建设项目文件、输入分段文件名

单击选择“项目类型”为“预算”，再单击“确定”按钮，就在选定的项目文件下新建了一个造价文件。同时，默认新建的还有费率文件、单价文件。

▶ 任务实施

任务 3.1（2）

【实操练习 3-2】 需要分两段编制公路工程项目“赣州××一级公路新建工程”的施工图预算，其中一段的编制范围为 K0+000-K5+000，另一段的编制范围为 K5+000-K10+000。已新建其中一段 K0+000-K5+000 的造价文件、费率文件和单价文件（费率文件和单价文件名同造价文件名）。请新建另一段 K5+000-K10+000 的造价文件、费率文件和单价文件（费率文件和单价文件使用文件名为“K0+000-K5+000”的费率文件和单价文件）。

实操练习 3-2
操作视频

【操作】： 在“项目管理”界面，选中项目文件名称“赣州××一级公路新建工程”，单击快捷菜单栏中的“新建分段”图标或单击鼠标右键，选择右键菜单“新建”选项下面的“新建分段文件”选项，在弹出的“新建项目”对话框中输入分段文件名称“K5+000-K10+000”；单击“费率文件”栏右侧下拉箭头，选择费率文件“K0+000-K5+000”；单击“单价文件”栏右侧下拉箭头，在下拉列表中选择单价文件“K0+000-K5+000”；单击选择“项目类型”为“预算”；再单击“确定”按钮，则在项目文件“赣州××一级公路新建工程”下新建了“K5+000-K10+000”造价文件，如图 3-13（a）所示，其对应的费率文件为“K0+000-K5+000”，对应的单价文件为“K0+000-K5+000”，单击“项目管理”按钮，显示如图 3-13（b）所示。

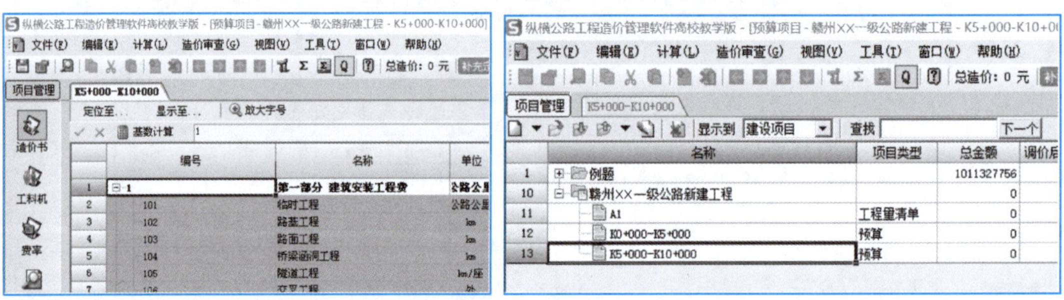

（a）新建的造价文件“K5+000-K10+000”　　（b）切换到“项目管理”界面

图 3-13 “造价书”界面和“项目管理”界面

【提示】： 可以删除文件和修改文件名称。在“项目管理”界面，在需要删除或修改名称的项目文件或造价文件名称上，单击鼠标右键，选择右键菜单中的“修改名称”或“删除”选项即可，如图 3-14 所示。

【提示】： 在新建项目文件、造价文件时，如果不是默认新建费率文件、单价文件，可以选择、导入或复制已有的费率（单价）文件，具体见任务 3.3 和任务 3.8。

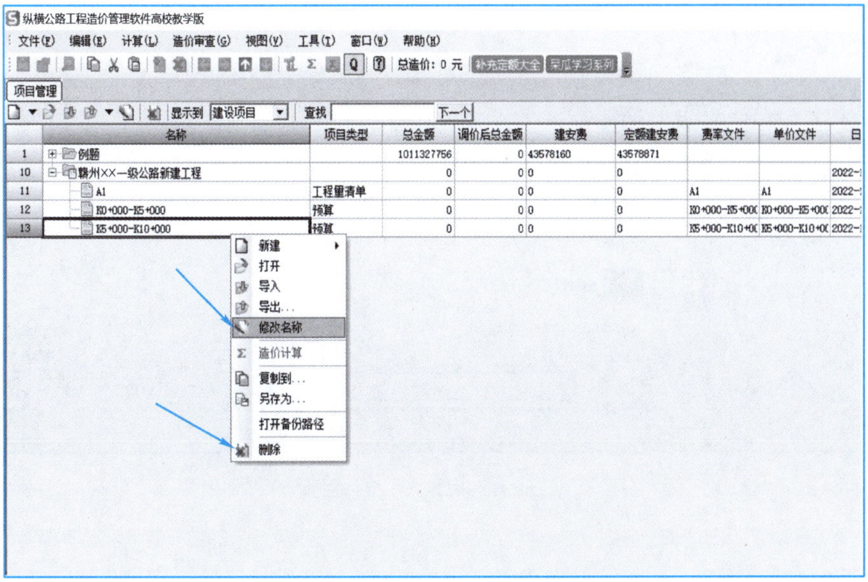

图 3-14　“修改名称”和“删除”菜单选项

3.1.3　导入项目文件

在用纵横公路工程造价管理软件编制造价过程中，可以随时将项目的造价编制数据导出，再通过“导入建设项目”功能导入到其他计算机上继续编制或查看审核造价。

【操作】：

（1）单击“文件”菜单里“导入”选项下的“导入建设项目”选项，如图 3-15 所示。

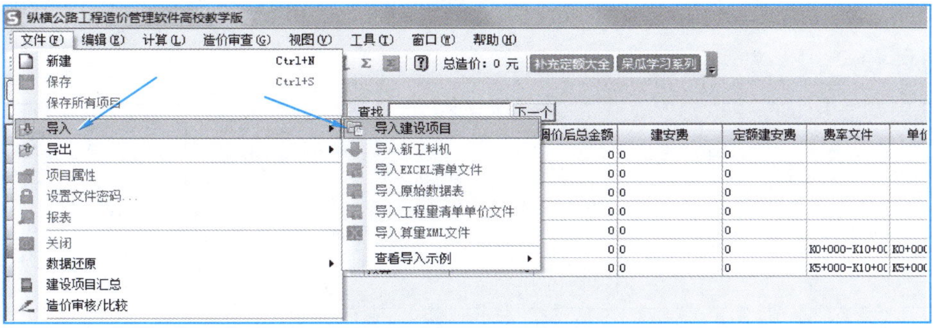

图 3-15　“导入建设项目”菜单选项

弹出“导入”对话框，如图 3-16 所示。

（2）单击“查找范围”栏右侧的下拉箭头，在下拉列表中找到需要导入的项目文件（以 . sbp 为后缀），单击“打开”按钮，即导入了一个项目文件到软件中。导入项目文件时连带这个项目文件下所有的造价编制数据一并导入。

图 3-16 “导入”对话框

3.1.4 导出项目文件

当需要把造价编制数据导出到别的计算机继续编制、查看、审核、打印时，可导出建设项目。在“项目管理”界面用鼠标选中需要导出的项目文件，单击“文件”菜单里“导出”选项下的“导出建设项目”选项或“成批导出建设项目”选项，然后按弹出的对话框提示操作。

常见问题解析

在“新建项目”对话框中，确定了项目文件、造价文件、费率文件和单价文件名后，要单击选择“项目类型”，再单击“确定”按钮。

任务 3.1 考核与评价操作视频

考核与评价

<table>
<tr><td rowspan="3">考核评价内容</td><td colspan="2">姓名：</td></tr>
<tr><td colspan="2">班级：</td></tr>
<tr><td>自评</td><td>师评</td></tr>
<tr><td>考核评价内容</td><td>掌握：
未掌握：</td><td>合格：
不合格：</td></tr>
<tr><td>1. 新建一个项目文件，文件名为“江西××一级公路改建工程”，新建一个造价文件，文件名为“K0+000-K8+000”，新建一个费率文件和单价文件，名称同造价文件名称，项目类型为“预算”。
2. 在“江西××一级公路改建工程”项目文件下再新建一个造价文件，名称为“K8+000-K10+000”，费率文件和单价文件选择第 1 步建立的费率文件和单价文件“K0+000-K8+000”。
3. 关闭造价文件“K0+000-K8+000”和“K8+000-K10+000”。
4. 把造价文件“K8+000-K10+000”改成“K10+000-K12+000”，再删除它。</td><td></td><td></td></tr>
</table>

任务 3.2 设置项目属性

▶ 任务引入

需要输入和查看公路建设项目施工图预算的建设项目名称、编制单位、建设单位、编制人及证号等与造价编制有关的项目属性信息。相关信息有：

所属建设项目：赣州××一级公路新建工程；编制范围：K0+000-K5+000；建设单位：江西××公司；编制单位：江西××设计院；编制：张××；编制人证号：××××××；复核：李××；复核人证号：××××××；工程地点：江西赣州。

▶ 任务分析

在纵横公路工程造价管理软件中，项目属性包含建设项目名称、编制单位、建设单位、编制人及证号等与造价编制有关的信息，输入和查看这些信息，在项目属性中操作。

相关知识

项目属性包含与造价编制有关的信息，如编制范围、建设项目名称、编制单位、建设单位、编制人及证号、复核人及证号等，还有路线长度、工程所在地等属性参数，计划利润率、增值税税率等计算参数，小数位数的设置等。

项目属性可在“项目属性”对话框中设置，也可在“项目管理”界面右侧的“属性”窗口设置。

3.2.1 在“项目属性”对话框中设置项目属性

【操作】：

（1）在造价文件“K0+000-K5+000”的“造价书”界面，单击快捷菜单栏上“项目属性”图标，如图 3-17（a）所示，或者单击“文件”菜单下面的“项目属性”选项，如图 3-17（b）所示，会弹出“项目属性”对话框，如图 3-18 所示。

（2）在“项目属性”对话框中输入相应的项目属性参数。

对话框有“基本信息”“属性参数”“计算参数”“小数位数”“高级”等五个标签。“基本信息”标签中有编制范围、编制人、复核人等信息，这些信息与报表输出有关，基本信息在报表页眉页脚中出现。“属性参数”标签中有公路技术等级、起止点桩号等技术数据，此处数据不参与造价计算。“计算参数”标签中有设定计划利润率、增值税税率、机械不变费用系数、辅助生产间接费率、是否计算高原地区施工增加费等。在“小数位数”标签中可自定义小数位数，打勾选择“本分段工程单独设置”，即可设置本分段文件的各数据所需的小数位数。“高级”标签请勿随意修改。

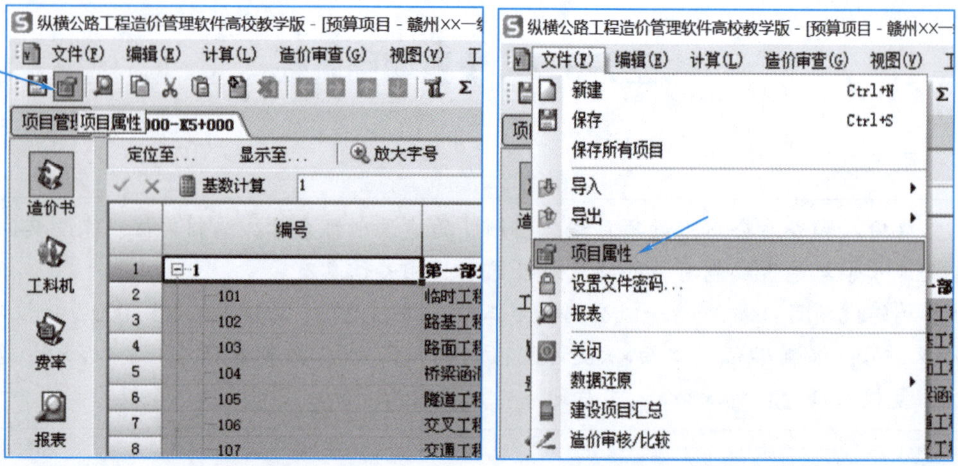

（a）“项目属性”图标　　（b）“项目属性”菜单选项

图 3-17　打开“项目属性”对话框的方式

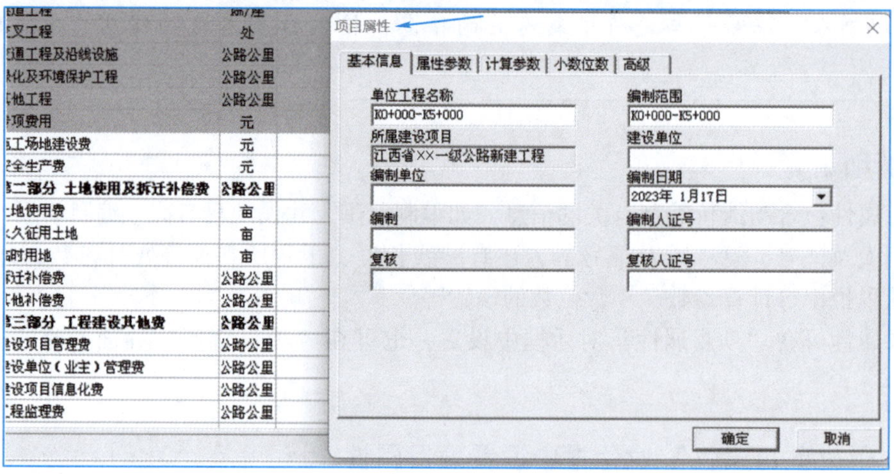

图 3-18　“项目属性”对话框

▶ 任务实施

【实操练习 3-3】需要输入和查看公路建设项目施工图预算的建设项目名称、编制单位、建设单位、编制人及证号等与造价编制有关的项目属性信息。相关信息有：

实操练习 3-3 操作视频

所属建设项目：赣州××一级公路新建工程；编制范围：K0+000－K5+000；建设单位：江西××公司；编制单位：江西××设计院；编制：张××；编制人证号：××××××；复核：李××；复核人证号：××××××；工程地点：江西赣州。

【操作】：打开建设项目“赣州××一级公路新建工程”的造价文件“K0+000－K5+000”，在“造价书”界面，单击“项目属性”图标或者单击“文件”菜单下面的“项目属性”选项，在弹出的“项目属性”对话框中相应选项输入造价编制相关信息。

查看项目属性的操作同输入项目属性的操作，弹出“项目属性”对话框后，单击相应的选项，可查看相关信息。

【注意】：设置计算小数位数适应于一些对计算精度要求较高的项目，如小型建设项目清单编制等。本软件精度设置符合公路造价习惯，将“定额–各项费用”设成“3 位”小数，计算精度即可满足绝大部分要求。其他精度值如非必要，请勿随意修改。

3.2.2　在“项目管理”界面右侧的“属性”窗口设置项目属性

【操作】：

在“项目管理”界面，单击选中需要设置或查看项目属性的造价文件，屏幕最右边会显示“属性”窗口即项目属性窗口，如图 3–19 所示。可以在窗口中直接输入或在下拉菜单中选择相应的项目属性值，“属性”窗口的数据修改后，“项目属性”对话框和造价编制数据会同步刷新。

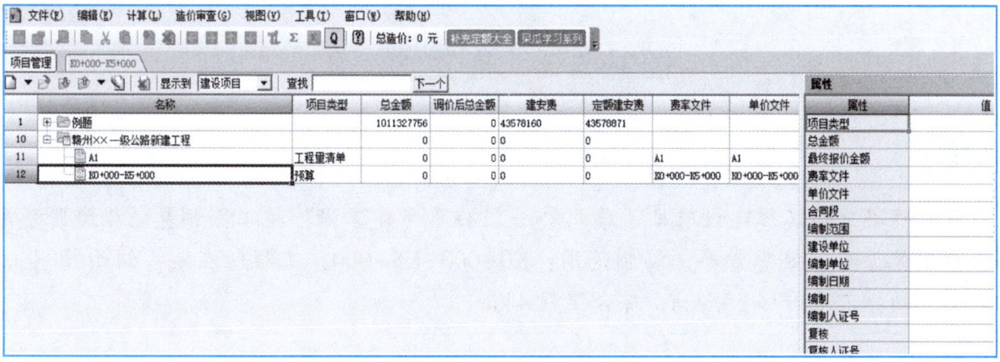

图 3–19　“项目管理”界面的“属性”窗口

常见问题解析

在“项目管理”界面，要单击选中某个项目文件下的造价文件，才会在窗口右侧显示“属性”窗口，可在这里输入和查看项目属性的相关信息。

任务 3.2 考核与评价
操作视频

考核与评价

<table>
<tr><td rowspan="3">设置和查看项目属性</td><td colspan="2">姓名：</td></tr>
<tr><td colspan="2">班级：</td></tr>
<tr><td>自评</td><td>师评</td></tr>
<tr><td>考核评价内容</td><td>掌握：
未掌握：</td><td>合格：
不合格：</td></tr>
<tr><td>根据表 3–1 所示的项目属性参数设置“江西××一级公路改建工程”的造价文件“K0+000–K8+000”的项目属性。</td><td></td><td></td></tr>
</table>

表 3–1　项目属性参数表

所属建设项目	江西××一级公路改建工程
工程地点	江西南昌
建设单位	江西××公司

续表

编制单位	江西××公路设计公司
编制	张三
编制人证号	××××××
复核	李四
复核人证号	××××××
编制范围	K0+000-K8+000
计划利润率	7.42%
税率	9%

任务 3.3 确定费率

▶ 任务引入

需要确定公路工程建设项目“赣州××一级公路新建工程”施工图预算的措施费费率、企业管理费费率、规费费率。编制范围：K0+000-K5+000；工程所在地：江西赣州；经过调查可知：工地转移 355 km，综合里程 4 km。

▶ 任务分析

通过工程所在地和公路等级、任务中给定的参数可确定措施费费率、企业管理费费率、规费费率的相关计算参数，可在软件中输入或选择费率计算参数来确定费率。

相关知识

公路工程概算、预算中，一些费用是以计算基数乘以费率来计算的。如冬季施工增加费以各类工程的定额人工费和定额施工机械使用费之和为基数乘以工程所在地气温区的冬季施工增加费费率来计算。需要确定的费率有：措施费费率、企业管理费费率、规费费率等。

措施费通常与工程所在地、气温、雨季期和雨量、是否夜间施工、是否行车干扰、工地转移距离等费率计算参数有关，企业管理费也和综合里程等参数有关，规费和所在省有关，它们都和工程类别有关。

可通过设置费率计算参数来确定费率，也可选择已有费率文件中的费率。

3.3.1 逐项设定费率计算参数值来确定费率

【操作】：

（1）在“造价书”界面的左侧单击“费率”图标，进入如图 3-20 所示的“费率”界面。

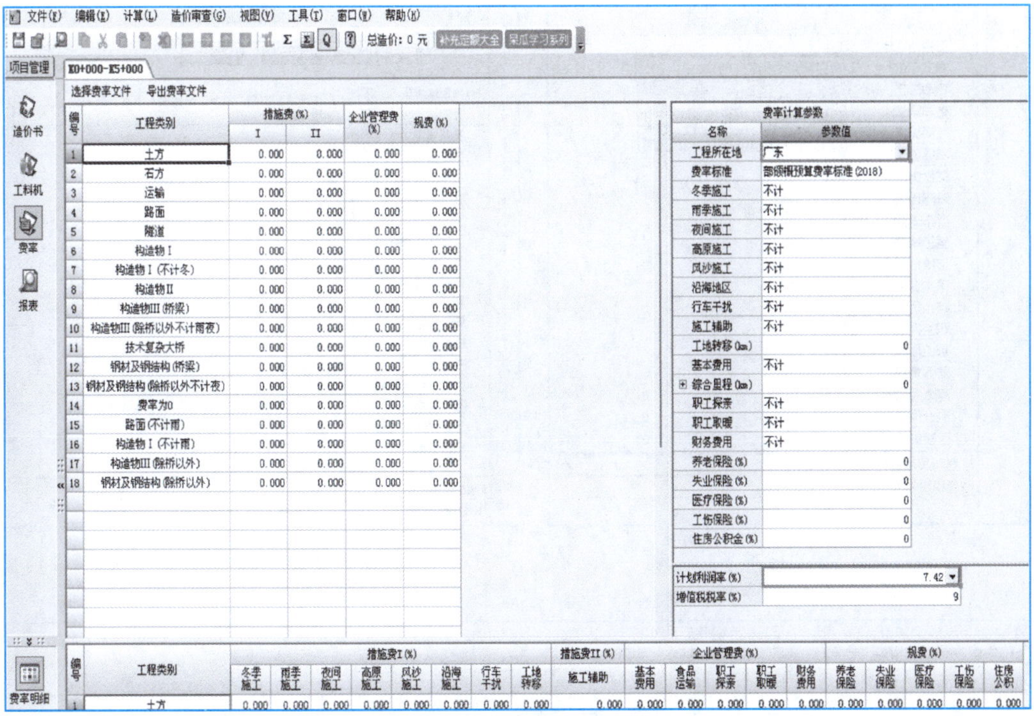

图 3-20　“费率”界面

（2）在如图 3-20 所示“费率”界面右侧的“费率计算参数”窗口中，逐项单击各费用名称的“参数值”栏，单击出现的下拉箭头，在下拉列表中选择相应的参数值，或直接输入参数值。

① 工程所在地：软件会根据确定的工程所在地，自动确定按地区类别取费的项目。

② 费率标准：软件已按全国各省编制办法补充规定内置费率标准，并根据工程所在地过滤以供选择，如图 3-21 所示。

③ 选择“冬季施工”“雨季施工”“夜间施工”“高原施工”“风沙施工”“沿海施工”“行车干扰”“施工辅助”“基本费用”“职工探亲”“职工取暖”“财务费用”等参数，软件会自动计算相应的费率值。只要把光标放在冬季施工、雨季施工所在行停留几秒不动，软件会根据工程所在地，自动提示冬季施工、雨季施工区域划分，如图 3-22 所示。

④ 输入工地转移的公路里数、综合里程、四险一金费率，软件会自动计算相应的费率值。

全部费率参数确定后，软件计算出各个工程类别的措施费、企业管理费、规费费率，如图 3-23 所示。

【提示】：费率确定后，可导出到文件中，供其他项目使用。选择图 3-23 中左上角的“导出费率文件”按钮，会出现图 3-24 所示的“导出文件”对话框，单击“保存在”栏右侧的下拉箭头，在下拉列表中找到想保存的文件夹，再在“文件名”栏输入费率文件的名称，单击“保存”按钮将费率导出到该文件中。费率文件的后缀为 . smf。

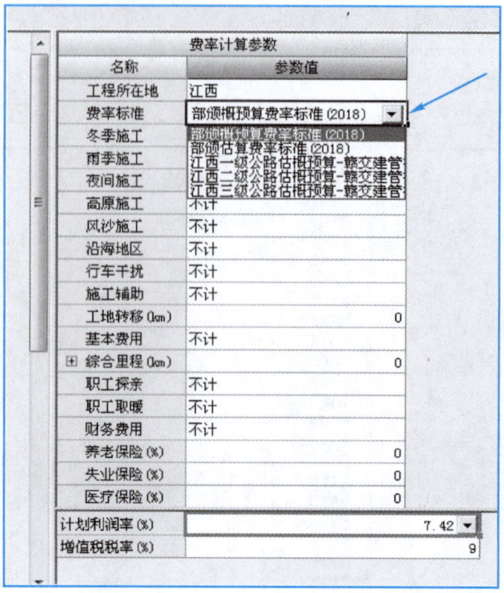

图 3-21 费率标准下拉列表

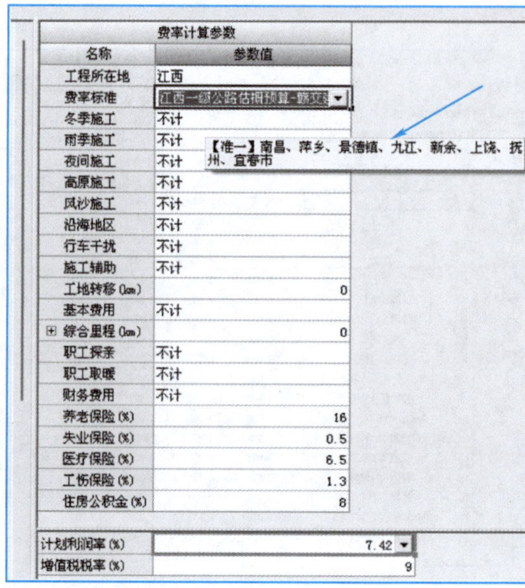

图 3-22 冬季施工区域划分自动提示

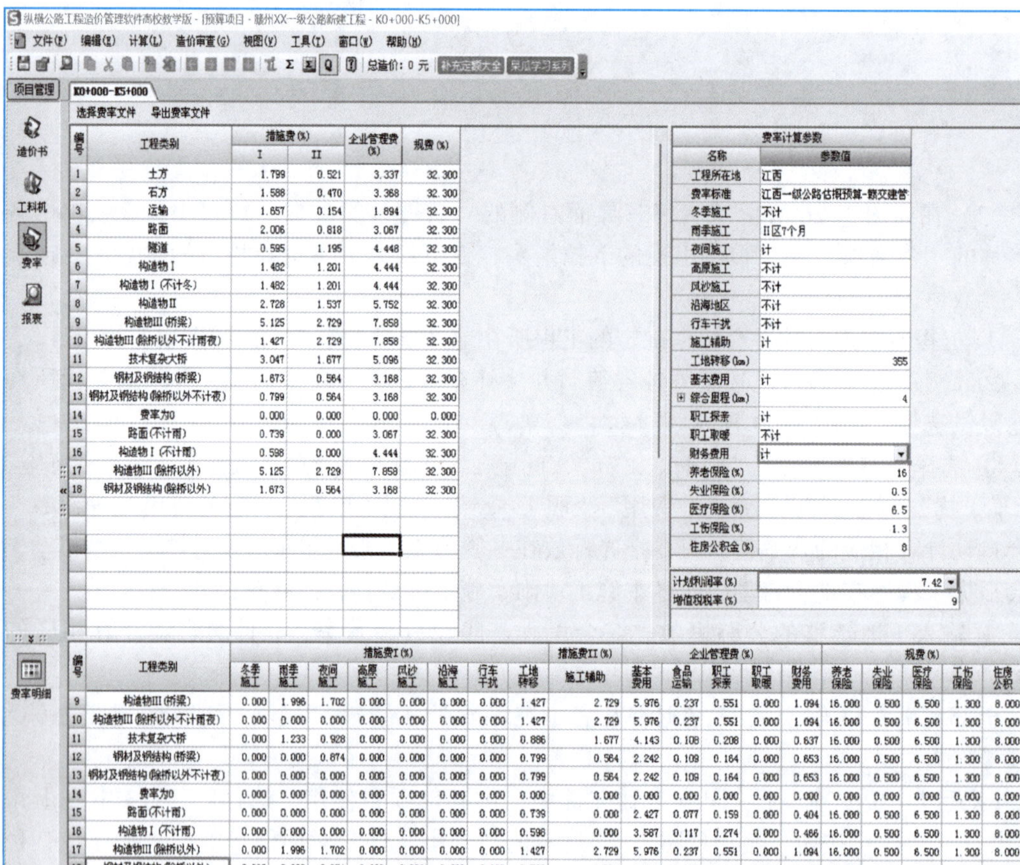

图 3-23 措施费、企业管理费、规费费率数据

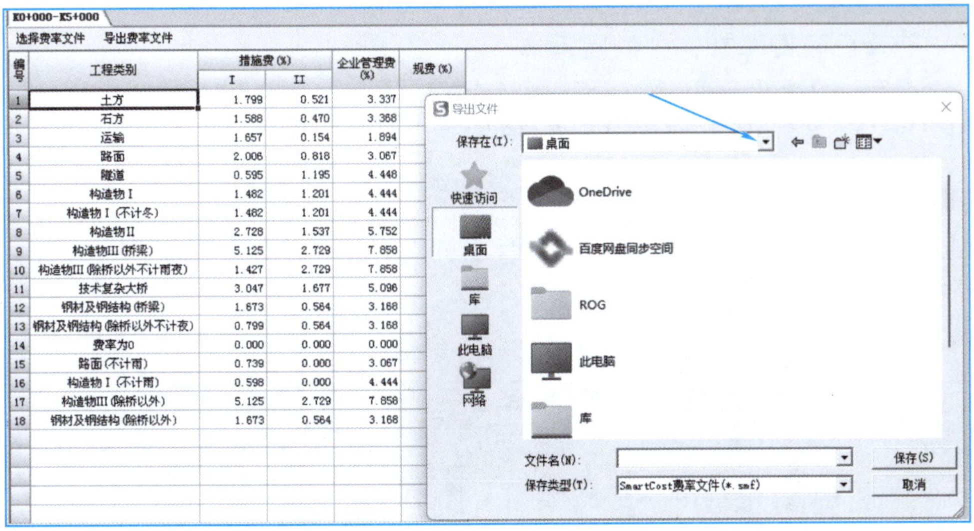

图 3-24　“导出文件”对话框

▶ 任务实施

【实操练习 3-4】 需要确定公路工程建设项目“赣州××一级公路新建工程”施工图预算的措施费费率、企业管理费费率、规费费率。编制范围为 K0+000-K5+000；工程所在地：江西赣州；经过调查知：工地转移 355 km，综合里程 4 km。

实操练习 3-4 操作视频

【分析】：根据工程所在地、项目等级及已知的工地转移、综合里程数据，查编制办法及江西省编制办法补充规定可知费率计算参数如表 3-2 所示。

表 3-2　费率计算参数表

工程所在地	江 西 赣 州	费 率 标 准	江西一级公路估概预算-赣交建管字〔2019〕23 号
冬季施工	不计	雨季施工	Ⅱ区 7 个月
夜间施工	不计	高原施工	不计
风沙施工	不计	沿海地区	不计
行车干扰	不计	施工辅助	计
工地转移/km	355	基本费用	计
综合里程/km	4	职工探亲	计
职工取暖	不计	财务费用	计
养老保险/%	16	失业保险（%）	0.5
医疗保险/%	6.5	工伤保险（%）	1.3
住房公积金/%	8		

【操作】：在已建立了项目文件“赣州××一级公路新建工程”和造价文件“K0+000-K5+000”的前提下，在“项目管理”界面双击打开造价文件“K0+000-K5+000”进入“造价书”界面，单击“造价书”界面左侧的“费率”图标进入“费率”界面，在“费率”界面右侧的“费率计算参数”窗口按表 3-2 中的数据选择或输入参数值。

3.3.2 选择已有费率文件中的费率

当已有费率文件中有合适的费率时，可选择这个费率文件中的费率作为当前造价文件的费率。

【操作】：

（1）在图 3-25 所示的“费率”窗口中，单击左上方的“选择费率文件”按钮，出现如图 3-26 所示的“选择费率文件”对话框。

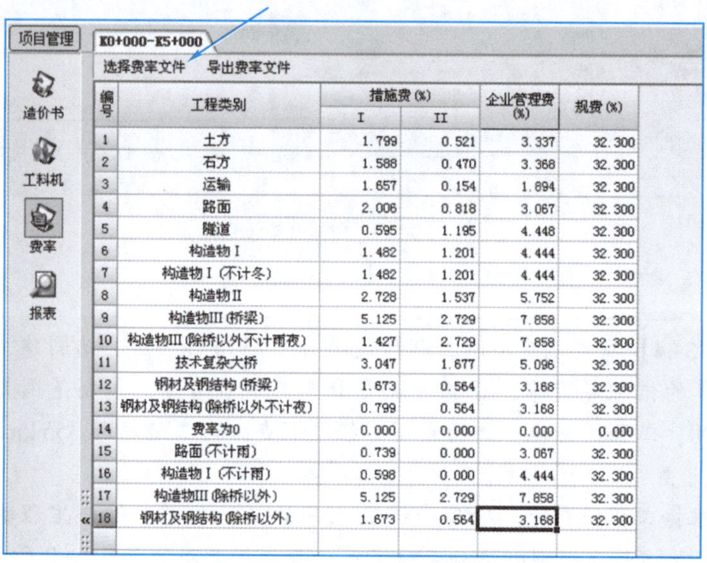

编号	工程类别	措施费 (%) I	措施费 (%) II	企业管理费 (%)	规费 (%)
1	土方	1.799	0.521	3.337	32.300
2	石方	1.588	0.470	3.368	32.300
3	运输	1.657	0.154	1.894	32.300
4	路面	2.006	0.818	3.067	32.300
5	隧道	0.595	1.195	4.448	32.300
6	构造物 I	1.482	1.201	4.444	32.300
7	构造物 I (不计冬)	1.482	1.201	4.444	32.300
8	构造物 II	2.728	1.537	5.752	32.300
9	构造物III (桥梁)	5.125	2.729	7.858	32.300
10	构造物III (除桥以外不计雨夜)	1.427	2.729	7.858	32.300
11	技术复杂大桥	3.047	1.677	5.096	32.300
12	钢材及钢结构 (桥梁)	1.673	0.564	3.168	32.300
13	钢材及钢结构 (除桥以外不计夜)	0.799	0.564	3.168	32.300
14	费率为0	0.000	0.000	0.000	0.000
15	路面 (不计雨)	0.739	0.000	3.067	32.300
16	构造物 I (不计雨)	0.598	0.000	4.444	32.300
17	构造物III (除桥以外)	5.125	2.729	7.858	32.300
18	钢材及钢结构 (除桥以外)	1.673	0.564	3.168	32.300

图 3-25 “选择费率文件”按钮

图 3-26 “选择费率文件”对话框

（2）在“当前项目费率文件”列表中，如有适用的费率文件，可直接用鼠标选中，再单击“确定”按钮，软件出现图 3-27 所示的对话框。

（3）单击图 3-27 中的“确定”按钮，所选费率文件设为当前造价文件的费率文件，原有费率值被刷新，软件按所选费率文件内的费率重新计算造价。

【注意】：如果“当前项目费率文件”列表中没有合适的费率文件，适用的费率文件保存在计算机等数据盘中，可导入该费率文件到“当前项目费率文件”列表中，或从其他项目复制，具体操作如下。

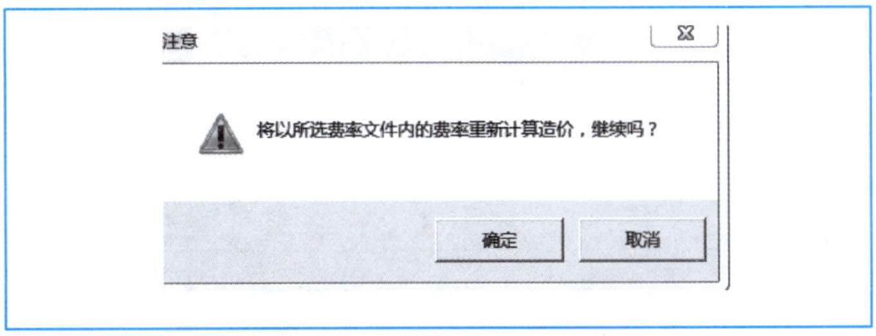

图 3-27　是否重新计算造价提示

（1）导入费率文件到“当前项目费率文件”列表中。

① 单击图 3-26 中的“导入”按钮，出现如图 3-28 所示的“打开”对话框。

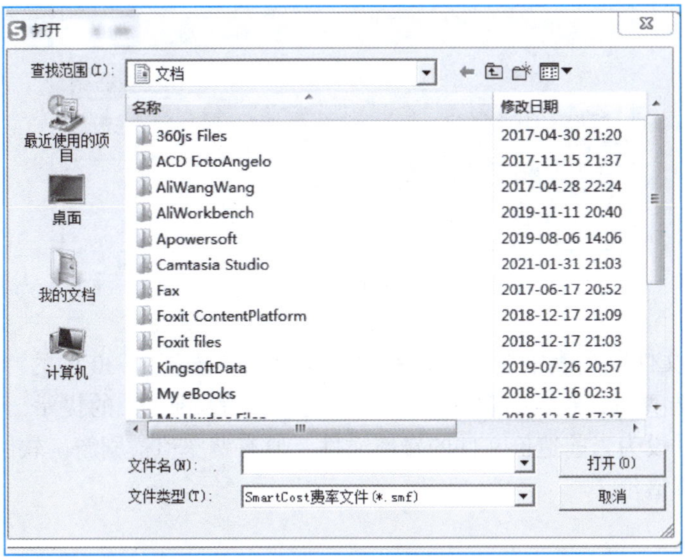

图 3-28　“打开”对话框

② 在相应数据盘中找到合适的费率文件，单击图 3-28 中的“打开”按钮，把该费率文件导入到图 3-26 中的“当前项目费率文件”列表中。

③ 在“当前项目费率文件”列表中，用鼠标选中刚导入的费率文件，单击“确定”按钮，再在出现的对话框中单击“确定”按钮，即把导入的费率文件设为当前项目的费率文件，原有费率值被刷新，软件按导入费率文件中的费率重新计算造价。

（2）从其他项目复制。

① 单击图 3-29 中的“从其他项目复制”按钮，出现如图 3-30 所示的对话框的下半部分。

② 在图 3-30 中，在“建设项目”列表中用鼠标选中费率文件所在的建设项目，该建设项目下的费率文件出现“费率文件”列表中。

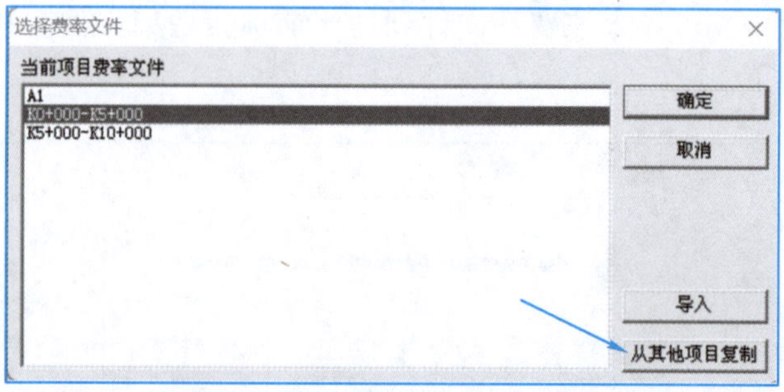

图 3-29 “从其他项目复制”按钮

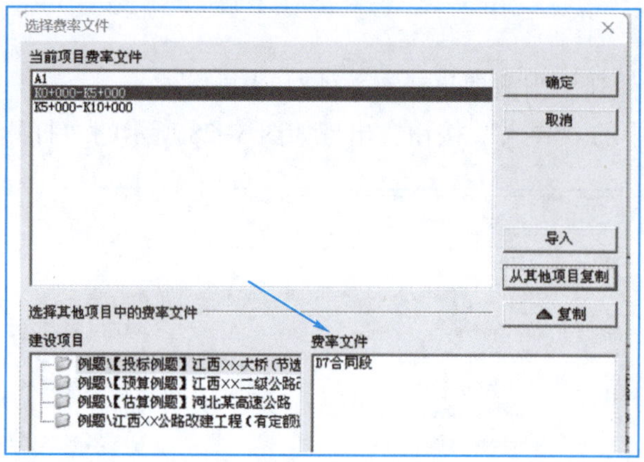

图 3-30 “建设项目”列表和选中建设项目所包含“费率文件”列表

③ 在“费率文件”列表中选中合适的费率文件，单击图 3-30 中的“确定”按钮，将会出现“将以所选费率文件内的费率重新计算造价，继续吗?”的提示，单击“确定”按钮，所选费率文件设为当前造价文件的费率文件，原有费率值被刷新，软件按所选费率文件内的费率重新计算造价。

常见问题解析

不论是选择导入费率文件，还是选择从其他项目复制费率文件，都会用新的费率文件中的费率重新计算造价，要选择适合当前造价文件的费率文件。

任务 3.3 考核与评价操作视频

考核与评价

设置费率参数	姓名：	
	班级：	
	自评	师评
考核评价内容	掌握： 未掌握：	合格： 不合格：
根据表 3-3 所示的费率计算参数值设置“江西××一级公路改建工程”的造价文件“K0+000-K8+000”的费率计算参数。		

表 3-3　费率计算参数表

工程所在地	江 西 南 昌	费 率 标 准	江西一级公路估概预算-赣交建管字〔2019〕23 号
冬季施工	准一区	雨季施工	Ⅱ区 6 个月
夜间施工	不计	高原施工	不计
风沙施工	不计	沿海地区	不计
行车干扰	次数 501～1 000	施工辅助	计
工地转移/km	30	基本费用	计
综合里程/km	2	职工探亲	计
职工取暖	不计	财务费用	计
养老保险/%	16	失业保险（%）	0. 5
医疗保险/%	6. 5	工伤保险（%）	1. 3
住房公积金/%	8		

任务 3. 4　建立项目表

▶ 任务引入

任务 3. 4（1）

需要建立公路工程建设项目“赣州××一级公路新建工程”施工图预算（编制范围为 K0+000-K5+000）的项目表。设计图纸有以下工程量（节选）：路基工程 5. 000 km；清除表土 7 603. 8 m^3；伐树、挖根 1 540 棵；路基挖方 222 730 m^3，其中挖土方 134 785 m^3，挖石方 87 945 m^3；路基填方 164 381 m^3，其中利用土方填筑 90 108 m^3，借土方填筑 7 603. 8 m^3，利用石方填筑 66 670 m^3；浆砌片石排水沟 2 551. 5 m^3/3 000 m。

任务 3. 4（2）

公路建设项目“赣州××一级公路新建工程”设计图纸有以下工程量（节选）：人字型骨架护坡 991 m^3/2 000 m，厚 220 mm 水泥稳定类基层 209 280 m^2，要求在造价文件 K0+000-K5+000 的项目表中再增加这两个分项。

▶ 任务分析

任务 3. 4（1）

根据设计图纸工程量和现行《公路工程建设项目概算预算编制办法》（JTG 3830—2018）分析项目表，再在软件中建立项目表。

任务 3. 4（2）

根据设计图纸工程量和现行《公路工程建设项目概算预算编制办法》（JTG 3830—2018）分析项目表，再在软件中建立项目表。

相关知识

为了准确无误地计算和确定公路工程造价，必须把建设项目按一定的方法、排列顺序及内容进行划分，一般是划分成若干项、目、节、细目，并根据设计图纸计算相应的工程量，做成表格形式，这个表叫项目表。

每个需要编制概算、预算的项目必须建立项目表，即每个造价文件都要建立自己的项目表。用软件编制公路工程概算、预算，需要在软件中建立所编制工程项目的项目表。

可以依靠软件中的标准项目表来建立当前造价文件的项目表。具体分为三个步骤：打开标准项目表、建立项目表、输入设计工程量。

3.4.1 打开标准项目表

【操作】：

在“造价书”界面，单击图 3-31 屏幕右上角的“项目表”按钮，出现标准“项目表”窗口，如图 3-31 右侧窗口所示。此操作属于开关式的，再单击一下“项目表”按钮，会关闭标准“项目表”窗口。

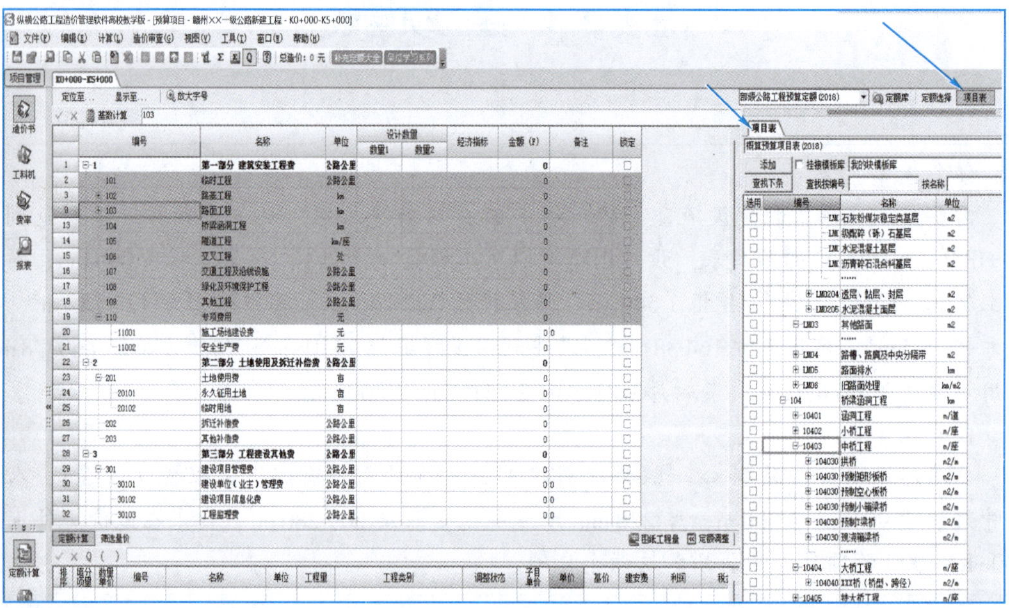

图 3-31 “项目表”按钮和标准“项目表”窗口

标准项目表按部、项、目、节、细目的层次来划分，以部、项、目、节、细目等依次逐层展开。单击图 3-31 标准项目表“编号”列中的“+”，可显示下一级分项的名称；当变成“-”号时，表明该分项无下一级分项，单击“-”号，可关闭显示下一级分项名称，只显示本级分项名称。上一级分项称为父项，下一级分项称为子项。

3.4.2 建立标准项和非标准项

标准项目表中的分项称为标准项。标准项目表中没有的分项，称为非标准项。建立项目表时，标准项和非标准项的建立方法不同。

1. 建立标准项

要建立标准项，只需从标准项目表中直接添加进当前造价文件的项目表即可，有双击添加和勾选批量添加两种添加方法。

1）双击添加

【操作】：在图 3-31 所示标准项目表找到需添加进当前造价文件项目表的分项名称，用鼠标在名称上双击，将该分项添加到当前造价文件项目表中。

【注意】：当双击父项时，只添加父项进项目表，其下子项不会添加；当双击子项时，不仅该子项会添加进项目表，其父项也会添加。只要在最低一级子项的名称上双击，即可把该子项及其所有的父项都添加进项目表。

2）勾选批量添加

【操作】：在图 3-31 所示标准“项目表”窗口中的“选用”列方框中，逐项勾选目标添加分项，再单击“添加”按钮，会将标准项目表中已勾选的分项添加进当前造价文件的项目表中。可一次性添加已勾选的分项。

【注意】：当勾选父项时，其下子项全部添加进项目表；当勾选个别子项时，其父项会添加进项目表，但其他子项不会添加。

【提示】：可删除分项或修改分项名称。

（1）若添加的分项有误，可在项目表中用鼠标选中要删除的分项，单击屏幕上方快捷菜单栏的“删除”按钮，或用鼠标右键单击需删除的分项，选择右键菜单中的“删除”选项。当删除父项时，其下子项全部删除；当删除个别子项时，父项不会删除。

（2）如果所建立的分项需要修改名称，可双击该分项名称进入修改状态，再输入新的名称。

▶ 任务实施

任务 3.4（1）

【实操练习 3-5】 需要建立公路工程建设项目“赣州××一级公路新建工程”施工图预算（编制范围为 K0+000-K5+000）的项目表。设计图纸有以下工程量（节选）：路基工程 5.000 km；清除表土 7 603.8 m^3；伐树、挖根 1 540 棵；路基挖方 222 730 m^3，其中挖土方 134 785 m^3，挖石方 87 945 m^3；路基填方 164 381 m^3，其中利用土方填筑 90 108 m^3，借土方填筑 7 603.8 m^3，利用石方填筑 66 670 m^3；浆砌片石排水沟 2 551.5 m^3/3 000 m。

实操练习 3-5
操作视频

【分析】：根据设计图纸工程量和现行《公路工程建设项目概算预算编制办法》（JTG 3830—2018）建立项目表，如表 3-4 所示。这些分项均是标准项目表中的分项，可从标准项目表中添加这些分项来建立当前造价文件的项目表。

【操作】：在“造价书”界面，单击屏幕右上角的“项目表”按钮打开标准项目表，在标准项目表找到需添加进当前造价文件项目表的分项，逐个用鼠标在分项名称上双击将之添加到项目表（或在标准“项目表”窗口中的“选用”列方框中，逐项勾选目标添加分项，再单击“添加”按钮），双击“浆砌片（块）石排水沟”的项目名称进入修改状态，修改名称为“浆砌片石排水沟”。

表 3-4　项目表

部	项	目	节	细目	工程或费用名称	单位	数量
1					第一部分 建筑安装工程费	公路公里	5.000
	102				路基工程	km	5.000
		LJ01			场地清理	km	5.000
			LJ0101		清理与掘除	km	5.000
				LJ010101	清除表土	m^3	7 603.800
				LJ010102	伐树、挖根	棵	1 540.000
		LJ02			路基挖方	m^3	222 730.000
			LJ0201		挖土方	m^3	134 785.000
			LJ0202		挖石方	m^3	87 945.000
		LJ03			路基填方	m^3	164 381.800
			LJ0301		利用土方填筑	m^3	90 108.000
			LJ0302		借土方填筑	m^3	7 603.800
			LJ0303		利用石方填筑	m^3	66 670.000
		LJ06			排水工程	km	3.000
			LJ0602		排水沟	m^3/m	2 551.500/3 000.000
				LJ060203	浆砌片石排水沟	m^3/m	2 551.500/3 000.000

2. 建立非标准项

当需要建立标准项目表中没有的非标准项时，在项目表中需要建立的位置插入一个空行，再逐项输入该分项的编号、名称、单位等信息。

【操作】:

(1) 在“造价书”界面，用鼠标单击选中需添加的非标准项的前一个分项，再单击“造价书”界面左上角的“插入”图标，如图 3-32 (a) 所示，或者单击鼠标右键，选择右键菜单中的“插入”选项，如图 3-32 (b) 所示，则在鼠标选中分项后面插入一个空行，如图 3-33 所示。

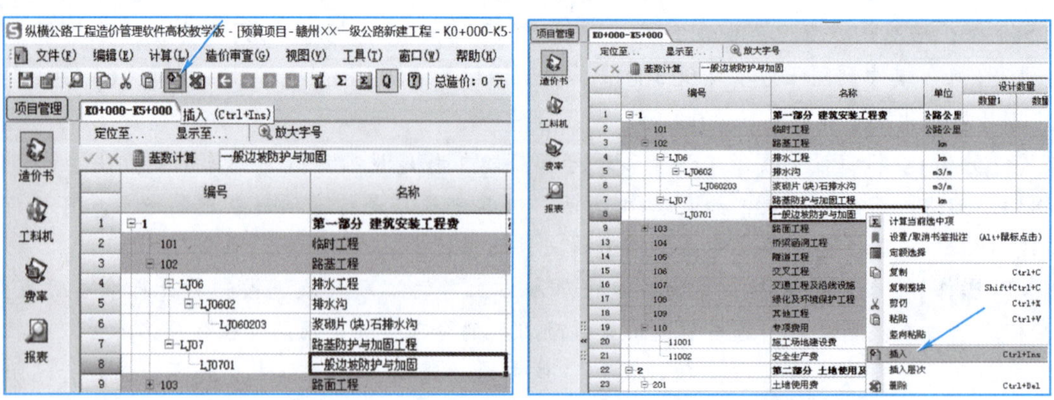

(a)“插入”图标　　(b)“插入”菜单选项

图 3-32　插入空行操作

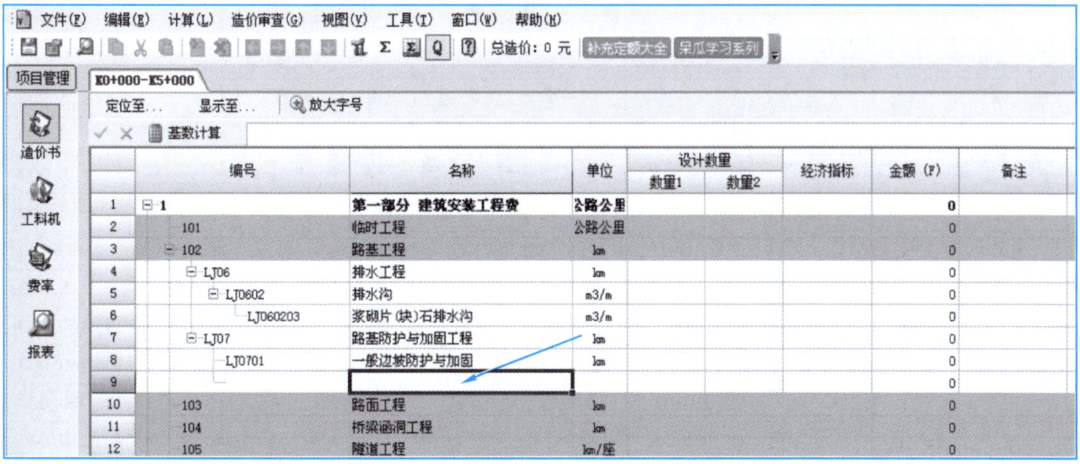

图 3-33　插入空行结果

（2）依次在空行中输入编号、名称，单击“单位”列，单击出现的下拉箭头，再在下拉列表中选择单位。

【提示】：可调整项目表中各分项的上下级、前后关系。若建立的项目表的父项和子项、前项和后项关系不合理，可单击选中需要调整上下级或前后关系的分项，再利用升级按钮（子项变为父项）、降级按钮（父项变为子项）、上移按钮（向上移动一个位置）、下移按钮（向下移动一个位置）来进行调整。

▶ 任务实施

任务 3.4（2）

【实操练习 3-6】：公路建设项目“赣州××一级公路新建工程”设计图纸有以下工程量（节选）：人字型骨架护坡 991 m^3/2 000 m，厚 220 mm 水泥稳定类基层 209 280 m^2，要求在造价文件 K0+000-K5+000 的项目表中再增加这两个分项。

实操练习 3-6
操作视频

【分析】：根据项目设计图纸（节选）的工程量建立项目表，如表 3-5 所示。有些分项是标准项，可通过从标准项目表中添加这些分项的方式来建立项目表；有些分项是非标准项，需要通过添加一个空行再自行输入相应数据的方式来建立项目表。

【操作】：在标准项目表找到“一般边坡防护与加固”，在名称上双击添加到项目表中。用鼠标右键单击“一般边坡防护与加固”，选择右键菜单中的“插入”选项，然后在插入的空行中逐项输入编号“LJ070101”，名称“人字型骨架护坡”，选择单位为“m^3/m”。单击降级按钮，把跟“一般边坡防护与加固”从平行关系变成“一般边坡防护与加固”的子项。

在标准项目表找到“LM010302 水泥稳定类基层”，在名称上双击添加到项目表中。用鼠标右键单击“水泥稳定类基层”，选择右键菜单中的“插入”选项，然后在插入的空行中逐项输入编号“LM01030202”，名称“厚 22 cm”，选择单位为“m^2”。单击降级按钮，把“厚 22 cm”从平行关系变成“水泥稳定类基层”的子项。

表 3-5 项目表

部	项	目	节	细目	工程或费用名称	单位	数量
1					第一部分 建筑安装工程费	公路公里	5.000
	102				路基工程	km	5.000
		LJ07			路基防护与加固工程	km	2.000
			LJ0701		一般边坡防护与加固	km	2.000
				LJ070101	人字型骨架护坡	m^3/m	991.000/2 000.000
	103				路面工程	km	5.000
		LM01			沥青混凝土路面	m^2	195 160.000
			LM0103		路面基层	m^2	196 960.000
				LM010302	水泥稳定类基层	m^2	196 960.000
				LM01030202	厚 22 cm	m^2	209 280.000

3.4.3 输入设计工程量

当建立项目表所有分项后，在项目表的“设计数量”的“数量 1”列输入设计工程量(也可边添加分项边输入工程量)。如果某分项有两个单位，还需在“数量 2”中输入工程量。如表 3-5 所示，“人字型骨架护坡”的单位为“m^3/m”，应该在“数量 1”列输入人字型骨架护坡 991 m^3，在“数量 2”中输入人字型骨架护坡 2 000 m。

【操作】：在“造价书”界面，用鼠标单击项目表的“数量 1”列，输入所在行的分项的工程量，依次重复操作直到输入完成全部分项的工程量。

【实操练习 3-7】 打开“赣州××一级公路新建工程”的造价文件“K0+000-K5+000”，在实操练习 3-5、实操练习 3-6 已建立项目表的基础上，输入表 3-4、表 3-5 中各分项的工程量。

实操练习 3-7
操作视频

【操作】：在实操练习 3-5、实操练习 3-6 已建立的项目表中，对于只有一个单位的项目，在项目表的“设计数量”的“数量 1”列输入工程量；对于人字型骨架护坡，有两个单位，在“数量 1”列输入“991”，在“数量 2”中输入“2000”。

常见问题解析

新手在调整项目表各分项的上下级、前后关系时要谨慎，注意各分项的上下级、前后关系，避免越调整越乱。

任务 3.4 考核与评价
操作视频

考核与评价

建立项目表	姓名：	
	班级：	
	自评	师评
考核评价内容	掌握： 未掌握：	合格： 不合格：
在软件中建立“江西××一级公路改建工程”的造价文件“K0+000-K8+000”的项目表，项目表如表 3-6 所示。		

表 3-6　项目表

部	项	目	节	细目	工程或费用名称	单位	数量
1					第一部分　建筑安装工程费	公路公里	8. 000
	102				路基工程	km	8. 000
		LJ01			场地清理	km	8. 000
			LJ0101		清理与掘除	km	8. 000
				LJ010101	清除表土	m^3	7 603. 800
				LJ010102	伐树、挖根	棵	1 540. 000
		LJ02			路基挖方	m^3	222 730. 000
			LJ0201		挖土方	m^3	134 785. 000
			LJ0202		挖石方	m^3	87 945. 000
		LJ03			路基填方	m^3	164 381. 800
			LJ0301		利用土方填筑	m^3	90 108. 000
			LJ0302		借土方填筑	m^3	7 603. 800
			LJ0303		利用石方填筑	m^3	66 670. 000
		LJ02			路基挖方	m^3	222 730. 000
			LJ0201		挖土方	m^3	134 785. 000
			LJ0202		挖石方	m^3	87 945. 000
		LJ03			路基填方	m^3	164 381. 800
			LJ0301		利用土方填筑	m^3	90 108. 000
			LJ0302		借土方填筑	m^3	7 603. 800
			LJ0303		利用石方填筑	m^3	66 670. 000
		LJ06			排水工程	km	3. 000
			LJ0602		排水沟	m^3/m	2 551. 500/3 000. 000
				LJ060203	浆砌片石排水沟	m^3/m	2 551. 500/3 000. 000
		LJ07			路基防护与加固工程	km	2. 000
			LJ0701		一般边坡防护与加固	km	2. 000
				LJ070101	人字型骨架护坡	m^3/m	991. 000/2 000. 000
	103				路面工程	km	8. 000
		LM01			沥青混凝土路面	m^2	195 160. 000
			LM0102		路面底基层	m^2	231 840. 000
				LM010204	20 cm 厚级配碎石底基层	m^2	231 840. 000
			LM0103		路面基层	m^2	196 960. 000
				LM010302	水泥稳定类基层	m^2	196 960. 000
				LM01030202	20 cm 厚上基层	m^2	209 280. 000
				LM01030203	20 cm 厚下基层	m^2	219 120. 000
			LM0104		透层、黏层、封层	m^2	205 120. 000
				LM010401	透层	m^2	209 280. 000
				LM010402	黏层	m^2	392 880. 000
				LM010403	下封层	m^2	205 120. 000
			LM0105		沥青混凝土面层	m^2	195 160. 000
				LM010501	8 cm 厚粗粒式沥青混凝土面层	m^2	196 960. 000
				LM010502	6 cm 厚中粒式沥青混凝土面层	m^2	195 920. 000
				LM010504	4 cm 厚改性沥青混凝土面层	m^2	195 160. 000
	108				绿化及环境保护工程	公路公里	8. 000
		10801			主线绿化及环境保护工程	公路公里	8. 000
			LH01		边坡绿化工程	m^2	12 309. 000
				LH0105	液压喷播植草	m^2	12 309. 000

任务 3.5 套定额及定额调整

▶ 任务引入

任务 3.5（1）

需要为公路工程建设项目“赣州××一级公路新建工程”的施工图预算（编制范围为 K0+000–K5+000）项目表中“人字型骨架护坡”和“厚 22 cm”水泥稳定类基层这两个分项套定额。用 1 m^3 挖掘机挖基坑土方 1 049 m^3，高 2 m 浆砌片石护坡 991 m^3，厚 2 cm 水泥砂浆抹面 4 892 m^3。水泥稳定类基层为厂拌碎石水泥，用 15 t 以内自卸汽车运 1 km，12.5 m 以内摊铺机铺筑。

任务 3.5（2）

任务 3.5（1）中“人字型骨架护坡”分项使用的水泥砂浆，全部用 M10 水泥砂浆，请对所选定额进行相应调整。

任务 3.5（3）

任务 3.5（1）中“厚 22 cm”水泥稳定类基层分项，按规定需要分两层摊铺、碾压，请对所选摊铺定额进行调整。

任务 3.5（4）

任务 3.5（1）中因施工组织设计原因，15 t 以内自卸汽车实际运距为 2 km，请对所选运输定额进行相应调整。

任务 3.5（5）

任务 3.5（1）中“厚 22 cm”水泥稳定类基层分项，碎石水泥的比例调整为 96:4，请对所选定额进行相应调整。

▶ 任务分析

任务 3.5（1）

任务中的两个分项，都已知施工方案，可以根据施工方案确定需要套的定额。

任务 3.5（2）

水泥砂浆标号改变，会涉及水泥、砂子的用量改变。按相关规定应该进行定额调整。

任务 3.5（3）

按定额说明：各类稳定土基层、其他种类的基层和底基层压实厚度在 20 cm 以内，拖拉机、平地机、摊铺机和压路机的台班消耗按定额数量计算。如超过上述压实厚度进行分层拌和、摊铺、碾压时，拖拉机、平地机、摊铺机和压路机的台班消耗按定额数量加倍计算，每 1 000 m^2 增加 1.5 个工日。需要对定额进行调整。

任务 3.5（4）

运距变长，消耗机械数量增加，需要对定额进行调整。

任务 3.5（5）

定额中的碎石水泥厚度为 20 cm，实际厚度为 22 cm，需要对厚度进行调整；定额中碎石水泥稳定土的比例为 95∶5，实际比例为 96∶4。需要对稳定土配合比进行调整。

建立项目表后，就可以进行概算预算费用的计算了。根据现行《公路工程建设项目概算预算编制办法》（JTG 3830—2018），概算预算费用的计算，有的需要套定额来计算，如建筑安装工程费中的人工费、材料费、施工机械使用费，需要套定额得出完成各分项规定消耗的人工、材料、施工机械台班的定额数量，再确定人工、材料、机械台班预算价格，软件会计算出各个分项的人工费、材料费、施工机械使用费。

3.5.1　套定额的步骤

先确定项目表中各分项的施工方案（施工方法），再根据施工方案（施工方法）选择完成各分项的施工所需的定额，输入定额工程量，选择工程类别。如果所选定额的工作内容和分项的工作内容不同，要根据相关规定看是进行定额调整还是另选定额。

3.5.2　套定额的常用方法

套定额的常用方法有：使用定额选择功能选择定额，使用定额搜索功能查找定额，直接输入定额编号选择定额等。

1. 使用定额选择功能选择定额

使用定额选择功能套定额时，可以从部颁定额库中选择定额，也可以从补充定额库等其他定额库中选择定额。定额库可以切换。

当从定额库中选择定额时，需要先打开定额库，在定额库中找到相应的定额，再套定额。

1）打开定额库

【操作】：在“造价书”界面，单击屏幕右上角“定额选择”按钮，打开当前定额库进入“定额选择”窗口，如图 3-34 所示。

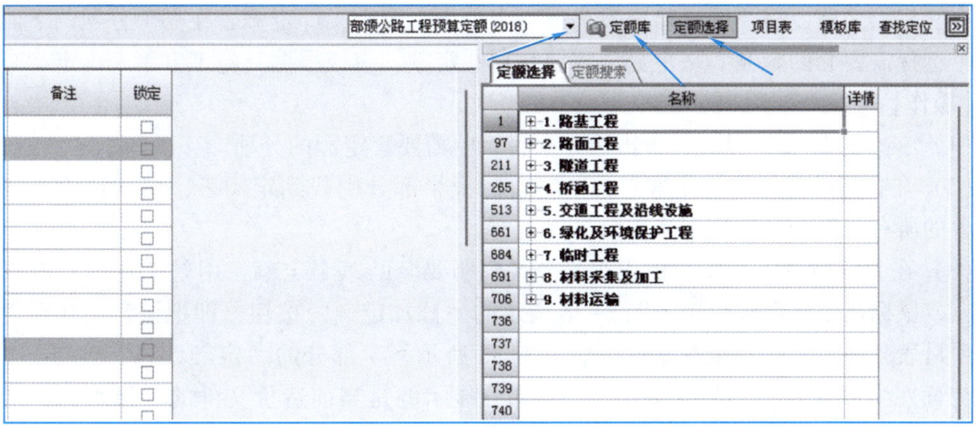

图 3-34　“定额选择”按钮和“定额选择”窗口

所打开的当前定额库的名称在图 3-34“定额库”按钮的左侧显示，软件默认打开的是现行部颁《公路工程预算定额（2018）》。

定额选择窗口分为上下两部分，上半部分显示的是定额库的各章、节、定额表名称，点各章名称前的“ +/-”号，可显示或关闭该章（节）的下一级内容，即各节或定额表的名称。可以用鼠标选中任意一个定额表，下半部分窗口会显示该定额表包含的所有定额，在下半部分窗口选择需要套的定额。

如果需要套的定额不在这个库中，可以切换当前定额库，单击图 3-34 中的“部颁公路工程预算定额（2018）”所在行右侧的下拉箭头，在下拉列表中选择目标定额库作为当前定额库。如果下拉列表中无可供选择的定额库，则需要单击“定额库”按钮，出现图 3-35 所示的“选择定额库”对话框，单击“增加定额库”按钮来增加目标定额库到当前定额库列表中，在“选用”列的方框打勾选择，再单击“确定”按钮，把目标定额库设置为当前定额库。

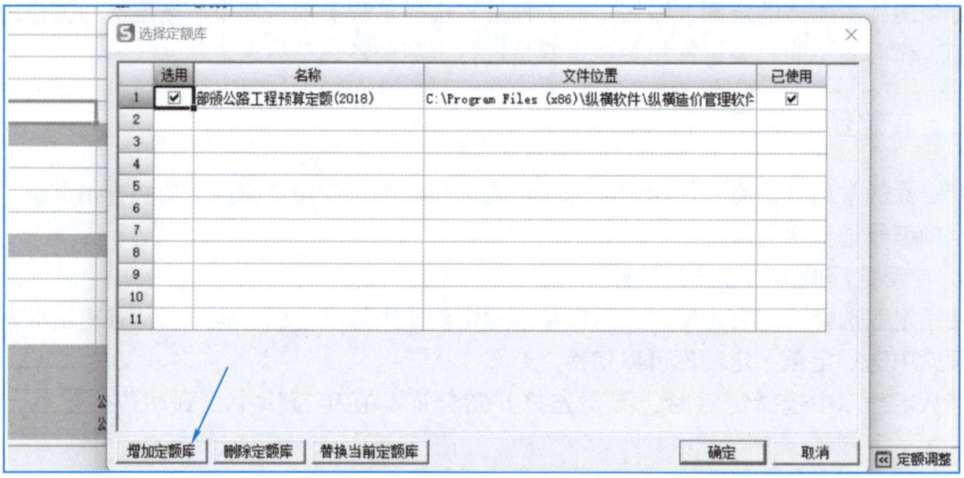

图 3-35 “选择定额库”对话框

2）套定额

在套定额之前，需要明确给项目表哪一个分项套定额，即定额套在哪个分项的下面，再来逐个选择需要套的定额。一个分项需要套哪些定额，应该根据其施工方案来确定。

【操作】：

（1）在“造价书”界面，单击选中项目表中需要套定额的分项。

（2）在右侧已打开的“定额选择”窗口的上半部分中找到定额表，单击选中，该定额表包含的所有定额会显示在下半部分窗口。

（3）在“定额选择”窗口的下半部分找到所要套的某个定额，用鼠标左键双击该定额名称，或鼠标选中该定额后单击图 3-36 所示的“添加定额”按钮，即把该定额套到之前选中的项目表分项下。所套定额显示在如图 3-36 所示下半部分的“定额计算”窗口。“造价书”界面左半边分为上、下两部分，上半部分显示的是当前造价文件的项目表，下半部分“定额计算”窗口显示的是项目表中所选中分项已套的定额。

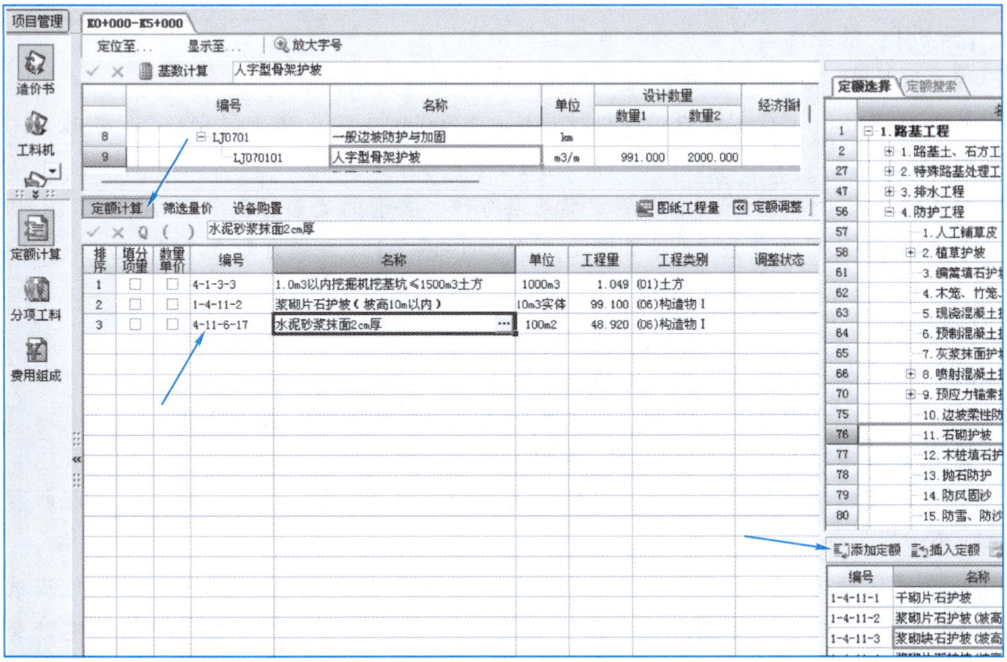

图 3-36 “添加定额”按钮和“定额计算”窗口

如果完成一个分项的施工需要套多个定额，用定额选择来套定额时，需一条一条套，逐个在相应的定额表中找到相应的定额，再用鼠标左键双击选中该定额来套到项目表选中分项的下面，直到该分项需要的定额全部套完为止。

项目表中一个分项的定额套完了，用鼠标左键在项目表中单击选中需要套定额的下一个分项，然后重复上述操作。

单击“造价书”界面项目表中分项名称，如果套了定额，则所套定额显示在“造价书”界面下半部分的“定额计算”窗口。可以在“定额计算”窗口检查定额是否有错漏或多余，定额工程量和工程类别是否有误。

【提示】：只有最低一级的子项才能套定额，即该子项下无下一级子项才能套定额，存在子项的父项上是套不了定额的。

【注意】：如果选错了或多选了定额，可删除不需要的定额。在“造价书”界面下半部分的“定额计算”窗口，单击选中需删除的定额，然后单击屏幕上方快捷工具栏的删除图标，或用鼠标右键单击需删除的定额，再选择右键菜单中的“删除”选项。

▶ 任务实施

任务 3.5（1）

【实操练习 3-8】 需要为公路工程建设项目“赣州××一级公路新建工程”的施工图预算（编制范围为 K0+000–K5+000）项目表“人字型骨架护坡”和“厚 22 cm”水泥稳定类基层这两个分项套定额。用 1 m^3 挖掘机挖基坑土方 1 049 m^3，高 2 m 浆砌片石护坡 991 m^3，厚 2 cm 水泥砂浆抹面 4 892 m^3。水泥稳定类基层为厂拌碎石水泥，用 15 t 以内自卸汽车运 1 km，12.5 m 以内摊铺机铺筑。

实操练习 3-8
操作视频

【分析】：根据施工方案来确定所需套的定额。

对于项目表“人字型骨架护坡”分项，要套的定额有3个：

① 4-1-3-3　1.0 m^3以内挖掘机挖基坑≤1 500 m^3土方；② 1-4-11-2　浆砌片石护坡（坡高10 m以内）；③ 4-11-6-17　水泥砂浆抹面2 cm厚。

对于项目表“厚22 cm”水泥稳定类基层分项，要套的定额有3个：

① 2-1-7-5 厂拌厚20 cm碎石水泥；② 2-1-8-7 15 t以内自卸汽车运1 km；③ 2-1-9-11 12.5 m以内摊铺机铺筑基层。

【操作】：

(1) 为“人字型骨架护坡”分项套定额。

① 单击选中“造价书”界面项目表中“人字型骨架护坡”这一分项。

② 单击屏幕右上角“定额选择”按钮打开“定额选择”窗口。

③ 在“定额选择”窗口上半部分的定额库中找到并选中定额表“4-1-3 挖掘机挖基坑土、石方”。

④ 在“定额选择”下半部分窗口找到定额“4-1-3-3　1.0 m^3以内挖掘机挖基坑≤1 500 m^3土方”，双击该定额或选中该定额后单击“添加定额”按钮，即把该定额套到“人字型骨架护坡”分项下。

⑤ 重复③~④步骤，按以上方法来选择第二个定额1-4-11-2和第三个定额4-11-6-17，结果如图3-37所示。

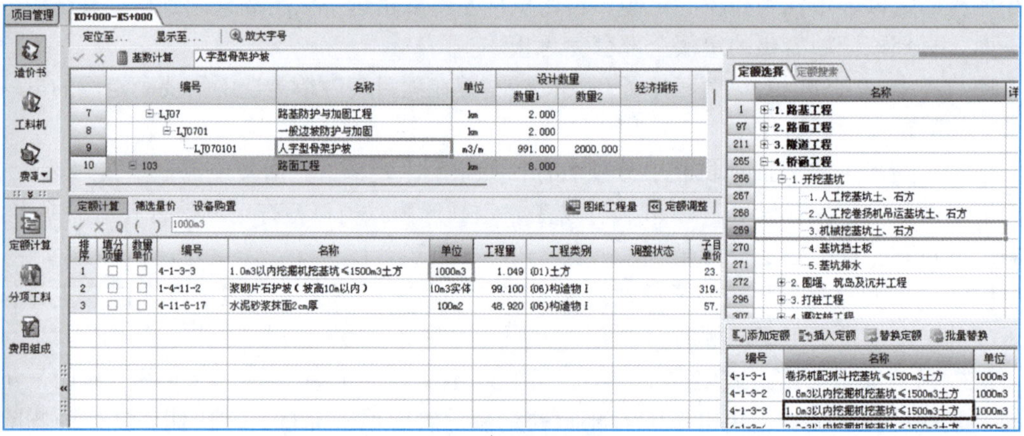

图3-37　“定额计算”窗口显示套定额结果

(2) 为“厚22 cm”水泥稳定类基层分项套定额。

① 单击选中“造价书”界面项目表中“厚22 cm”这一分项。

② 单击屏幕右上角“定额选择”按钮打开“定额选择”窗口。

③ 在“定额选择”窗口上半部分的定额库中找到并选中定额表“2-1-7　厂拌基层稳定土混合料”。

④ 在“定额选择”窗口下半部分找到定额“2-1-7-5　厂拌厚20 cm碎石水泥”，双击该定额或选中该定额后单击“添加定额”按钮，即把该定额套到“厚22 cm”分项下。

⑤ 重复③~④步骤，按以上方法来选择第二个定额 2-1-8-7 和第三个定额 2-1-9-11，结果如图 3-38 所示。

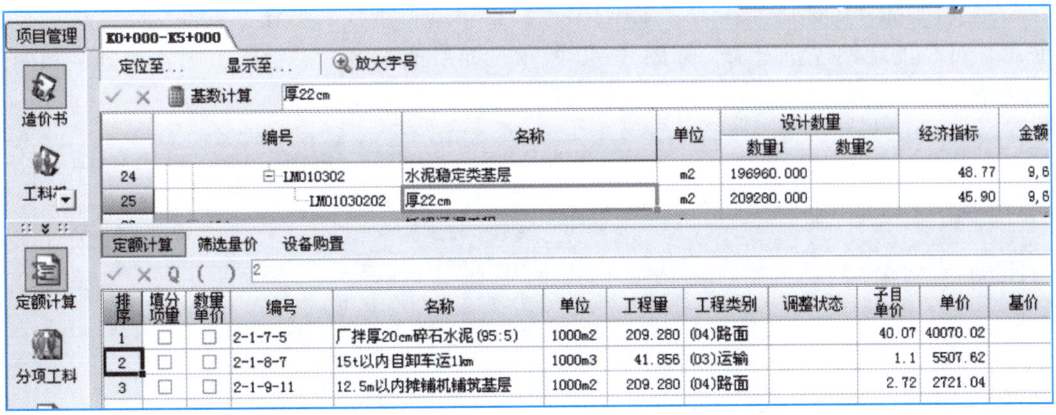

图 3-38　“定额计算”窗口显示套定额结果

2. 使用定额搜索功能套定额

定额库中有很多定额，要清楚记得并熟练地在定额表中找到某个定额并不容易，对于初学者来说更要花很多时间，软件提供了定额搜索功能可大大方便查找定额。

操作时，要先切换到“定额搜索”窗口，输入关键词找到需要的定额，再选择该定额。

1）切换到“定额搜索”窗口

【操作】：单击图 3-39 中右上角的“定额选择”按钮，在出现的“定额选择”窗口里，单击左上角的“定额搜索”按钮，切换到“定额搜索”窗口。

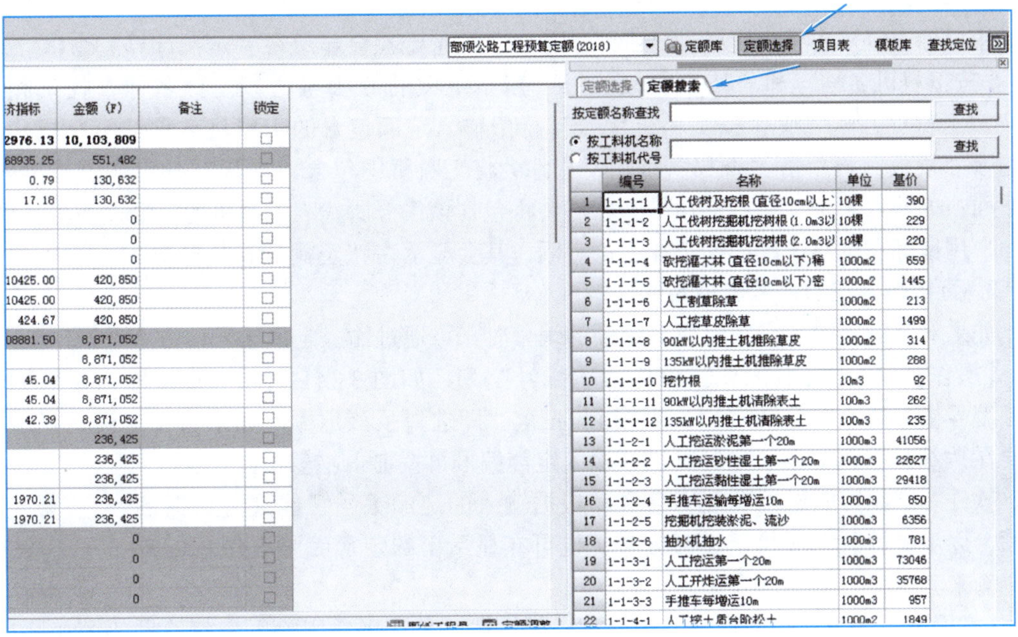

图 3-39　“定额搜索”按钮和“定额搜索”窗口

2）搜索定额

软件提供了按定额名称、按工料机名称、按工料机代号三种方法来搜索定额。

【操作】：在图 3-40 所示“定额搜索”窗口的“按定额名称查找”栏中输入要查找的定额的全名或部分名称。如输入“浆砌片石”，再单击“查找”按钮，软件会将名称中包含“浆砌片石”的定额过滤出来，如图 3-40 所示。如果搜索多个关键字，则各关键字间应采用空格隔开。

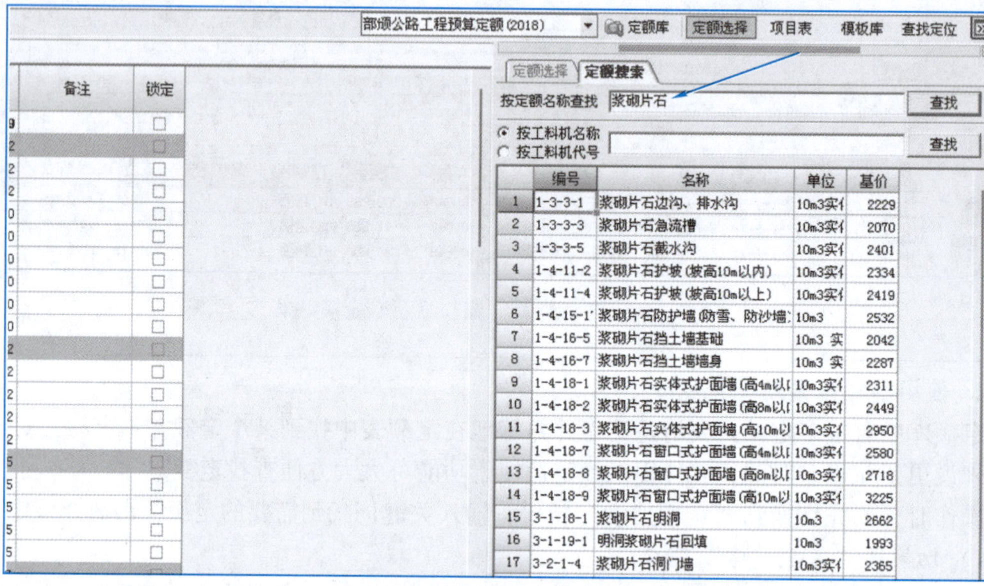

图 3-40　按定额名称查找

3）套定额

用鼠标左键双击某个定额即选择了该定额，所选定额会显示在“定额计算”窗口。

“按工料机名称”和“按工料机代号”搜索定额的方法与“按定额名称查找”相同，在“按工料机名称”或“按工料机代号”行中输入定额包含的工料机名称或工料机代号，如输入“模板”再单击“查找”按钮，软件会将工料机中包含“模板”的定额过滤出来列在下面；如输入某个工料机的代号，软件会将包含该代号所代表工料机的定额过滤出来列在下面。用鼠标左键双击定额即选择了该定额，其会显示在“定额计算”窗口。

3. 直接输入定额编号选择定额

如果对定额很熟悉，知道所套定额的编号时，可通过输入定额编号的方式选择定额。

【操作】：在“定额计算”窗口的“编号”列，如图 3-41 所示，直接输入定额编号，定额编号格式如“2-1-9-11”，再按 Enter 键，即选择了该定额。如果需要继续选择定额，只要在“编号”列的下一空行处继续输入定额编号再按 Enter 键即可。

软件有定额智能逼近功能，会自动根据输入的定额编号智能逼近所需的定额，逐步提示而无须死记定额编号。也可在显示出的定额编号上用鼠标双击定额来套定额。

【实操练习 3-9】在项目表“人字型骨架护坡”分项下，用输入定额编号方式套编号为 4-1-3-3、1-4-11-2 和 4-11-6-17 的定额。

实操练习 3-9
操作视频

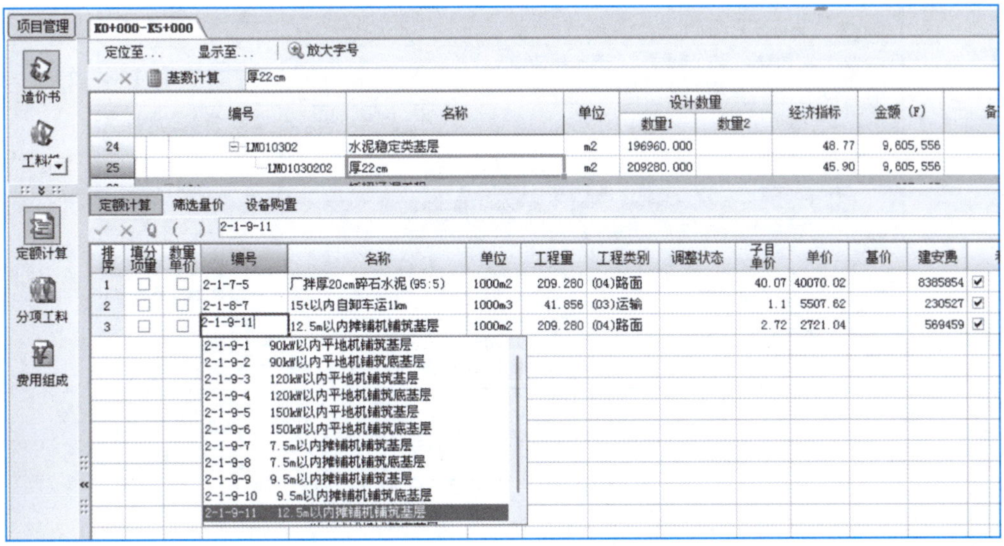

图 3-41　输入定额编号方式选择定额

【操作】：在“造价书”界面上半部分的项目表中，用鼠标单击选中“人字型骨架护坡”这一分项，在“定额计算”窗口的“编号”列中输入“4-1-3-3”，按 Enter 键，将该定额套在“人字型骨架护坡”分项下；继续在“编号”列中输入“1-4-11-2”，按 Enter 键；输入“4-11-6-17”，按 Enter 键，完成套定额。

3.5.3　输入定额工程量

套定额过程中涉及两个工程量，一个是项目表中的设计数量，另一个是“定额计算”窗口里所选定额的定额工程量。设计数量是项目表中各分项的工程量，是根据设计图纸计算的各分项的设计工程量，在项目表的“设计数量（数量 1、数量 2）”列显示。在“定额计算”窗口中，每一条定额均有“工程量”这一格，显示的是所选定额的定额工程量。定额工程量一般是设计数量除以定额单位得到的值。定额单位是定额表中所列的计量单位，定额表中的工料机消耗量为完成一个定额单位所规定消耗的工料机数量额度，在软件的“定额计算”窗口所选定额的“单位”列显示的就是定额单位，如图 3-42 所示。

定额工程量可以由设计数量自动转换，也可以由输入值自动转换。

1. 由设计数量自动转换为定额工程量

为项目表中某个分项选定额时，在选定额之前，当项目表该分项的设计数量已输入，软件会自动将该分项的设计数量除以所选定额的定额单位得到的值作为定额工程量，即定额工程量＝设计数量÷定额单位。反过来，设计数量＝定额工程量×定额单位。

如图 3-42 所示，厚 22 cm 水泥稳定类基层的设计数量是 209 280 m^2，所选定额 2-1-7-5 的定额单位是 1 000 m^2，软件自动将设计数量除以定额单位得到的 209.280 作为定额工程量，填在“定额计算”窗口“工程量”这一列，注意定额工程量没有单位，表示的是设计数量为定额单位的多少倍。

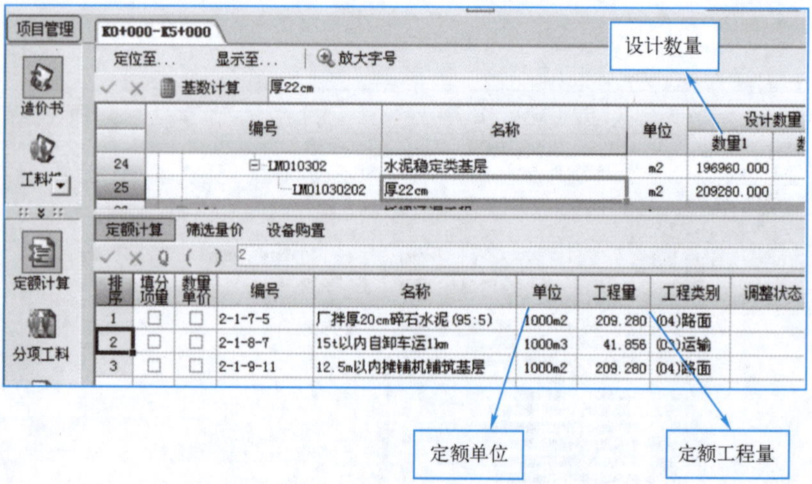

图 3-42　设计数量、定额单位和定额工程量

2. 由输入值自动转换为定额工程量

为项目表某个分项选定额时，在选定额之前，若未输入项目表中该分项的设计数量，或所选定额的定额单位和该分项的设计工程量的单位不相同，或因为施工组织等原因，定额工程量不等于设计数量除以定额单位，这时可以手动输入实际工程量，软件会自动将输入值除以定额单位得到的值转化为定额工程量。

【操作】：在“定额计算”窗口，每一条定额均有“工程量”这一格。在“工程量”这一格内直接输入实际上的工程量，并按 Enter 键，软件会自动把输入值除以定额单位得到的值作为定额工程量，即定额工程量 = 输入值÷定额单位。

注意要输入实际工程量，不是转换后的定额工程量。如图 3-42 所示的 2-1-8-7 定额，该定额的定额单位是 1 000 m^3，定额工程量是 41.856，设计数量为 41.856×1 000 = 41 856，则输入值是 41 856 而不是 41.856。如果将“定额计算”窗口里所选定额的“工程量”列显示的定额工程量输入到“工程量”列中，反而会出错。如果输入值是 41.856，则定额工程量会变成 41.856÷1 000 = 0.042，这种做法是错的。

3.5.4　选择工程类别

措施费、企业管理费、规费是以计算基数乘以相应的费率来计算的。措施费、企业管理费费率的大小不仅和费率计算参数有关，也和工程所属类别有关。对不同的工程类别，由于施工难度、机械化程度不同等因素，措施费、企业管理费的费率取值不同。

1. 工程类别的部分

现行《公路工程建设项目概算预算编制办法》（JTG 3830—2018）将工程划分为以下 10 个类别。

（1）土方：指人工及机械施工的土方工程、路基掺灰、路基换填及台背回填。

（2）石方：指人工及机械施工的石方工程。

（3）运输：指用汽车、拖拉机、机动翻斗车、船舶等运送土石方、路面基层和面层混合料、水泥混凝土及预制构件、绿化苗木等。

（4）路面：指路面所有结构层工程、路面附属工程、便道及特殊路基处理（不含特殊路基处理中的圬工构造物）。

（5）隧道：指隧道土建工程（不含隧道的钢材及钢结构）。

（6）构造物Ⅰ：指砍树挖根、拆除工程、排水、防护、特殊路基处理中的圬工构造物、涵洞、交通安全工程、拌和站（楼）安拆工程、便桥、便涵、临时电力和电信设施、临时轨道、临时码头、绿化工程及水泥混凝土搅和等工程。

（7）构造物Ⅱ：指小桥、中桥、大桥、特大桥工程。

（8）构造物Ⅲ：指商品水泥混凝土的浇筑、商品沥青混合料和各类商品稳定土混合料的铺筑、外购混凝土构件、设备安装工程等。

（9）技术复杂大桥：指钢管拱桥、斜拉桥、悬索桥、单孔跨径在 120 m 以上（含 120 m）和基础水深在 10 m 以上（含 10 m）的大桥主桥部分的基础、下部和上部工程（不含桥梁的钢材及钢结构）。

（10）钢材及钢结构：指所有工程的钢材及钢结构等工程。

套定额后，软件为每条定额给出了默认的工程类别，可根据实际情况修改。

2. 修改定额工程类别的两种方法

1）直接输入工程类别的代号

【操作】：在“定额计算”窗口，直接在定额的“工程类别”栏中输入工程类别的数字代号并按 Enter 键。该方法适用于造价人员对工程类别代号很熟悉的情况。

2）在下拉列表中选择工程类别

【操作】：在“定额计算”窗口，单击定额的“工程类别”栏，再单击出现的下拉箭头，在下拉列表中选择工程类别，如图 3-43 所示。该方法适用于不熟悉工程类别代号的情况。

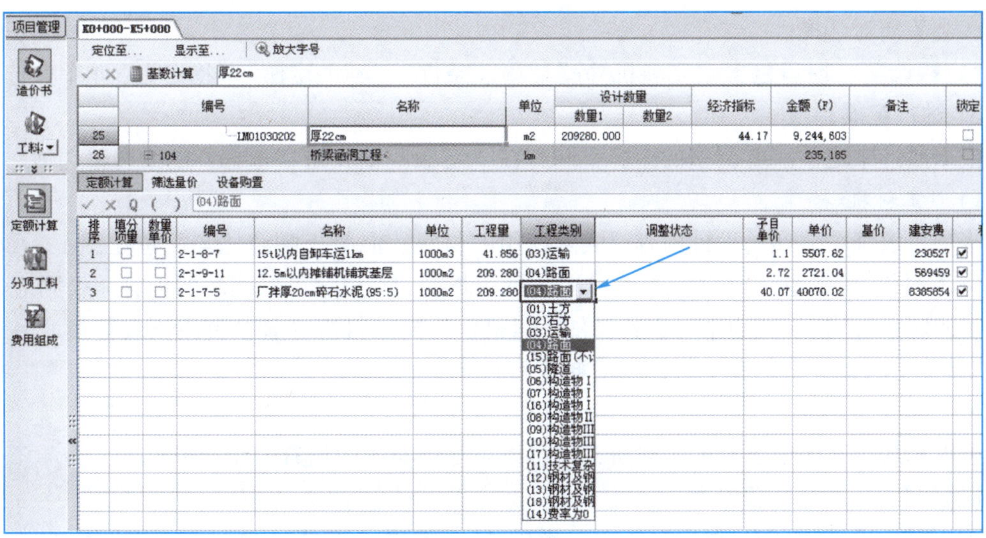

图 3-43　工程类别下拉列表

3.5.5　定额调整

部颁《公路工程概算定额》《公路工程预算定额》等作为一个行业标准，在发布的相当长一段时间内是固定不变的，而实际工程千差万别，新工艺、新材料层出不穷。当某个施工过程的部分内容与所选定额不一致时，按规定需要对定额进行调整。如某定额中采用的混凝土为普通 C30 混凝土，而实际采用 C30 商品混凝土，这时就需要对定额进行调整。

操作时，先选中需要调整的定额，再打开“定额调整”窗口，然后在“定额调整”窗口中进行定额调整。也可以先打开“定额调整”窗口，再选中需要调整的定额。

1. 选中需要调整的定额

【操作】：在图 3-44 所示的“定额计算”窗口，用鼠标选中需要调整的定额。

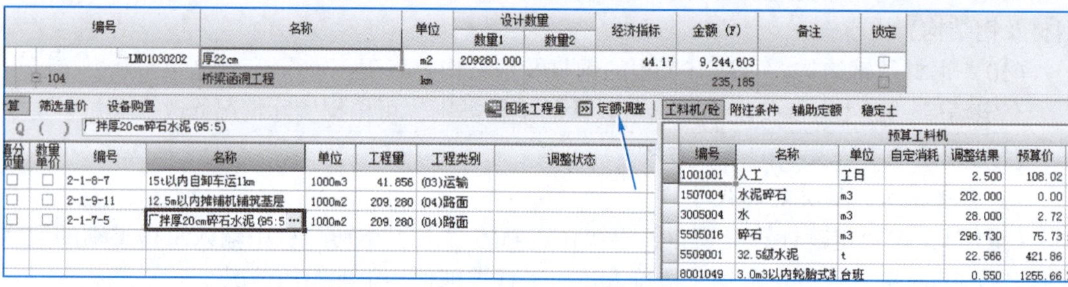

图 3-44　“定额调整”按钮和“定额调整”对话框

2. 打开“定额调整”窗口

【操作】：在“造价书”界面，单击界面中部右侧的“定额调整”按钮，出现“定额调整”对话框，如图 3-44 所示。“定额调整”对话框是开关式的，再单击一下“定额调整”按钮，会关闭对话框。

“定额调整”窗口包含“工料机/砼”“附注条件”“辅助定额”“稳定土”4 个大选项。

3. 进行定额调整

根据所选中定额需要调整的内容不同，在“定额调整”窗口选择不同的调整选项。

1）“工料机/砼”

当项目表某个分项的设计内容或实际使用的材料、混凝土配合比与所选定额不一致时，可在“工料机/砼”选项中进行调整（注：只能调整定额规定可以调整的内容，否则应该另选适用的定额）。在该选项中可进行添加工料机、替换工料机（替换混凝土或替换商品混凝土）、删除工料机、自定义工料机的消耗量等调整。

（1）添加工料机。

可以添加定额库中已有的工料机，还可以添加定额库中没有的新工料机。

【操作】：

① 单击“定额调整”对话框的“工料机/砼”选项，如图 3-44 所示，在下面的“预算工料机”窗口任意位置单击鼠标右键，在右键菜单中，单击“添加工料机”选项，出现如图 3-45 所示的“选择工料机”对话框。当前定额库包含的工料机会全部出现在对话框的当前工料机列表中。

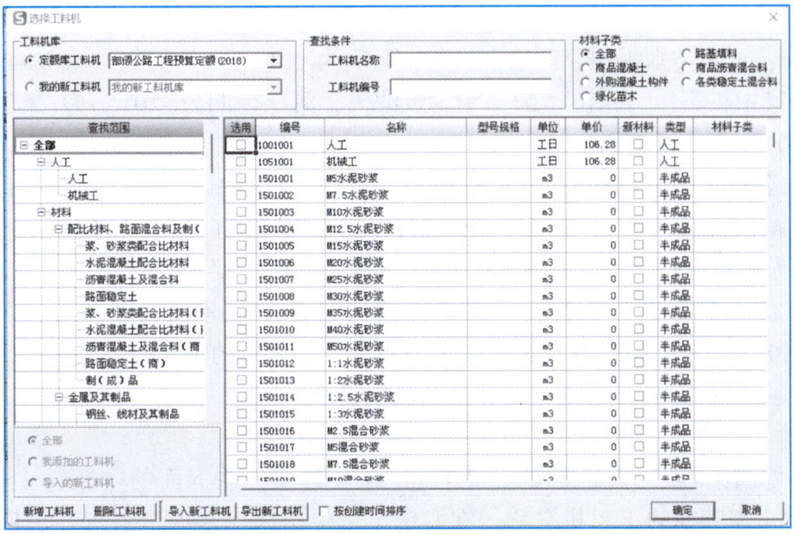

图 3-45　“选择工料机”对话框

② 在图 3-45 所示“选择工料机”对话框的“选用”列打勾选择要添加的工料机，单击“确定”按钮，则选中的工料机会添加到需要添加工料机的定额中去。如果需要确定所添加工料机的消耗量，可在图 3-44 所示“预算工料机”窗口的“自定消耗”栏中输入消耗量（具体操作见后续第（4）点“自定义工料机的消耗量”）。可以在“定额计算”窗口的“调整状态”列看到调整状态，并根据定额调整状态检查调整操作是否正确。

【提示】：

① 在图 3-45 所示“选择工料机”对话框的左上角“工料机库”栏显示当前定额库名称，一般默认打开的是现行部颁《公路工程预算定额》。当前工料机列表显示的是当前打开的定额库所包含的工料机名称。如需添加的工料机不在默认打开的定额库中，而在别的定额库中，则需单击“定额库工料机”所在栏右侧的下拉箭头，在下拉列表中选择目标定额库为当前定额库，该定额库中的工料机会显示在工料机列表中。如果需要添加的是定额库中没有的新工料机，需要先新增工料机到定额库中，再供选择。

② 单击图 3-45 所示的“选择工料机”对话框左下角的“新增工料机”按钮，出现“新工料机”对话框，可在“新工料机”对话框中输入需新增的工料机的各项属性数据，输入各项属性数据后，单击“新工料机”对话框中的“保存”按钮，对新增的工料机，软件统一放置于“我的工料机库”内。对于建立好的新工料机，可以单击“新工料机”对话框中的“导出”按钮，将新工料机数据以“新工料机”数据文件形式保存到计算机中。当计算机中有可利用的“新工料机”数据文件时，也可单击“新工料机”对话框中的“导入”按钮，导入新工料机到当前工料机列表中。

③ 根据《公路工程建设项目造价文件管理导则》（JTG 3810—2017），人工、材料、设备类型的划分及编码规则如下。

编制公路工程造价文件采用的人工、材料、设备、机械（简称工料机）应分类分级。工料机应按照使用频率、费用类型、专业、用途、物理特性等原则归类。工料机类别分为三级，并按一定规则编码。一级类别采用两位数字编码，区间为 10~99；二级类别采用两位数字编码，区间为 01~99，编码时应优先分配奇数，需要递补时按特征属性相近原则，以偶数补充分配；三级类别采用三位数字编码，区间为 001~999。例如：HPB300 钢筋的编码为 2001001，其中，第一、二位“20”为一级编码，第三、四位“01”为二级编码，第五、六、七位“001”为三级编码。

工料机的名称及单位应按其特征属性设置，以满足计量计价的应用需要。一级类别按《公路工程建设项目造价文件管理导则》（JTG 3810—2017）表 4.4.4 执行，二级类别按《公路工程建设项目造价文件管理导则》（JTG 3810—2017）附录 A.3“人工、材料、设备、机械的分类及编码框架表”执行，三级类别按《公路工程建设项目造价文件管理导则》（JTG 3810—2017）第 4.4.1 条、第 4.4.2 条和第 4.4.3 条的规定归类及编码。

（2）替换工料机（替换混凝土或替换商品混凝土）。

【操作】：

① 单击“定额调整”对话框的“工料机/砼”选项，在下面的“预算工料机”窗口，用鼠标右键单击需替换的工料机名称，在右键菜单中选择“替换工料机”选项（如在混凝土或水泥砂浆上单击右键，会出现“替换混凝土”或“替换商品混凝土”），如图 3-46 所示。

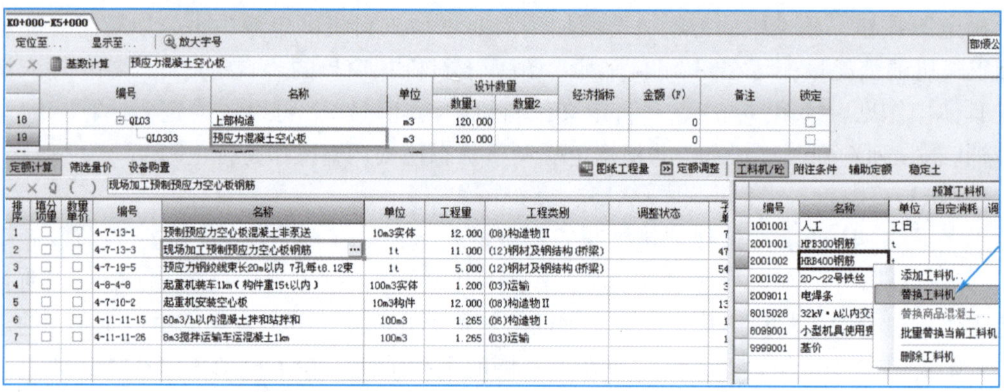

图 3-46 “替换工料机”菜单

② 出现如图 3-47 所示的“选择工料机”对话框，在“选用”列打勾选择替换后的工料机，单击“确定”按钮。

在“定额计算”窗口中，可以在“调整状态”列看到调整状态，如图 3-48 所示。

【注意】：可以从图 3-47 左侧的分类中快速查找工料机，也可输入工料机名称或工料机编号进行查找。

当需改变水泥标号、碎砾石的粒径等配合比，或需改变混凝土、水泥砂浆的标号时，不能直接用“替换工料机”或自定义水泥、碎石消耗量，而要在“替换混凝土”选项中进行。

（3）删除工料机。

【操作】：单击“定额调整”对话框的“工料机/砼”选项，在下面的“预算工料机”窗口，用鼠标右键单击需要删除的工料机名称，在右键菜单中选择“删除工料机”选项，如图 3-49 所示。

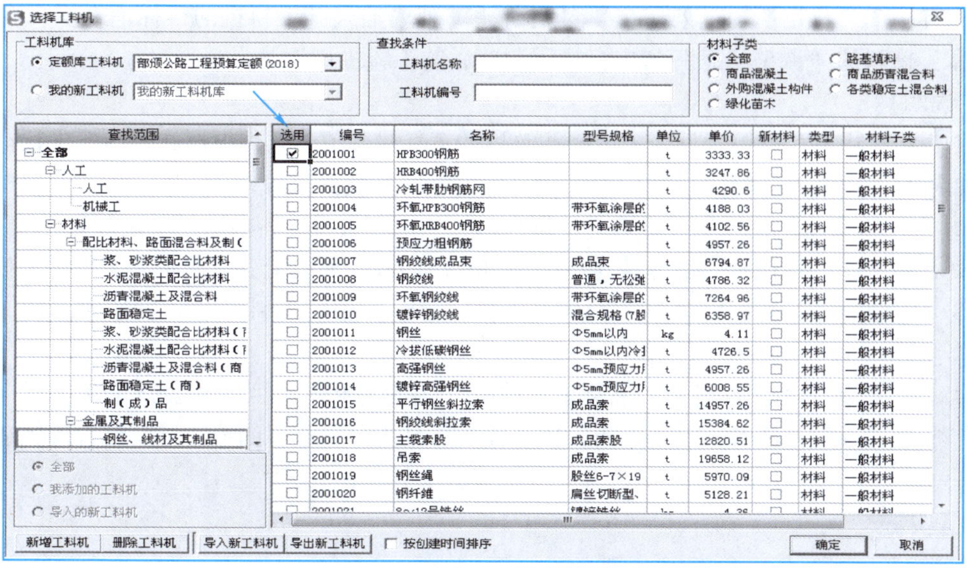

图 3-47　“选择工料机”对话框

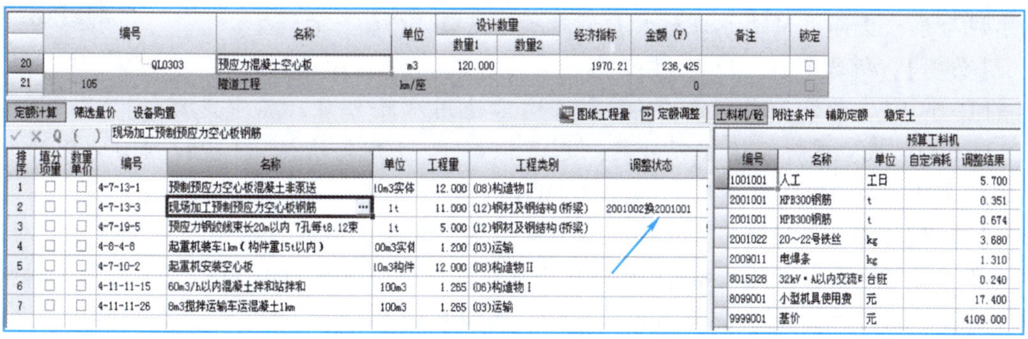

图 3-48　“替换工料机”定额调整状态

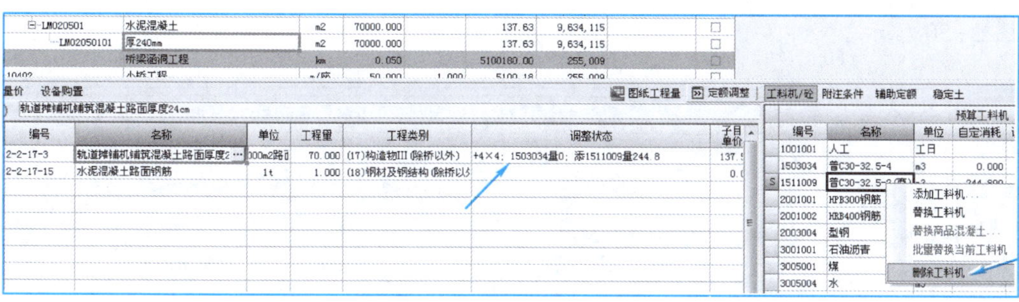

图 3-49　“删除工料机”菜单选项

（4）自定义工料机的消耗量。

新增工料机后，当要输入其消耗量或要调整定额工料机消耗量时，均可在“自定消耗”列手工输入目标消耗量。

【操作】：单击“定额调整”对话框的“工料机/砼”选项，在下面的“预算工料机”

窗口，有一个“自定消耗”列，在“自定消耗”列内输入某工料机的目标消耗量，在“定额计算”窗口的“调整状态”列中会显示调整后的工料机消耗量。

【说明】：

①“调整状态”列综合反映了定额调整后的消耗量数值，软件根据此列的值进行造价计算。如果自定消耗输入错误，可直接在“自定消耗”列删除该值。

② 手工输入值是最优先进行造价计算的值，当没有进行工料机消耗量调整时，“自定消耗”列显示为空。该值不会因为其他定额调整状态的改变而改变，除非再次进行手工修改。

③“定额消耗”列显示部颁《公路工程预算定额》中的工料机消耗量数值，其值不会改变。

④ 任何时候均不宜自定义“混凝土、砂浆”等的消耗量。因为在公路定额中，这些材料为半成品，其消耗量已分解为水泥、砂、碎石，是用分解材料的消耗量及单价进行造价计算的。

▶ 任务实施

任务 3.5（2）

【实操练习 3-10】 任务 3.5（1）中“人字型骨架护坡”分项中使用的水泥砂浆，全部用 M10 水泥砂浆，请对所选定额进行相应的调整。

实操练习 3-10 操作视频

【分析】： 所选定额“1-4-11-2 浆砌片石护坡（坡高 10 m 以内）”和“4-11-6-17　水泥砂浆抹面 2 cm 厚”均需使用水泥砂浆，其中定额 4-11-6-17 规定消耗 M10 水泥砂浆，定额 1-4-11-2 规定消耗 M7.5 和 M10 水泥砂浆，故需将定额 1-4-11-2 中的 M7.5 替换成 M10 水泥砂浆。

【操作】： 单击“造价书”界面屏幕右侧“定额调整”按钮，出现“定额调整”对话框。在“定额计算”窗口中用鼠标左键单击选中需调整的定额 1-4-11-2。单击“工料机/砼”选项，用鼠标右键单击“预算工料机”窗口中的“M7.5 水泥砂浆”名称，在右键菜单中选择“替换混凝土”选项。出现“选择工料机”窗口，在“选择工料机”窗口中“M10 水泥砂浆”前的方框中打勾，再单击“确定”按钮，可以看到定额调整状态如图 3-50 所示。

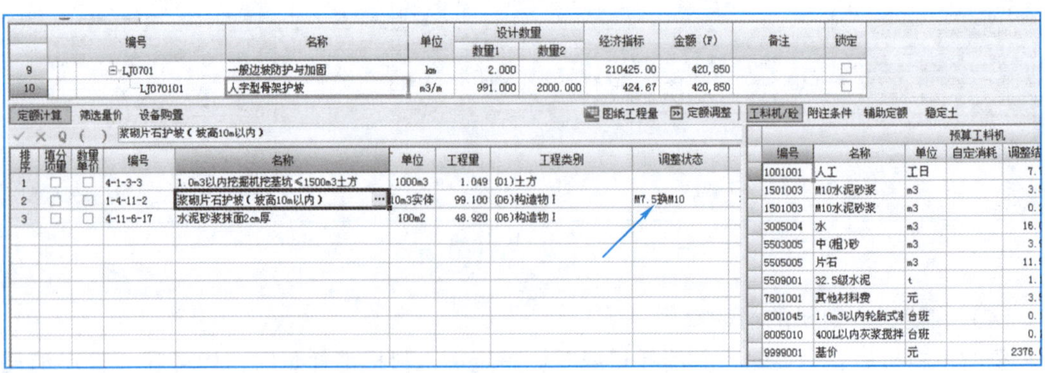

图 3-50　“替换水泥砂浆”定额调整状态

2）“附注条件”

定额有章、节说明、定额表附注等，往往要求根据不同的情况对定额消耗量乘系数或加减定额消耗量，对造价结果有较大影响。说明、附注分散在不同的章、节、定额表中，涉及条款较多，非常熟悉定额的人员也必须细心、耐心，才能避免错计、漏计。纵横公路工程造价管理软件把各章节说明及附注整理成“附注条件”选项形式，做造价时只需按工程实际打勾选择对应选项，可大大减少错漏发生。

【操作】：单击“定额调整”对话框的“附注条件”选项，在“调整”列打勾选择相应的附注条件即可，如图 3-51 所示。

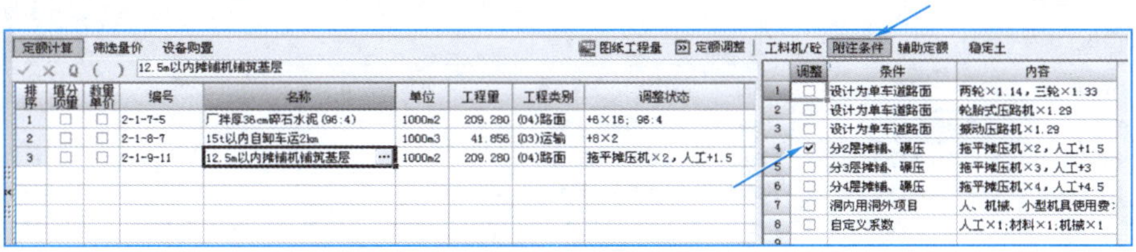

图 3-51 “定额调整”对话框“附注条件”选项

例如：定额规定各类稳定土基层压实厚度在 20 cm 以内计算，超过上述厚度时应分层拌和、碾压。如碎石水泥基层厚度为 36 cm，所选定额 2-1-7-5 厂拌厚 20 cm 碎石水泥，需分 2 层碾压，则单击“定额调整”窗口中“附注条件”选项，在“分 2 层摊铺、碾压”前的“调整”列打勾即可。

▶ 任务实施

任务 3.5（3）

【实操练习 3-11】 任务 3.5（1）中“厚 22 cm”水泥稳定类基层分项，按规定需要分 2 层摊铺、碾压，请对所选摊铺定额进行调整。

实操练习 3-11
操作视频

【分析】：定额规定各类稳定土基层压实厚度超过 20 cm 时需分层拌和、碾压。分层铺筑时拖平摊压机需要乘以 2，人工需要加 1.5 工日，需要对摊铺定额 2-1-9-11 进行定额调整，在“附注条件”选项中操作。

【操作】：用鼠标选中项目表中“厚 22 cm”水泥稳定类基层分项，再在“定额计算”窗口中用鼠标左键单击选中需调整的定额 2-1-9-11。单击“造价书”界面屏幕右侧的“定额调整”按钮，出现“定额调整”窗口。单击“附注条件”选项，在“分 2 层摊铺、碾压”前的“调整”列方框打勾，定额调整状态如图 3-52 所示。

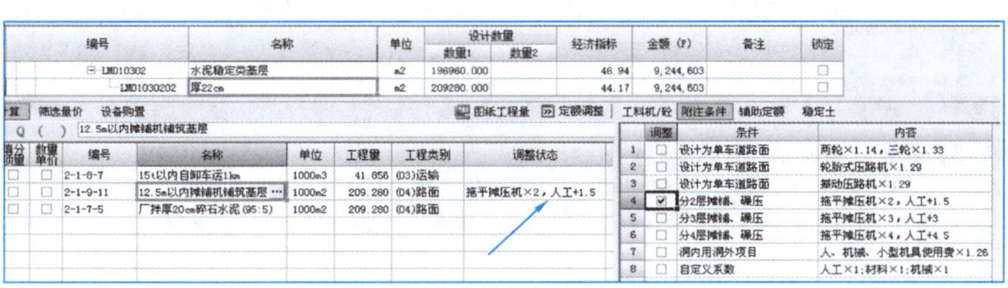

图 3-52 “水泥稳定类基层分 2 层摊铺、碾压”定额调整状态

3）“辅助定额”

定额中关于基本运距、基本厚度等的定额称为“基本定额”，关于增减运距或增减厚度等的定额称为“辅助定额”，其定额名称中一般含有“每增减”字样。当设计或实际的厚度、运距与所选定额的基本厚度、基本运距不同时，可利用“辅助定额”进行调整。“辅助定额”选项主要调整定额的运距、厚度、钢绞线的束数、强夯夯击遍数等。

【操作】：单击“定额调整”对话框的“辅助定额”选项，在“实际值”列中输入实际的运距（厚度、钢绞线的束数或强夯夯击遍数）值，如图 3-53 所示，并按 Enter 键。

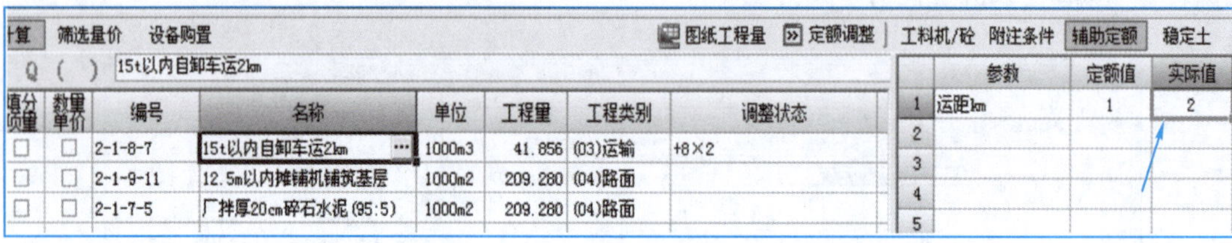

图 3-53 “辅助定额”选项定额调整状态

软件将在“定额计算”窗口自动改写定额名称为实际值，自动进行辅助定额调整，在“调整状态”显示定额调整状态，并自动计算和刷新造价编制数据。

▶ 任务实施

任务 3.5（4）

【实操练习 3-12】 任务 3.5（1）中因施工组织设计原因，15 t 以内自卸汽车实际运距为 2 km，请对所选运输定额进行相应调整。

实操练习 3-12
操作视频

【分析】：需要对运输定额“2-1-8-7 15 t 以内自卸汽车运 1 km”进行运距的调整。

【操作】：在项目表中选中“厚 22 cm”水泥稳定类基层这一分项，在“定额计算”窗口中用鼠标选中需调整的定额 2-1-8-7，单击“造价书”界面屏幕右侧的“定额调整”按钮，单击“定额调整”窗口的“辅助定额”按钮，在“辅助定额”选项“实际值”处输入实际运距 2，可在图 3-54 所示“定额计算”窗口的“调整状态”列看到定额调整状态为“+8×2”。

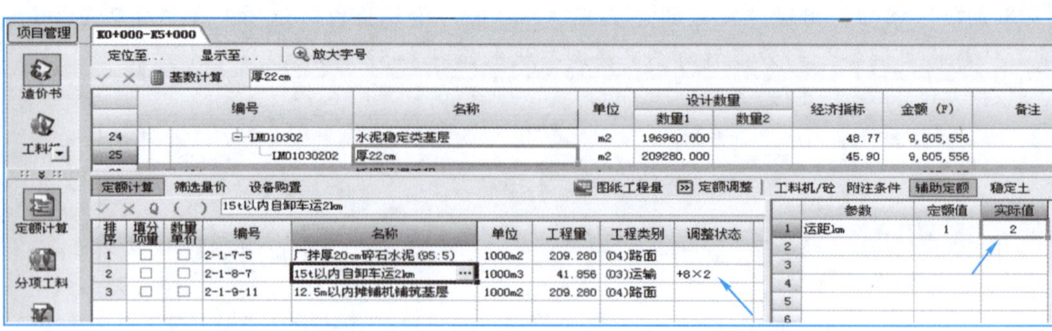

图 3-54 运距调整的定额调整状态

4）“稳定土”

当水泥、石灰等稳定土的设计配合比与所选定额不同时，可在此选项中进行调整。

【操作】：单击“定额调整”窗口的“稳定土”选项，在“调整配合比”列中，手工输入调整后的各材料之间的比例，如图 3-55 所示，并按 Enter 键。软件会自动修改定额名称中的配合比，并在“定额计算”窗口的“调整状态”中显示调整状态。

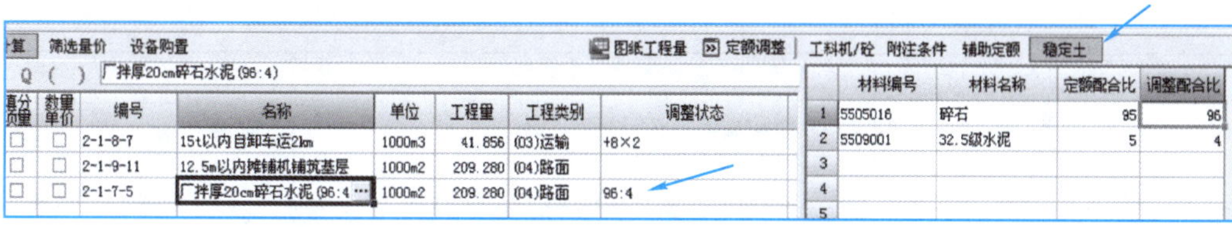

图 3-55　稳定土配合比调整的定额调整状态

【注意】：软件会自动保持稳定土配合之和为 100%。如配合比中只有两项材料，输入其中一项的材料所占的百分比例并按 Enter 键后，软件自动输入另一种材料的百分比例为 100%减去前一种材料的百分比例，自动保持稳定土配合比之和为 100%。如果需要增减配合比材料，还可以用新建立补充定额的方式，详见项目 5 纵横公路工程造价管理软件高级功能。

▶ 任务实施

任务 3.5（5）

【实操练习 3-13】任务 3.5（1）中“厚 22 cm”水泥稳定类基层分项，碎石水泥的比例调整为 96:4，请对所选定额进行相应调整。

实操练习 3-13
操作视频

【分析】：需要对定额“2-1-7-5　厂拌厚 20 cm 碎石水泥（95:5）”进行厚度和配合比的调整。

【操作】：在项目表中选中“厚 22 cm”水泥稳定类基层这一分项，在“定额计算”窗口中用鼠标左键单击选中需调整的定额 2-1-7-5，单击“造价书”界面屏幕右侧的“定额调整”按钮，出现“定额调整”对话框，单击“定额调整”窗口的“辅助定额”选项，在“实际值”列输入 22；再单击“稳定土”选项，在“调整配合比”列中输入实际配合比 96 和 4，按 Enter 键。调整状态如图 3-56 所示。

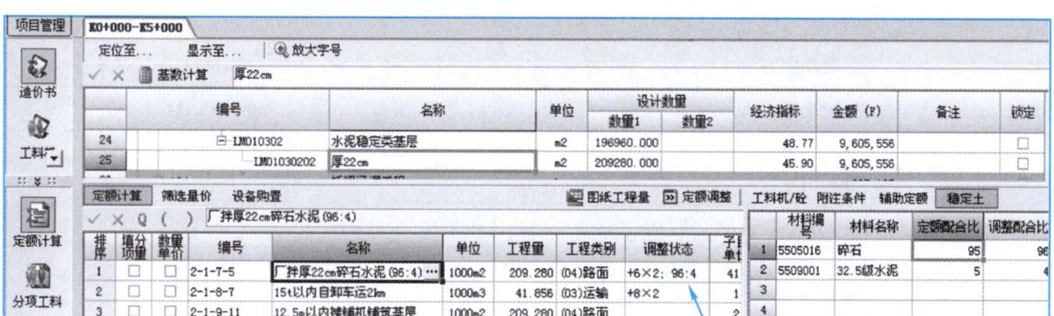

图 3-56　水泥稳定类基层厚度和配合比调整的定额调整状态

常见问题解析

要对哪个定额进行调整，先要选中该定额，然后在“定额调整”窗口相应的选项中进行操作。

任务 3.5 考核与评价操作视频

考核与评价

<table>
<tr><td rowspan="3">套定额和定额调整</td><td colspan="2">姓名：</td></tr>
<tr><td colspan="2">班级：</td></tr>
<tr><td>自评</td><td>师评</td></tr>
<tr><td>考核评价内容</td><td>掌握：
未掌握：</td><td>合格：
不合格：</td></tr>
<tr><td>建立并打开江西××一级公路改建工程”的造价文件“K0+000-K8+000”，根据表 3-7 所示的内容，建立项目表及套定额，并根据表 3-7 的定额调整状态进行定额调整。</td><td></td><td></td></tr>
</table>

表 3-7　第一部分费用计算原始数据表

编号	所选定额	名　称	单　位	工程量	费率编号	定额调整状态
1		第一部分 建筑安装工程费	公路公里	8.000		
102		路基工程	km	8.000		
LJ01		场地清理	km	8.000		
LJ0101		清理与掘除	km	8.000		
LJ010101		清除表土	m^3	7 603.800		
	1-1-1-4	砍挖灌木林（直径 10 cm 以下）稀	1 000 m^2	22.011	6	
	1-1-1-5	砍挖灌木林（直径 10 cm 以下）密	1000 m^2	10.005	6	
	1-1-1-12	135 kW 以内推土机清除表土	100 m^3	76.038	1	
	1-1-10-3	3 m^3 以内装载机装土	1 000 m^3 天然密实方	7.604	1	
	1-1-11-11	20 t 以内自卸汽车运土 3 km	1 000 m^3 天然密实方	7.604	3	+12×4
LJ010102		伐树、挖根	棵	1 540.000		
	1-1-1-2	人工伐树挖掘机挖树根（1.0 m^3 以内）	10 棵	154.000	6	
LJ02		路基挖方	m^3	222 730.00		
LJ0201		挖土方	m^3	134 785.00		
	1-1-12-14	135 kW 以内推土机推普通土 20 m（本桩利用）	1 000 m^3 天然密实方	64.829	1	
	1-1-9-8	2.0 m^3 以内挖掘机挖装普通土	1 000 m^3 天然密实方	69.956	1	
	1-1-11-11	20 t 以内自卸汽车运土 1 km（远运利用）	1 000 m^3 天然密实方	39.696	3	
	1-1-11-11	20 t 以内自卸汽车运土 3 km（弃方）	1 000 m^3 天然密实方	30.260	3	+12×4
LJ0202		挖石方	m^3	87 945.000		

续表

编号	所选定额	名　　称	单　　位	工程量	费率编号	定额调整状态
	1-1-14-4	机械打眼开炸软石	1 000 m^3 天然密实方	87.945	2	
	1-1-12-37	165 kW 以内推土机推软石 20 m	1 000 m^3 天然密实方	30.347	2	
	1-1-10-6	3 m^3 以内装载机装软石（远运利用）	1 000 m^3 天然密实方	30.989	2	
	1-1-11-25	20 t 以内自卸汽车运石 1 km（远运利用）	1 000 m^3 天然密实方	30.989	3	
	1-1-10-6	3 m^3 以内装载机装软石（废方）	1 000 m^3 天然密实方	26.609	2	
	1-1-11-25	20 t 以内自卸汽车运石 3 km（废方）	1 000 m^3 天然密实方	26.609	3	+26×4
LJ03		路基填方	m^3	164 381.80		
LJ0301		利用土方填筑	m^3	90 108.000		
	1-1-18-4	高速、一级公路填方路基 15 t 以内振动压路机碾压土方	1 000 m^3 压实方	90.108	1	
LJ0302		借土方填筑	m^3	7 603.800		
	1-1-18-4	高速、一级公路填方路基 15 t 以内振动压路机碾压土方	1 000 m^3 压实方	7.604	1	
	1-1-9-8	2.0 m^3 以内挖掘机挖装普通土	1 000 m^3 天然密实方	9.049	1	
	1-1-11-11	20 t 以内自卸汽车运土 3 km	1 000 m^3 天然密实方	9.049	3	+12×4
LJ0303		利用石方填筑	m^3	66 670.000		
	1-1-18-13	高速、一级公路填方路基 20 t 以内振动压路机碾压石方	1 000 m^3 压实方	66.670	2	
LJ06		排水工程	km	3.000		
LJ0602		排水沟	m^3/m	2 551.5/3 000		
LJ060203		浆砌片石排水沟	m^3/m	2 551.5/3 000		
	1-3-1-3	机械开挖土方	1 000 m^3 天然密实方	2.552	1	
	1-3-3-1	浆砌片石边沟、排水沟	10 m^3 实体	255.150	6	
	4-11-6-17	水泥砂浆抹面 2 cm 厚	100 m^2	24.000	6	M10 换 M12.5
LJ07		路基防护与加固工程	km	2.000		
LJ0701		一般边坡防护与加固	km	2.000		
LJ0702		人字型骨架护坡	m^3/m	991/2 000		
	4-1-3-3	1.0 m^3 以内挖掘机挖基坑≤1 500 m^3 土方	1 000 m^3	1.049	1	
	1-4-11-2	砌片石护坡（坡高 10 m 以内）	10 m^3 实体	99.100	6	人工×1.3
	4-11-6-17	水泥砂浆抹面 2 cm 厚	100 m^2	48.920	6	M10 换 M12.5
103		路面工程	km	8.000		
LM01		沥青混凝土路面	m^2	195 160.00		
LM0102		路面底基层	m^2	231 840.00		
LM010204		20 cm 厚级配碎石底基层	m^2	231 840.00		

续表

编号	所选定额	名　　称	单　　位	工程量	费率编号	定额调整状态
	2-2-2-15	平地机机拌机铺底基层厚 20 cm（级配碎石路面）	1 000 m^2	231.840	4	+18×12；拖平摊压机×2，人工+1.5
LM0103		路面基层	m^2	196 960.00		
LM010302		水泥稳定类基层	m^2	196 960.00		
LM01030202		20 cm 厚上基层	m^2	209 280.00		
	2-1-7-5	厂拌厚 20 cm 碎石水泥（95:5）	1 000 m^2	209.280	4	
	2-1-8-7	15 t 以内自卸汽车运 1 km	1 000 m^3	41.856	3	
	2-1-9-11	12.5 m 以内摊铺机铺筑基层	1 000 m^2	209.280	4	
LM01030203		20 cm 厚下基层	m^2	219 120.00		
	2-1-7-5	厂拌厚 20 cm 碎石水泥（96:4）	1 000 m^2	219.120	4	96 :4
	2-1-8-7	15 t 以内自卸汽车运 1 km	1 000 m^3	43.824	3	
	2-1-9-11	12.5 m 以内摊铺机铺筑基层	1 000 m^2	219.120	4	
LM0104		透层、黏层、封层	m^2	205 120.00		
LM010401		透层	m^2	209 280.00		
	2-2-16-3	石油沥青半刚性基层透层	1 000 m^2	209.280	4	
LM010402		黏层	m^2	392 880.00		
	2-2-16-7	改性乳化沥青沥青层黏层	1 000 m^2	392.880	4	
LM010403		下封层	m^2	205 120.00		
	2-2-16-15	乳化沥青稀浆封层 ES-1 型	1 000 m^2	205.120	4	
LM0105		沥青混凝土面层	m^2	195 160.00		
LM010501		8 cm 厚粗粒式沥青混凝土面层	m^2	196 960.000		
	2-2-11-5	240 t/h 以内拌和粗粒式沥青混凝土混合料	1 000 m^3 路面实体	15.757	4	
	2-2-13-9	20 t 以内自卸汽车运输沥青混合料 1 km	1 000 m^3	15.757	3	
	2-2-14-46	机械摊铺粗粒式沥青混凝土混合料（240 t/h 以内）	1 000 m^3 路面实体	15.757	4	
LM010502		6 cm 厚中粒式沥青混凝土面层	m^2	195 920.00		
	2-2-11-12	240 t/h 以内拌和中粒式沥青混凝土混合料	1 000 m^3 路面实体	11.755	4	
	2-2-13-9	20 t 以内自卸汽车运输沥青混合料 1 km	1 000 m^3	11.755	3	
	2-2-14-47	机械摊铺中粒式沥青混凝土混合料（240 t/h 以内）	1 000 m^3 路面实体	11.755	4	
LM010504		4 cm 厚改性沥青混凝土面层	m^2	195 160.00		

续表

编号	所选定额	名　　称	单　　位	工程量	费率编号	定额调整状态
	2-2-11-36	240 t/h 以内拌和细粒式改性沥青混凝土混合料	1 000 m³路面实体	7. 806	4	
	2-2-13-9	20 t 以内自卸汽车运输沥青混合料 1 km	1 000 m³	7. 806	3	
	2-2-14-48	机械摊铺细粒式沥青混凝土混合料（240 t/h 以内）	1 000 m³路面实体	7. 806	4	
108		绿化及环境保护工程	公路公里	8. 000		
10801		主线绿化及环境保护工程	公路公里	8. 000		
LH01		边坡绿化工程	m²	12 309. 000		
LH0105		液压喷播植草	m²	12 309. 000		
	1-4-2-7	机械液压喷播植草（填方边坡）	1 000 m²	3. 693	6	
	1-4-2-8	机械液压喷播植草（挖方边坡）	1 000 m²	8. 616	6	

任务 3. 6　数量单价法计算费用

▶ 任务引入

公路工程建设项目“赣州××一级公路新建工程”的施工图预算（编制范围为 K0+000-K5+000）项目表有“借土方填筑”分项，工程量为 7 603. 8 m³（压实方），土方需计算资源费，借土地点有两个，地点 1 借土方 1 048. 5 m³，资源费单价为 0. 5 元/m³；地点 2 借土方 8 000 m³，资源费单价为 0. 3 元/m³，两个地点的运距都是 1 km，均为普通土，土方资源费需计算利润和税金。土方用 2 m³挖掘机挖装，用 15 t 以内的自卸汽车运，用 15 t 以内的光轮压路机压实。试用数量单价法和套定额计算该借土方填筑分项的费用。

▶ 任务分析

“借土方填筑”分项费用的计算，需要用数量单价法来计算土方资源费，还需套定额计算施工的费用，两块费用合并起来为该分项的费用。

相关知识

根据现行《公路工程建设项目概算预算编制办法》（JTG 3830—2018），有的概算预算组成费用是用数量乘以单价来计算的，如设备购置费 = ∑设备购置数量×预算单价。对某些已知单价的分项，只要输入数量和相应的单价即可。该方法适用于设备购置费、土地使用及拆迁补偿中的一些费用、工器具购置费、办公和生活用家具购置费、生产人员培训费等费用计算。

数量单价法的操作，可以在“造价书”界面下半部分的“定额计算”窗口里，输入费用名称、单位、工程量、单价来计算，可勾选是否计算利润、税金。当已知经济指标时也可直接在项目表“经济指标”列输入经济指标。

3.6.1 在“定额计算”窗口里计算

一个分项的单价由一个或几个已知单价的子目组成，如某个设备的供应地有两个，供应单价不同，可在“定额计算”窗口用“数量单价”方式计算费用。

【操作】：在“造价书”界面下半部分的“定额计算”窗口里，在“名称”“单位”“工程量”“单价”栏分别输入费用名称、单位、工程量、单价，如需计算利润和税金，则在“利润”和“税金”前的方框打勾，软件会自动计算出费用。

一个分项的单价由几个已知单价的子目组成，就输入几行，如图 3-57 所示。

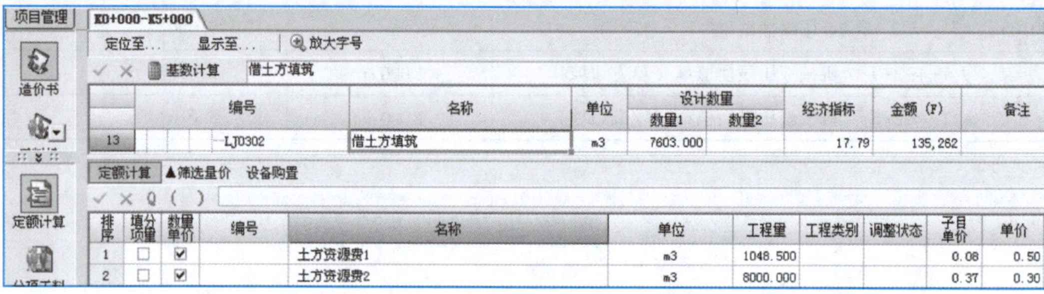

图 3-57 在“定额计算”窗口里计算分项单价

注意输入单位时，需要在“单位”栏双击鼠标，再单击出现的下拉箭头，在下拉列表中选择单位。

计算一个分项的费用时，可以同时用数量单价法和套定额来计算。如借土方填筑，当需要计算土方资源费时，土方资源费是用土方数量乘以土方单价；而挖装运压这些工序的施工，则需要套定额来计算费用。当输入完成数量单价计算的子目后，继续在“编号”栏输入所选定额的编号或在定额库中选择定额，这时数量单价和定额计算这两个计算结果一并构成这个分项的费用，如图 3-58 所示。

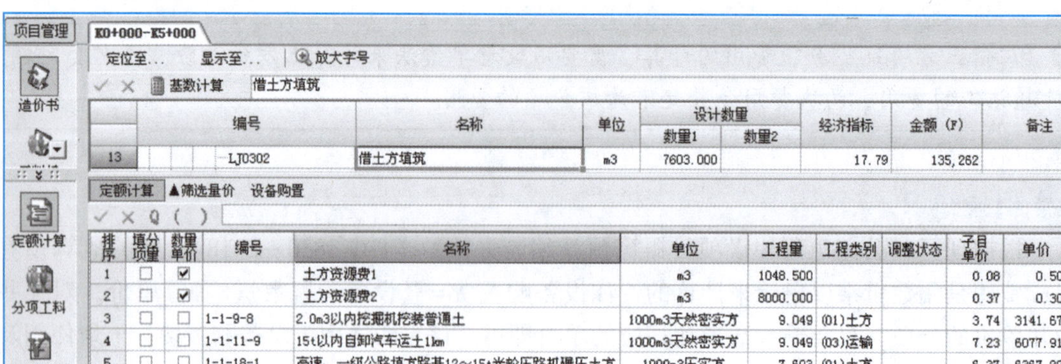

图 3-58 数量单价法和套定额一并计算分项单价

▶ 任务实施

【实操练习 3-14】 公路工程建设项目“赣州××一级公路新建工程”的施工图预算（编制范围为 K0+000-K5+000）项目表有“借土方填筑”分项，工程量为 7 603.8 m^3（压实方），土方需计算资源费，借土地点有两个，地点 1 借土方 1 048.5 m^3，资源费单价为 0.5 元/m^3；地点 2 借土方 8 000 m^3，资源费单价为 0.3 元/m^3，两个地点的运距都是 1 km，均为普通土，土方资源费需计算利润和税金。土方用 2 m^3 挖掘机挖装，用 15 t 以内的自卸汽车运，用 15 t 以内的光轮压路机压实。试用数量单价法和套定额计算该借土方填筑分项的费用。

实操练习 3-14
操作视频

【分析】：需要同时用数量单价法和套定额计算。用数量单价法计算两个地方的土方资源费；另外根据施工方案，选定额“1-1-9-8　2.0 m^3 以内挖掘机挖装普通土”“1-1-11-9　15 t 以内自卸汽车运土 1 km”“1-1-18-1　高速、一级公路填方路基 12~15 t 光轮压路机碾压土方”来计算挖装、运输、碾压的费用。根据《公路工程预算定额》第一节的节说明，因填方为压实方，采用以天然密实方为单位的定额时，土质为普通土时所套定额需乘以 1.19 的系数。挖和运的土方数量分别为 7 603.8×1.19 = 9 048.5 m^3。

【操作】：

（1）在“造价书”界面，单击选中项目表中的“借土方填筑”分项。

（2）在“定额计算”窗口的“名称”列输入“土方资源费 1”，双击“单位”列，单击出现的下拉箭头，在下拉列表中选择单位为“m^3”，在“工程量”列输入 1 048.5，在“单价”列输入 0.5，并在“利润”和“税金”前的方框打勾。

（3）在“定额计算”窗口另一行的“名称”列输入“土方资源费 2”，按第（2）步操作分别输入单位 m^3、工程量 8 000、单价 0.3，并在“利润”和“税金”前的方框打勾。

（4）在“定额计算”窗口的“编号”列分别输入定额编号“1-1-9-8”“1-1-11-9”“1-1-18-1”并按 Enter 键，如图 3-58 所示。

（5）在定额 1-1-9-8 的“工程量”栏输入工程量为 9 048.5，按 Enter 键；在定额 1-1-11-9 的“工程量”栏输入工程量为 9 048.5，按 Enter 键。结果如图 3-58 所示。

3.6.2　在项目表的“经济指标”列输入单价

某个分项的经济指标是这个分项的金额除以其工程量。当一个分项的金额就是由其数量乘以单价时，单价相当于经济指标，可以直接在项目表的“经济指标”列输入单价，软件会自动计算出费用。

如图 3-59 所示，某二级公路的办公和生活用家具购置费是 5 800 元/公路公里，可直接在“经济指标”列输入 5 800。

编号	名称	单位	设计数量		经济指标	金额（F）	备注	锁定
			数量1	数量2				
30602	办公和生活用家具购置费	公路公里	5.000		5800.00	29,000		☐

图 3-59　在项目表“经济指标”列输入单价

常见问题解析

在“定额计算”窗口用数量单价法计算分项费用时，要注意逐行在“名称”“单位”“工程量”“单价”栏中输入相应的数据，有几个已知数量单价的费用子目，就输入几行。

任务 3.6 考核与评价操作视频

考核与评价

数量单价法计算费用	姓名：	
	班级：	
	自评	师评
考核评价内容	掌握： 未掌握：	合格： 不合格：
建立并打开建设项目“江西××一级公路改建工程”的造价文件“K0+000-K8+000”，根据表 3-8 所示内容建立项目表并计算各费用。		

表 3-8　第二部分和第三部分费用计算原始数据表

编　号	名　称	单　位	工　程　量	单价或经济指标
2	第二部分 土地使用及拆迁补偿费	公路公里	8.000	
201	土地使用费	亩	129.900	
20101	永久征用土地	亩	129.900	
	水田征地补偿费	亩	45.600	单价：39 900.00
	林地征地补偿费	亩	55.000	单价：15 960.00
	草地征地补偿费	亩	12.000	单价：15 960.00
	竹林征地补偿费	亩	17.300	单价：15 960.00
	耕地开垦费	亩	45.600	单价：26 000.00
	森林植被恢复费	亩	55.000	单价：5 000.00
	失地农民养老保险费	亩	129.900	单价：6 000.00
	水土保持补偿费	亩	129.900	单价：350.00
	耕地占用税	亩	45.600	单价：1 333.00
	其他用地占用税	亩	84.300	单价：933.00
	防洪保安资金	亩	129.900	单价：500.00
202	拆迁补偿费	公路公里	8.000	
	砖砼房	m^2	1 391.000	单价：810.00
	电杆	根	77.000	单价：460.00
	电力电线	m	2 030.000	单价：50.00
	装修补助费	m^2	1 391.000	单价：120.00
	搬迁过渡费	m^2	1 391.000	单价：50.00
203	其他补偿费	公路公里	8.000	
	青苗补偿	亩	117.900	单价：1 500.00
	拆迁工作经费	项	1.000	单价：50 000.00
	征地拆迁调剂费	项	1.000	单价：50 000.00

续表

编　号	名　称	单　位	工　程　量	单价或经济指标
3	第三部分 工程建设其他费	公路公里	8.000	
306	生产准备费	公路公里	8.000	
30602	办公和生活用家具购置费	公路公里	8.000	经济指标：5 800
30603	生产人员培训费	公路公里	8.000	
	生产人员培训费	个	50.000	单价：3 000.00

任务 3.7　基数计算法计算费用

▶ 任务引入

任务 3.7（1）

需要计算公路工程建设项目“赣州××一级公路新建工程”的施工图预算（编制范围为 K0+000-K5+000）的施工场地建设费。

任务 3.7（2）

需要计算公路工程建设项目“赣州××一级公路新建工程”的施工图预算（编制范围为 K0+000-K5+000）的安全生产费。

▶ 任务分析

任务 3.7（1）

根据现行《公路工程建设项目概算预算编制办法》（JTG 3830—2018）规定，施工场地建设费以施工场地计费基数，按施工场地建设费费率，用累进法计算。施工场地计费基数为定额建筑安装工程费扣除专项费用。

任务 3.7（2）

根据现行《公路工程建设项目概算预算编制办法》（JTG 3830—2018）规定，安全生产费按建筑安装工程费（不含安全生产费本身）乘以安全生产费费率计算，费率按不少于 1.5%计取。

相关知识

现行《公路工程建设项目概算预算编制办法》（JTG 3830—2018）规定，施工场地建设费、安全生产费、建设单位（业主）管理费、建设项目信息化费、工程监理费、设计文件审查费、建设项目前期工作费、联合试运转费、工程保险费等费用，用计算基数乘以费率来计算，如图 3-60 所示。

在软件中计算这些费用，要用到“基数计算法”，在“表达式编辑器”中输入这些费用的计算表达式。

操作分为两步，一是调出表达式编辑器，二是在表达式编辑器中输入费用计算的表达式。

（十四）	工程建设其他费	
	建设项目管理费	
	建设单位（业主）管理费	（十一）×累进费率
	建设项目信息化费	（十一）×累进费率
	工程监理费	（十一）×累进费率
	设计文件审查费	（十一）×累进费率
	竣（交）工验收试验检测费	按规定计算
	研究试验费	
	建设项目前期工作费	（十一）×累进费率
	专项评价（估）费	按规定计算
	联合试运转费	（十一）×费率

图 3-60　公路工程建设项目各项费用计算程序及计算方式（节选）

3.7.1　调出表达式编辑器

要计算哪个费用，就单击“造价书”界面项目表中这个费用所在行的“金额”列，单击出现的三个点图标，如图 3-61 所示，弹出“表达式编辑器”对话框，如图 3-62 所示。

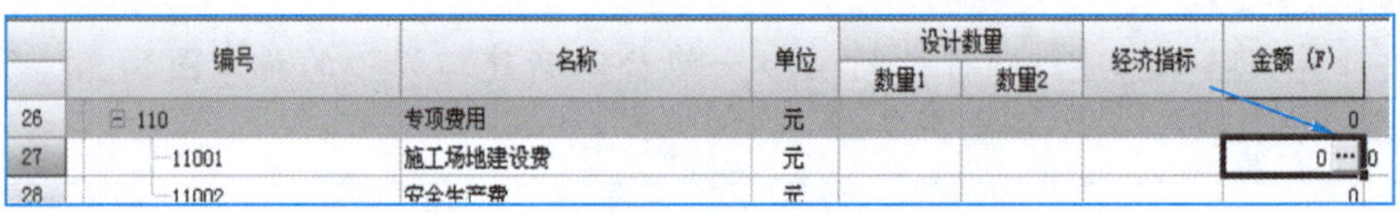

图 3-61　三个点图标

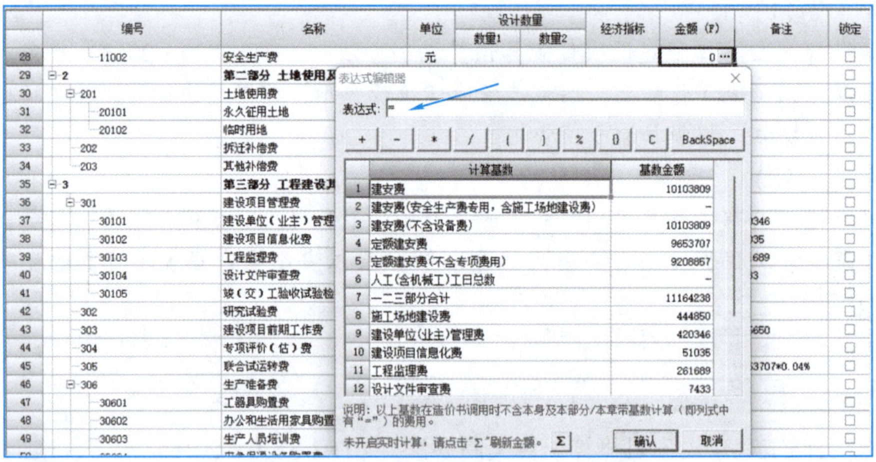

图 3-62　“表达式编辑器”对话框

可在图 3-62 中的“表达式”所在行输入费用计算表达式。注意表达式中有变量时要有“=”，应避免误删“=”。

3.7.2　输入费用计算表达式

第一种情况：关于专项费用、工程建设其他费、预备费、建设期贷款利息等费用计算需要的基数，软件已进行了预定义，并列在“表达式编辑器”中，可直接调用。

【操作】：用鼠标双击表达式编辑器左侧的费用名称，该费用会作为计算基数进入到“表达式”所在行，再根据费用计算表达式看是否需要继续输入其他的数值。

第二种情况：可以用金额列 F 列+所在行号所对应的单元格的数值来表示费用，如图 3-61 中，施工场地建设费的金额为 F 列，所在行号为 27，可以用 F27 来表示；安全生产费的数值在 F 列第 28 行，可以用 F28 来表示。

▶ 任务实施

任务 3.7（1）

【实操练习 3-15】：需要计算公路工程建设项目“赣州××一级公路新建工程”的施工图预算（编制范围为 K0+000-K5+000）的施工场地建设费。

实操练习 3-15
操作视频

【分析】：根据现行《公路工程建设项目概算预算编制办法》（JTG 3830—2018）规定，施工场地建设费以施工场地计费基数，按施工场地建设费费率，用累进法计算。施工场地计费基数为定额建筑安装工程费扣除专项费用。

【操作】：单击项目表中施工场地建设费所在行的金额列，出现三个点图标，如图 3-63 所示，再单击三个点的图标，出现“表达式编辑器”对话框。

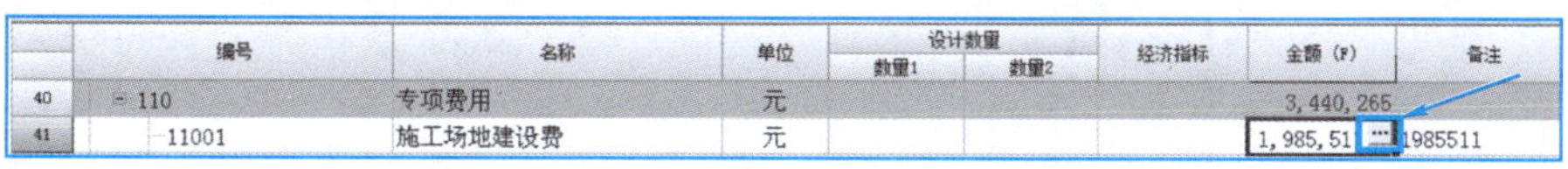

图 3-63　三个点图标

双击“表达式编辑器”对话框左侧的“施工场地建设费”，则表达式中包含了｛施工场地建设费｝，如图 3-64 所示，单击“确定”按钮即可。

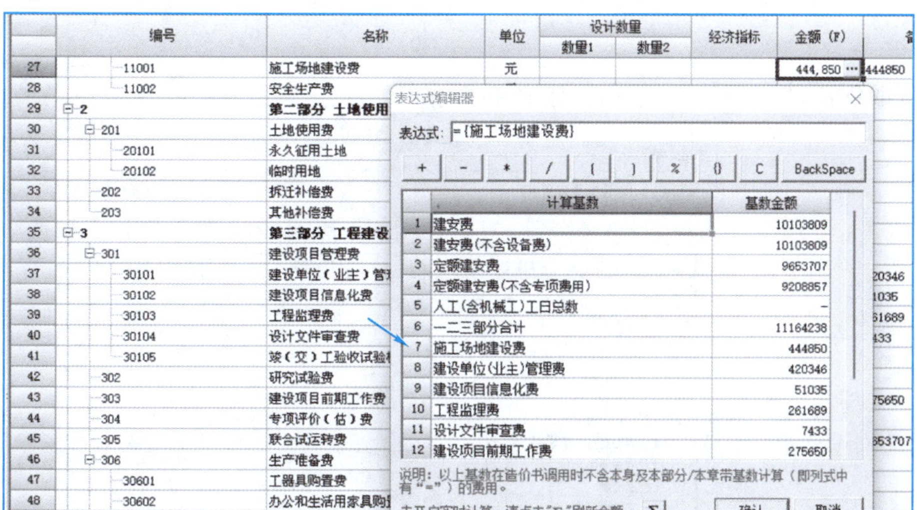

图 3-64　在“表达式编辑器”对话框中输入费用计算表达式

▶ 任务实施

任务 3.7（2）

【实操练习 3-16】：需要计算公路工程建设项目“赣州××一级公路新建工程”的施工图预算（编制范围为 K0+000-K5+000）的安全生产费。

实操练习 3-16
操作视频

【分析】：根据现行《公路工程建设项目概算预算编制办法》（JTG 3830—2018）规定，安全生产费按建筑安装工程费（不含安全生产费本身）乘以安全生产费费率计算，费率按不少于 1.5%计取。

【操作】：单击项目表中安全生产费所在行的金额列，出现三个点图标，再单击三个点的图标，出现“表达式编辑器”对话框。双击对话框中“建安费（安全生产费专用，含施工场地建设费）”，再继续输入“＊1.5%”，如图 3-65 所示，单击“确定”按钮即可。

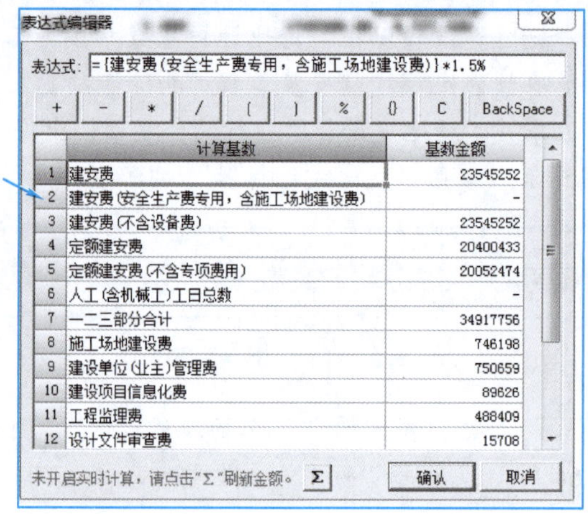

图 3-65　安全生产费计算表达式

建设期贷款利息的计算，表达式如图 3-66 所示。

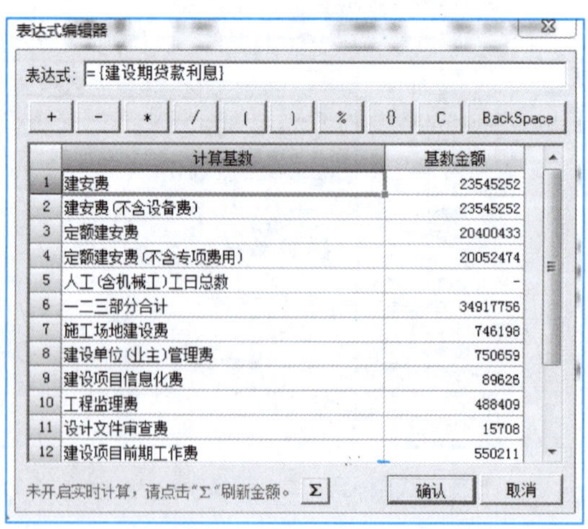

图 3-66　建设期贷款利息计算表达式

其他用基数乘以费率计算的费用计算方法同上。

常见问题解析

在输入费用计算的表达式时，如果表达式中存在变量，式中要有“=”号；如果表达式为常数表达式，则不需要“=”。

任务 3.7 考核与评价操作视频

考核与评价

基数计算法计算费用	姓名：	
	班级：	
	自评	师评
考核评价内容	掌握： 未掌握：	合格： 不合格：
建立并打开“江西××一级公路改建工程”的造价文件“K0+000-K8+000”，根据表 3-9 所示内容建立项目表并计算各费用。		

表 3-9　第一部分专项费用和第三部分费用计算原始数据表

编　号	名　　称	单　　位	工程量	计算表达式
110	专项费用	元		
11001	施工场地建设费	元		{施工场地建设费}
11002	安全生产费	元		{建安费(安全生产费专用，含施工场地建设费)} * 1.5%
3	第三部分 工程建设其他费	公路公里	8.000	
301	建设项目管理费	公路公里	8.000	
30101	建设单位（业主）管理费	公路公里	8.000	{建设单位（业主）管理费}
30102	建设项目信息化费	公路公里	8.000	{建设项目信息化费}
30103	工程监理费	公路公里	8.000	{工程监理费}
30104	设计文件审查费	公路公里	8.000	{设计文件审查费}
303	建设项目前期工作费	公路公里	8.000	{建设项目前期工作费}
305	联合试运转费	公路公里	8.000	{定额建安费} * 0.04%
307	工程保通管理费	公路公里	8.000	
30701	保通便道管理费	km	8.000	{建安费} * 0.6%
308	工程保险费	公路公里	8.000	{建安费（不含设备费）} * 0.4%
4	第四部分 预备费	公路公里	8.000	
401	基本预备费	公路公里	8.000	{一二三部分合计} * 3%
402	价差预备费	公路公里	8.000	{价差预备费}

任务 3.8　确定工料机预算单价

▶ 任务引入

公路工程建设项目“赣州××一级公路新建工程”的施工图预算（编制范围为 K0+000-K5+000）中需要使用到的材料有中（粗）砂、32.5 级水泥，请计算中（粗）砂、32.5 级水泥的材料预算价。中（粗）砂从料场购买，购买价 50 元/m³，单位运价 0.8 元，运距 20 km，装卸费 5 元/t，装卸 1 次。32.5 级水泥从水泥厂购买，购买价 384 元/t，单位运价 0.5 元，运距 40 km，装卸费 5 元/t，装卸 1 次。

▶ 任务分析

材料预算价是指材料运到工地中心仓库的价格，是市场价。材料预算价格由材料原价、运杂费、场外运输损耗、采购及保管费组成。材料预算价格=(材料原价+运杂费)×(1+场外运输损耗率)×(1+采购及保管费率)−包装品回收价值。在软件中计算材料预算价时，要输入相应的计算数据。

相关知识

当套完所有定额后，软件会自动计算并汇总定额内包含的人工、材料、施工机械台班名称和数量，并在“工料机”窗口汇总显示。

单击当前造价文件左侧的“工料机”图标，进入“工料机”窗口，如图 3-67 所示。

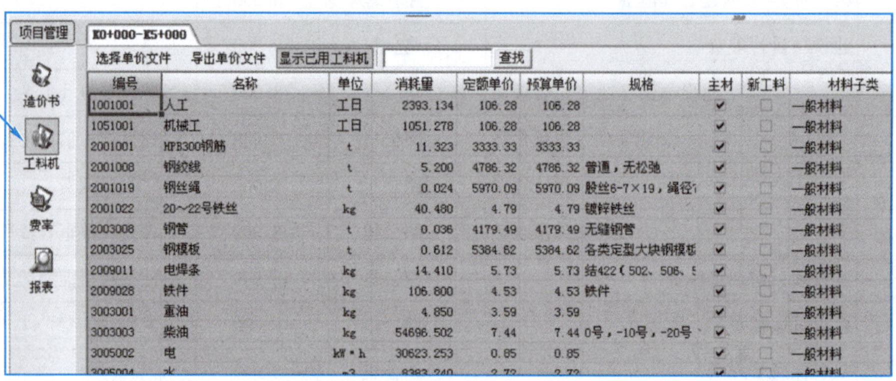

图 3-67　“工料机”窗口

软件默认工料机的预算单价等于其定额单价，并用蓝色表示，当预算单价与定额单价不相等时用白色表示。

预算单价有直接输入、计算、导入单价文件中的预算单价等确定方式。

3.8.1　人工预算单价

对于人工预算单价，查工程所在地省份《编制办法》补充规定可知。可在纵横公路工程造价管理软件“帮助”菜单中的“2018 编制办法及定额章节说明”选项下的“各省编制办法补充规定 2018”选项，查看工程所在地省份的人工预算单价。如江西省《编制办法》补充规定中明确了该省公路工程生产工人人工费单价和项目类别或公路等级与取费等级的对应关系（见表 3-10）。

表 3-10　江西省公路工程生产工人人工费单价表

项目类别或公路等级	高速公路、一级公路、独立特大桥、隧道工程、独立技术复杂大桥	二级公路、一般独立大桥	三级公路、四级公路、等外公路
取费等级	一级	二级	三级
人工费单价（元/工日）	108. 02	97. 22	86. 42

【提示】：人工费单价仅作为编制工程造价的依据，不作为施工企业实发工资的依据，今后应根据国家人工工资政策的变化情况及时测算和发布。

在查询《编制办法》补充规定得知人工预算单价后，在软件中直接输入即可。

【操作】：在“工料机”窗口的“预算单价”列直接输入并按 Enter 键，如图 3-68 所示。

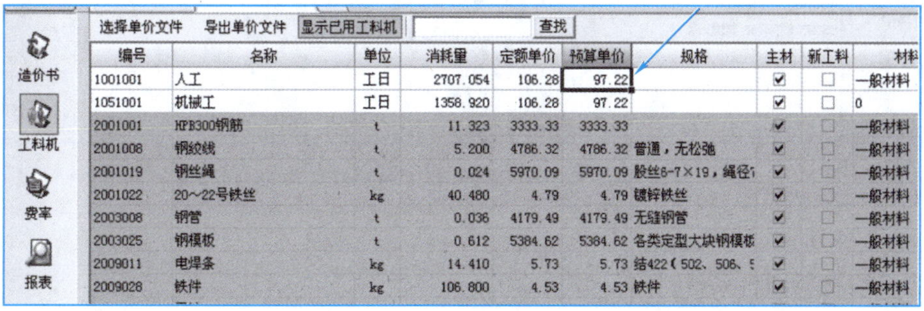

图 3-68　在“预算单价”列输入预算单价

3. 8. 2　材料预算单价

材料的预算单价，是指材料运达工地仓库的价格，不是材料的出厂价格，而是材料的市场价格。材料预算价格由材料原价、运杂费、场外运输损耗、采购及仓库保管费组成。材料预算价格=(材料原价+运杂费)×(1+场外运输损耗率)×(1+采购及保管费率)-包装品回收价值。

材料预算单价有直接输入、计算、导入单价文件等确定方式。

1. 直接输入材料预算单价

有些材料的购买价是直接运到工地仓库的价格，该价格就是预算单价，可在“工料机”窗口材料的“预算单价”列直接输入，跟人工预算单价的输入一样。

2. 计算材料预算单价

有些材料的购买价不是运到工地仓库的价格，而是出厂价，或离工地仓库有一定距离的某个供应地点的价格，我们把这个叫作材料原价或供应价，这时需要计算材料预算单价。

当需要计算材料的预算单价时，只要输入原价和运杂费计算的相关数据，软件会自动计算出材料的预算单价。

在进行原价计算和运费计算前，需要添加所要计算预算单价的材料。

1）添加计算材料

【操作】：在“工料机”窗口的上半部分，在材料名称上双击鼠标左键或单击鼠标右键，在右键菜单中选择“添加计算材料”选项，即添加了计算材料，把该材料添加到了“工料机”窗口的下半部分“材料计算”窗口，如图3-69所示。

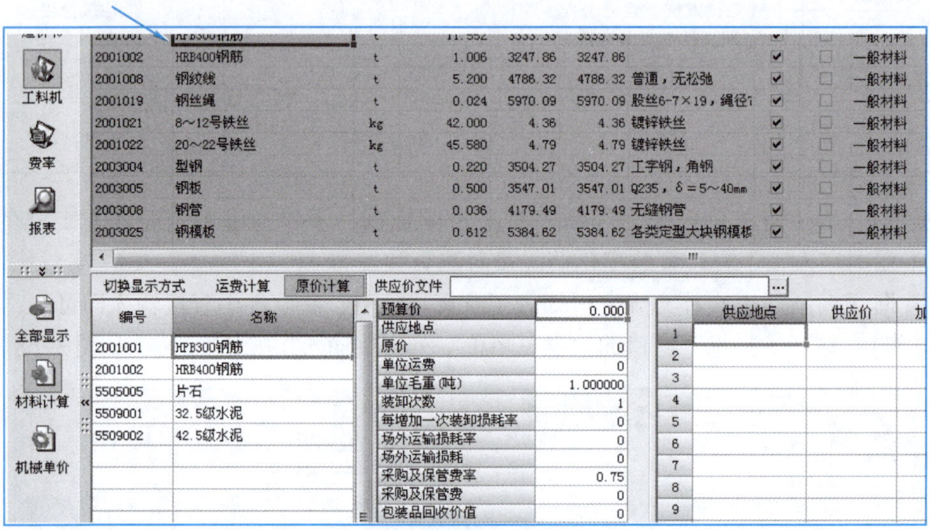

图3-69　添加计算材料和“材料计算”窗口

2）原价计算

分为外购材料和自采材料。

（1）外购材料。

当材料为外购材料时，其原价为购买价、供应价或出厂价，此时原价已知。可在“材料计算”窗口单击选中需要原价计算的材料名称，再单击“原价计算”按钮，出现“原价计算”窗口，然后在“原价计算”窗口输入供应地点和供应价，如图3-70所示，也可直接在窗口中间的“原价”栏直接输入材料原价并按Enter键。

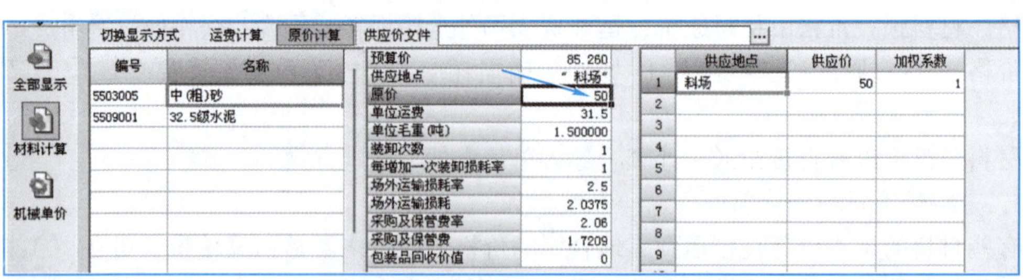

图3-70　在“原价计算”窗口输入原价数据

（2）自采材料。

自采材料的原价是未知的，需要套定额来计算材料的原价。

【操作】：在“材料计算”窗口，单击需要原价计算的材料名称，再单击“原价计算”

按钮，在“原价计算”窗口的“供应地点”列输入供应地点，然后在图 3-71 所示的“定额编号”列双击，出现定额菜单，不断双击需要查找定额的章节名称（在公路工程预算定额第八章材料采集及加工中选择定额），会显示下一级内容，最后用鼠标双击要选择的定额，所选定额会在“定额编号”列显示，如图 3-71 所示，其材料原价也计算出来，为图中所示的供应价。

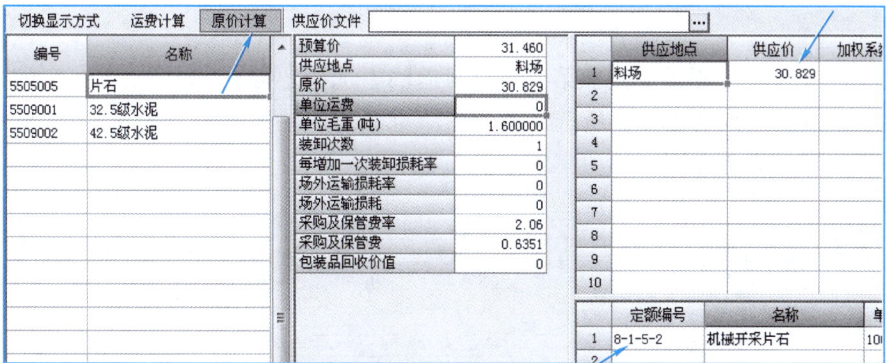

图 3-71　自采材料原价计算

3）运费计算

运费计算与运输方式有关，有社会力量运输和自办运输两种方式。运输工具又有汽车运输、铁路运输等。运输方式不同，运费计算方法也不同。

（1）社会力量运输。

【操作】：在“材料计算”窗口，单击需要运费计算的材料名称，再单击“运费计算”按钮，出现“运费计算”窗口，里面包含“起讫地点、运输工具、单位运价、km 运距、装卸费单价、装卸次数、其他费用”等运费计算数据，如图 3-72 所示。

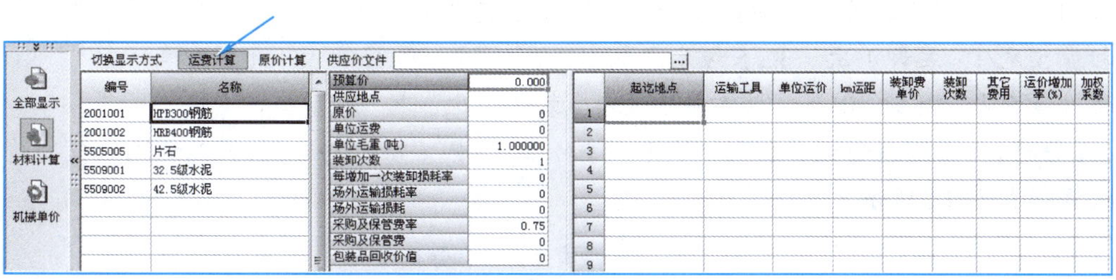

图 3-72　“运费计算”按钮和“运费计算”窗口

社会力量运输的运费计算数据是已知的，依次在“运费计算”窗口的“起讫地点、运输工具、单位运价、km 运距、装卸费单价、装卸次数、其他费用”等栏输入运费计算数据，如图 3-73 所示。运费计算的计算式、单位运费计算结果会在相应位置显示出来。

（2）自办运输。

如果是自办运输，则无法得知单位运价等运费计算数据，需要查定额来计算运费。

【操作】：在“运费计算”窗口中，先输入起讫地点，再在“运输工具”列单击鼠标，在下拉菜单中选择“自办运输”，在“运费计算”窗口的下半部分会出现“定额选择”小窗口，在窗口中的“定额编号”列用鼠标双击，会出现定额菜单，不断双击需要查找定额

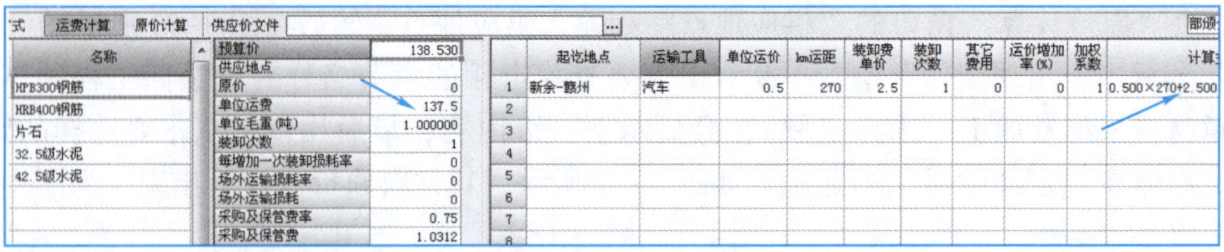

图 3-73　在“运费计算”窗口输入运费计算数据

的章节名称（在公路工程预算定额第九章材料运输中选择定额），会显示下一级的内容，最后用鼠标双击需要选择的定额，所选定额会在“定额编号”列显示，如图 3-74 所示，单位运费会计算出来并显示在图中的“单位运价”栏。

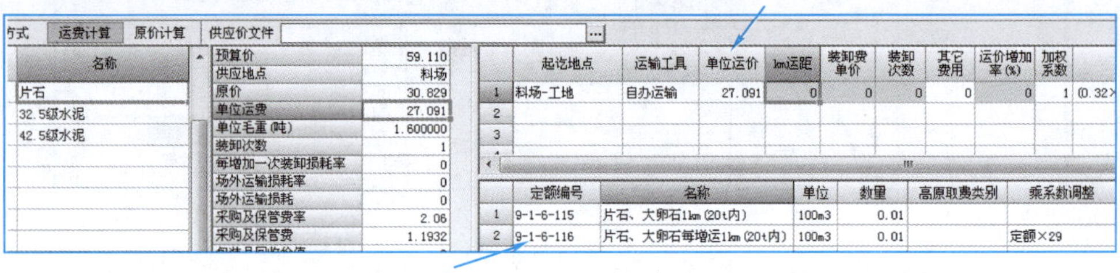

图 3-74　自办运输运费的计算

通过原价计算和运费计算，软件可计算出材料的预算单价。

▶ 任务实施

【实操练习 3-17】 公路工程建设项目“赣州××一级公路新建工程”的施工图预算（编制范围为 K0+000-K5+000）中需要使用到的材料有中（粗）砂、32.5 级水泥，请计算中（粗）砂、32.5 级水泥的材料预算价。中（粗）砂从料场购买，购买价 50 元/m^3，单位运价 0.8 元，运距 20 km，装卸费 5 元/t，装卸 1 次。32.5 级水泥从水泥厂购买，购买价 384 元/t，单位运价 0.5 元，运距 40 km，装卸费 5 元/t，装卸 1 次。

实操练习 3-17
操作视频

【分析】：根据材料预算价的概念和计算公式，中（粗）砂、32.5 级水泥的预算价计算数据如表 3-11 所示。

表 3-11　材料预算价计算数据表

名　称	起讫地点	原　价	运　价	运　距	装卸费	装卸次数
中（粗）砂	料场—工地	50 元/m^3	0.8 元/t/km	20 km	5 元/t	1 次
32.5 级水泥	水泥厂—工地	384 元/t	0.5 元/t/km	40 km	5 元/t	1 次

【操作】：在“工料机”窗口双击中（粗）砂、32.5 级水泥名称，添加这两种计算材料，在“材料计算”窗口选中中（粗）砂，分别在“原价计算”和“运费计算”窗口输入表 3-11 中（粗）砂的数据。在“材料计算”窗口选中 32.5 级水泥，分别在“原价计算”和“运费计算”窗口输入表 3-11 中 32.5 级水泥的数据，计算结果为：中（粗）砂预算单价是 85.26 元，32.5 级水泥预算单价为 421.86 元。

【提示】：如果材料的预算单价是在软件的“材料计算”窗口中计算的，则不能直接在“预算单价”列中修改材料预算单价，否则软件会提示“当前工料机已有计算材料，不允许直接编辑单价”，这时应修改原计算数据来重新计算预算单价。有时出现这个提示，主要是因为无意中双击了该材料，使该材料成为计算预算单价的材料而无法在“工料机”窗口中直接输入预算单价。这时可在左下角的“材料计算”窗口中，用鼠标右键单击要删除的计算材料名称，选择右键菜单中的“删除”选项，把该材料删除出计算材料列表，便可在“工料机”窗口的“预算单价”列输入预算单价。

3.8.3　施工机械台班预算单价

施工机械台班预算价格和工程仪器仪表台班预算价格应按现行《公路工程机械台班费用定额》（JTG/T 3833—2018）计算。其中涉及的台班人工费工日单价同生产工人人工费单价。动力燃料费用则按材料费的计算方法计算。对于车船使用税标准，鉴于各省不同，软件已把各省车船税标准整理进来，只要选择工程所在地的“车船税标准”即可。

【操作】：

（1）单击“工料机”窗口下半部分左下角的“机械单价”图标，则下半窗口切换到“机械单价”窗口，如图 3-75 所示。

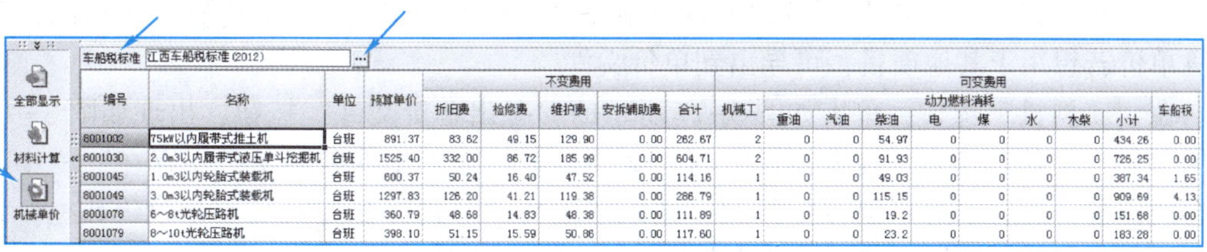

图 3-75　“机械单价”窗口

（2）单击图 3-75 中的“车船税标准”按钮或“车船税标准”按钮所在行的三个点图标，会出现“打开”窗口，如图 3-76 所示，单击选择工程所在地“车船税标准”，再单击“打开”按钮，会使用选中省份的车船税标准来计算施工机械台班预算单价。

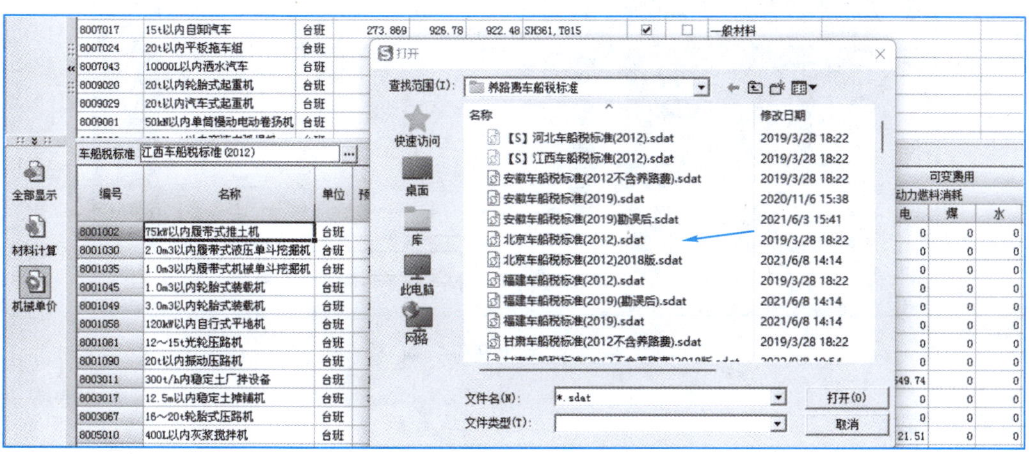

图 3-76　“打开”窗口

【注意】：

（1）可导入单价文件中的工料机预算单价。当某个单价文件中的工料机预算单价可用于当前造价文件的工料机预算单价时，可导入该单价文件中的工料机预算单价。

在“工料机”窗口，单击如图 3-77 所示的“选择单价文件”按钮，出现“选择单价文件”窗口。然后按提示选择或导入单价文件。

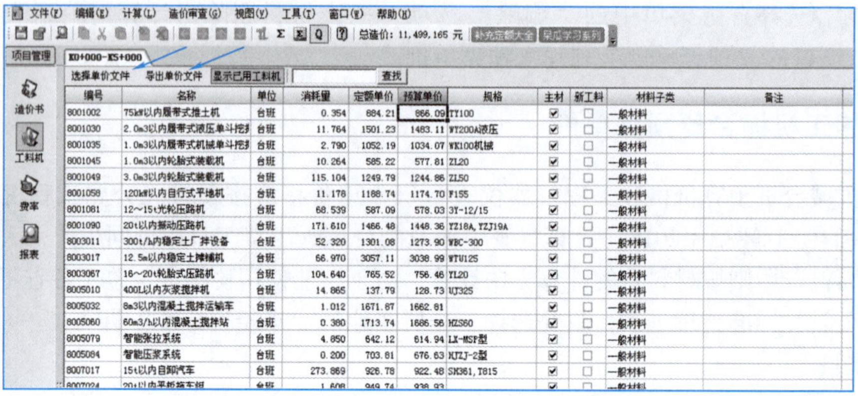

图 3-77 “选择单价文件”按钮和“导出单价文件”按钮

（2）可导出“工料机”窗口的工料机预算单价到单价文件。“工料机”窗口的工料机预算单价若想用于其他项目，可导出到单价文件。

在“工料机”窗口，单击如图 3-77 所示的“导出单价文件”按钮，出现如图 3-78 所示的“导出文件”窗口，在该窗口中的“文件名”栏输入文件名，在“保存在”栏中选择保存的位置，然后单击“保存”按钮，则以单价文件形式保存工料机预算单价数据。在新项目中要使用时，选择“导入单价文件”导入该单价文件即可。

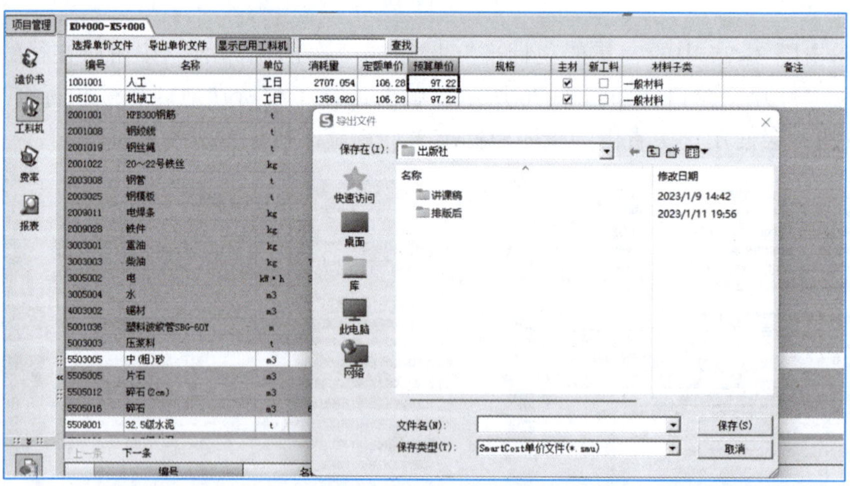

图 3-78 “导出文件”窗口

常见问题解析

在“材料计算”窗口的材料，不能直接在“预算单位”栏修改预算单位，而要通过修改原价计算和运费计算数据的方式进行，或在“本材料计算”窗口删除该计算材料，再在“预算单位”栏输入预算单价。

任务 3.8 考核与评价操作视频

考核与评价

<table>
<tr><td rowspan="3">确定工、料机预算单价</td><td colspan="2">姓名：</td></tr>
<tr><td colspan="2">班级：</td></tr>
<tr><td>自评</td><td>师评</td></tr>
<tr><td>考核评价内容</td><td>掌握：
未掌握：</td><td>合格：
不合格：</td></tr>
<tr><td>1. 建立并打开“江西××一级公路改建工程”的造价文件“K0+000-K8+000”，完成任务 3.5 的考核与评价后，根据表 3-12 所示内容输入工料机预算单价。
2. 计算两个材料的预算单价：中（粗）砂、32.5 级水泥。其中中（粗）砂供应地点为砂料场、原价 85 元，运距 25 km，运价 0.8 元/t/km，装卸费 5 元/t，装卸 1 次；32.5 级水泥供应地点为水泥厂、原价 405 元，运距 35 km，运价 0.5 元/t/km，装卸费 5 元/t，装卸 1 次。
3. 选择车船税标准为：江西车船税标准（2012）。</td><td></td><td></td></tr>
</table>

表 3-12　工料机预算单价表

序　　号	名　　称	单　　位	预算单价/元
1	人工	工日	108.02
2	机械工	工日	108.02
3	空心钢钎	kg	7.84
4	ϕ50 mm 以内合金钻头	个	41.59
5	改性沥青	t	5 470.09
6	乳化沥青	t	2 991.00
7	改性乳化沥青	t	3 589.74
8	重油	kg	5.59
9	汽油	kg	10.33
10	柴油	kg	9.10
11	煤	t	561.95
12	电	kW · h	0.89
13	水	m^3	2.12
14	草籽	kg	70.80
15	硝铵炸药	kg	13.01
16	非电毫秒雷管	个	3.27
17	导爆索	m	2.12
18	种植土	m^3	11.65
19	砂	m^3	77.67
20	路面用机制砂	m^3	87.38
21	矿粉	t	155.34
22	路面用石屑	m^3	106.80

任务 3.9 报表输出

▶ 任务引入

请打印公路工程建设项目“赣州××一级公路新建工程”的施工图预算（编制范围为K0+000–K5+000）的“总预算表”，并导出到 Excel 格式文件。

▶ 任务分析

打印和导出属于报表输出操作。

3.9.1 造价计算

单击软件主菜单“计算”下的“造价计算”选项，软件进行造价计算。当修改数据后，可单击“造价计算”选项来重新计算造价。

在进入“报表”界面前软件也会提示是否进行造价计算。

3.9.2 预览、打印、导出报表

单击“造价书”界面的“报表”按钮，软件会给出如图 3–79 所示的“进入报表界面前是否造价计算?”的提示。

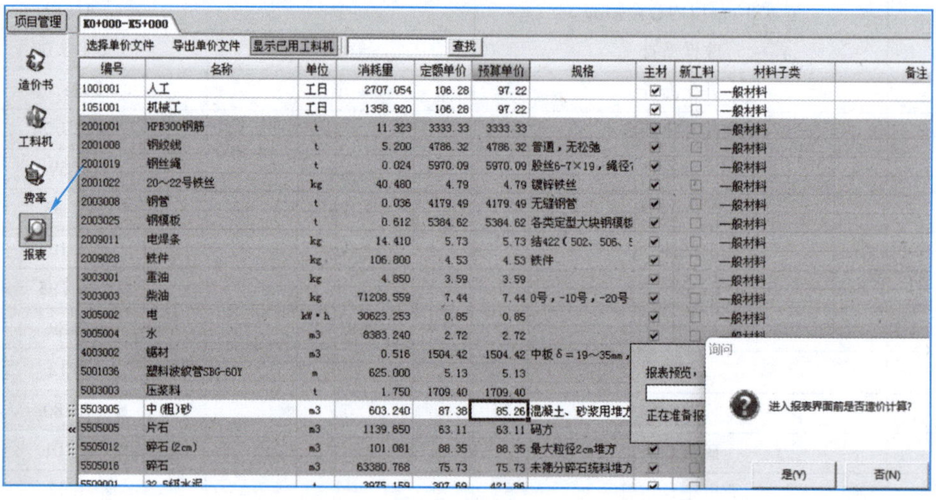

图 3–79 是否造价计算提示

单击“是”，软件自动进行造价计算，并进入“报表”界面，如图 3–80 所示。

可以在“报表”界面预览、打印、导出 PDF/Excel 格式，也可自由切换报表 A3、A4 格式，还可对报表进行设置。

1. 预览报表

【操作】：在“报表”界面左侧的报表列表中单击需要预览的报表名称，界面右侧会显

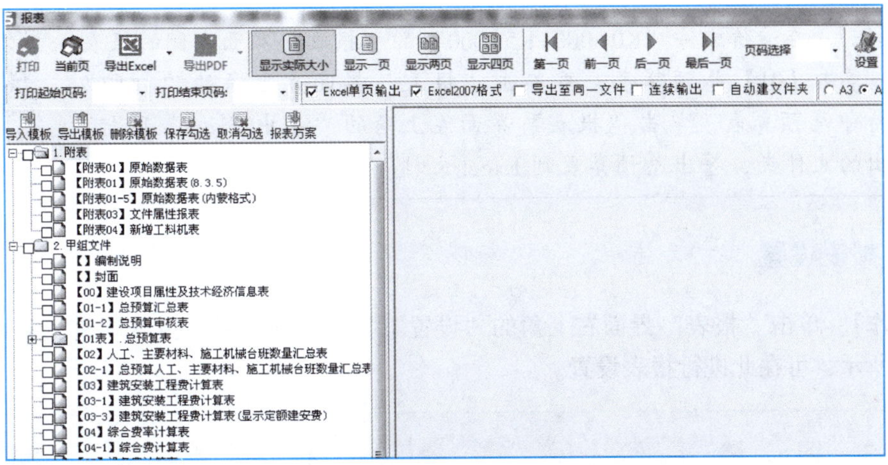

图 3-80　“报表”界面

示该报表的具体内容。如单击“【01】总预算表”，可预览到该报表的内容，如图 3-81 所示。可在报表中查看公路基本造价的总金额、经济指标及各分项预算金额、经济指标。也可通过查看报表中的经济指标是否异常，来检查输入数据时是否出现错误。

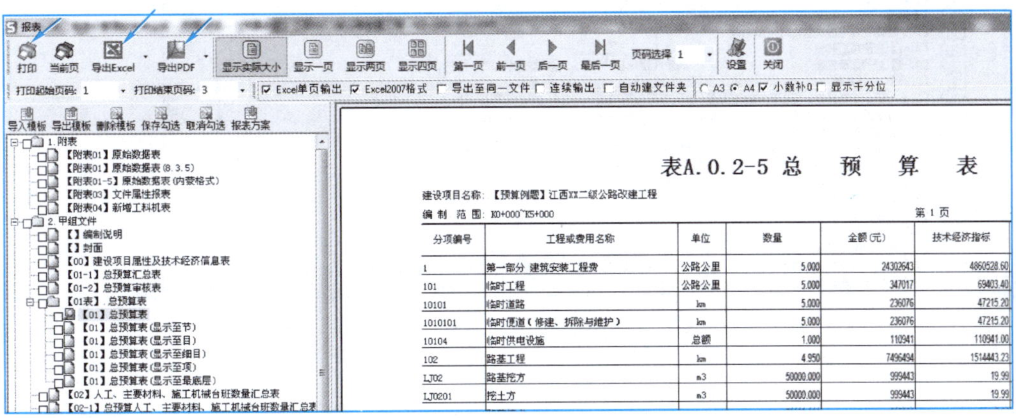

图 3-81　预览总预算表和“打印”“导出”按钮

2. 打印报表

【操作】：在“报表”界面左侧的报表列表中单击需要打印的报表名称，再单击“报表”界面左上角的“打印”按钮，如图 3-81 所示，则会打印该报表。

3. 导出报表

【操作】：在“报表”界面左侧的报表列表中单击需要导出的报表名称，再单击“报表”界面左上角的“导出 Excel”或“导出 PDF”按钮，如图 3-81 所示，则把该报表导出到 Excel 文档或者 PDF 文档。

▶ 任务实施

【实操练习 3-18】 请打印公路工程建设项目“赣州××一级公路新建工程”的施工图预算（编制范围：K0+000-K5+000）的“总预算表”，并导出到 Excel 格式文件。

【操作】：在造价文件“K0+000-K5+000”的“报表”界面左侧的报表列表中，单击【01】总预算表，再单击“报表”界面左上角的“打印”图标，打印总预算表。单击“报表”界面左上角的“导出 Excel”图标，选择导出的文件夹，导出总预算表到 Excel 文档。

实操练习 3-18
操作视频

3.9.3 报表设置

【操作】：单击“报表”界面右上角的“设置”按钮，进入到“报表调整”对话框，如图 3-82 所示，可在此进行报表设置。

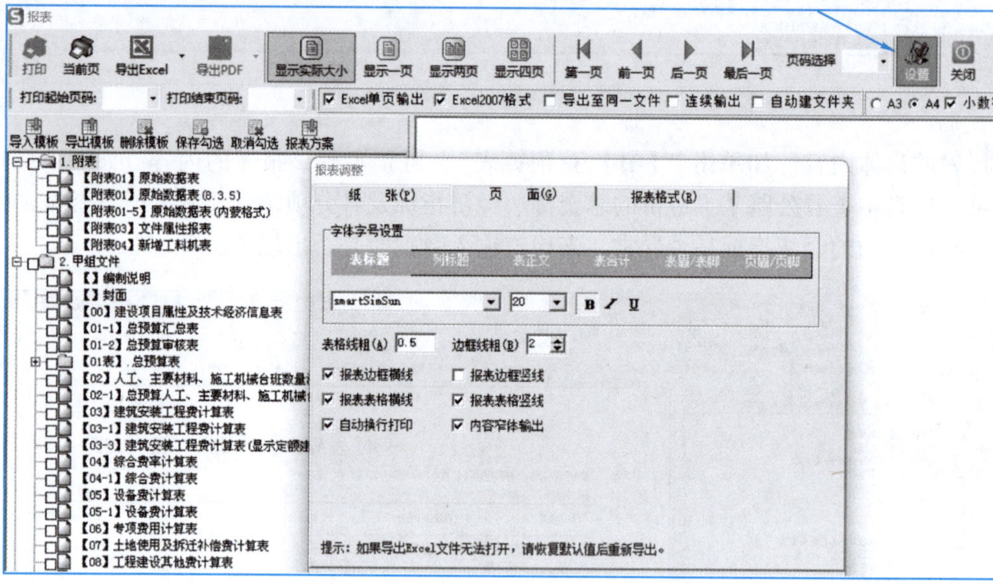

图 3-82 “设置”按钮和“报表调整”对话框

常见问题解析

高校教学版没有打印和导出功能，不能打印和导出。

任务 3.9 考核与评价
操作视频

考核与评价

打印输出	姓名：	
	班级：	
	自评	师评
考核评价内容	掌握： 未掌握：	合格： 不合格：
完成任务 3.1 到任务 3.8 的考核与评价内容后，请打印总预算表，并导出到 Excel 和 PDF 文档。		

项目 4

纵横公路工程造价管理软件编制工程量清单预算

项目目标

知识目标：掌握编制工程量清单预算的详细流程和操作知识。

技能目标：会用纵横公路工程造价管理软件编制工程量清单预算。

素质目标：通过运用纵横公路工程造价软件编制工程量清单预算，养成认真负责、诚信的品质，建立创新意识，培养钻研、积极进取精神。

任务脉络

用纵横公路工程造价管理软件编制工程量清单预算的基本操作流程如图 4-1 所示。

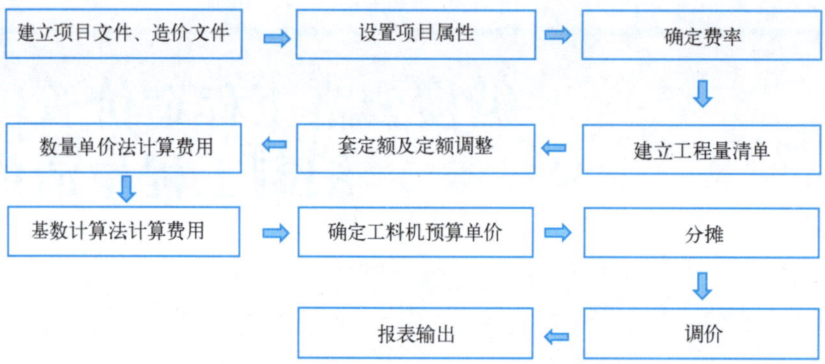

图 4-1　编制工程量清单预算的基本操作流程

对于初学者来说，可按图 4-1 所示流程来操作。熟悉软件操作后，则可以不完全按该流程进行。

【小贴士】投标文件应当对招标文件作出实质性响应

近几年，在十三五、十四五规划下，全国各等级公路工程建设项目招投标工作如火如荼地进行着。某省公共资源交易电子公共服务平台发布的一份工程中标候选人公示引发关注，151 家投标单位入围一个公路项目，竟有 61 家被废标！废标率高达 40%。不难看出，在招投标过程中，标书制作的合格与否直接关系到中标结果。经分析得知，以上 61 家投标单位提供的投标报价和工程量清单文件中，其安全生产费的计算和报价不符合招标文件要求，即未实质性响应招标文件的要求，导致废标。

【学后谨记】

为保证基础建设顺利实施，保障各单位的合法效益，工程造价人员应严格遵守招投标程序规定，加强招投标法、政府采购法等法律法规的学习，细心制作招标文件，认真编制投标书，做一个有责任、守诚信、肯创新的新时代造价工作者。

任务 4.1　建立项目文件、造价文件

▶ 任务引入

任务 4.1（1）

需要编制公路工程项目“赣州××一级公路新建工程”A1 标段的工程量清单预算，请新建项目文件、造价文件、费率文件和单价文件（名称同造价文件）。

任务 4.1（2）

需要分两个标段编制公路工程项目“赣州××一级公路新建工程”的工程量清单预算，其中一个标段为 A1，另一个标段为 A2。已新建 A1 标段的造价文件、费率文件和单价文件（费率文件和单价文件名同造价文件名）。请新建 A2 标段的造价文件、费率文件和单价文件（费率文件和单价文件使用文件名为 A1 的费率文件和单价文件）。

▶ 任务分析

任务 4.1（1）

需要新建项目文件、造价文件、费率文件和单价文件，其中项目文件名为“赣州××一级公路新建工程”，造价文件名为“A1”，费率文件、单价文件和造价文件同名。

任务 4.1（2）

编制 A2 标段的工程量清单预算时，项目文件已新建，只要在项目文件“赣州××一级公路新建工程”里新建名称为“A2”的造价文件，费率文件和单价文件选择已新建好的文件名为“A1”的费率文件和单价文件。

相关知识

编制一个完整的工程量清单预算，需要有一个项目文件、一个造价文件、一个费率文件、一个单价文件来分别储存相应的数据。项目文件可以新建、选择软件中现有的文件或从软件外部的文件导入到软件中。造价文件必须新建。单价文件、费率文件可以新建、选择软件中现有的文件或从软件外部的文件导入到软件中。

4.1.1　新建项目文件、造价文件

【操作】:

（1）打开一个版本的软件，如“高校教学版”，单击“文件”菜单下的“新建”选项，如图 4-2（a）所示，或者在“项目管理”界面，单击快捷菜单栏中的“新建分段”图标 ，如图 4-2（b）所示，会弹出“新建项目”对话框，如图 4-3 所示。

（2）在图 4-3 所示“新建项目”对话框中依次输入分段文件名称（造价文件名称即标段名称）、建设项目名称（即建设项目文件名称），选择“项目类型”为“工程量清单”（如果编制的造价是建议估算、可行性估算、概算或预算，则选择相应的类型），再单击“确定”按钮，就新建了一个建设项目文件和一个造价文件。软件默认同时新建的还有费率

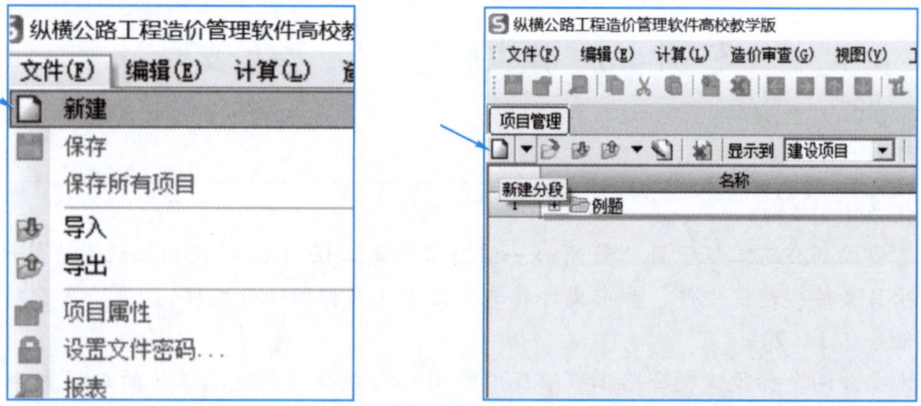

（a）“新建”菜单　　　　　　　　　　　　（b）“新建分段”图标

图 4-2　调出“新建项目”对话框

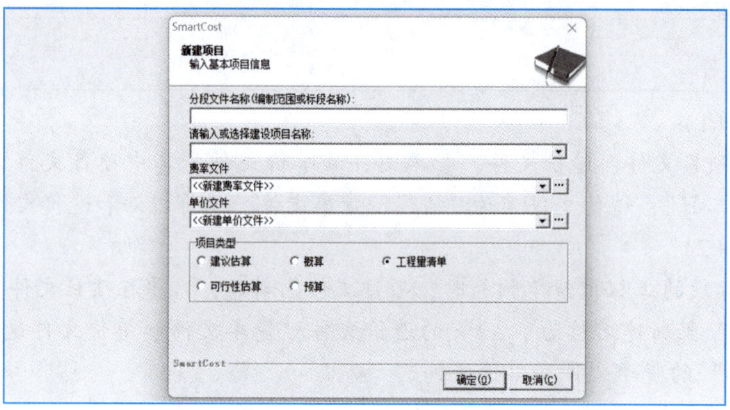

图 4-3　“新建项目”对话框

文件、单价文件（与造价文件同名）。

【提示】：

（1）软件在新建完这些文件的同时，会默认打开刚刚新建的造价文件，进入该造价文件的“造价书”界面，如图 4-4 所示。

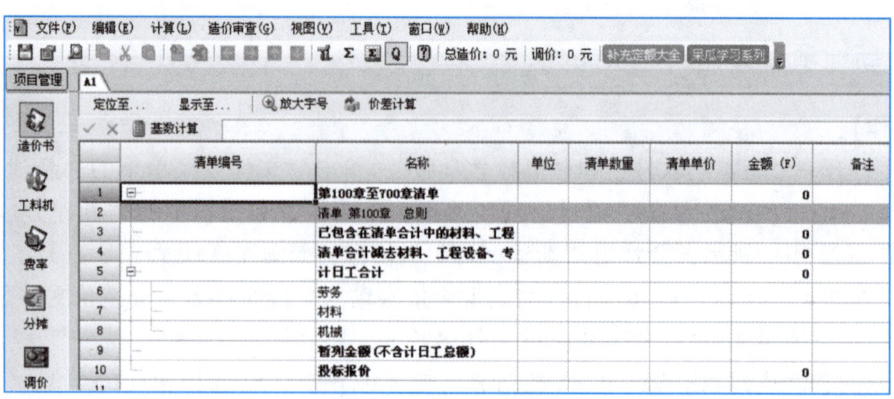

图 4-4　“造价书”界面

（2）单击“项目管理”按钮，可切换到“项目管理”界面，如图 4-5 所示；单击造价文件 A1 可切换到“造价书”界面。

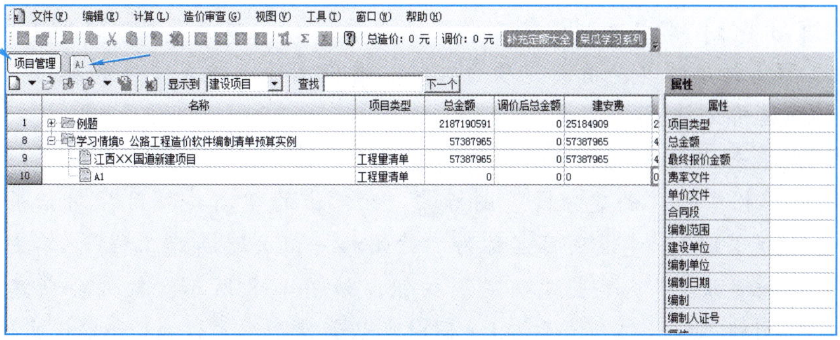

图 4-5　“项目管理”界面

（3）当前打开的造价文件名称显示在“项目管理”按钮的右侧。如果要关闭某个打开的造价文件，只要用鼠标右键单击“项目管理”按钮右侧的造价文件名称，再单击出现的“关闭”按钮即可，如图 4-6 所示。

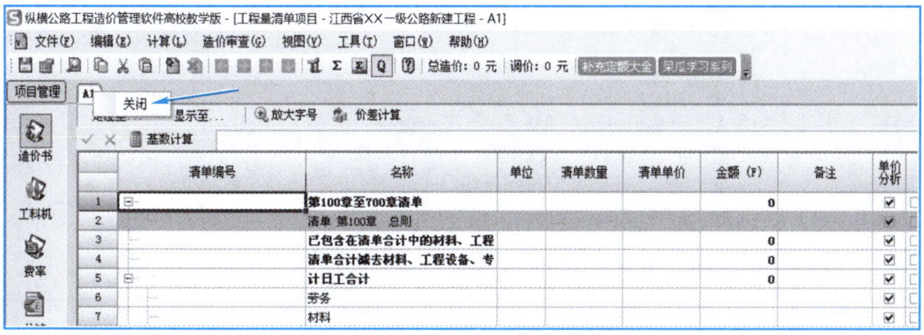

图 4-6　关闭造价文件

（4）当需要打开某个造价文件时，要在“项目管理”界面，单击这个造价文件所在的项目文件名称左侧的“+”号，如图 4-7（a）所示，使该项目下所有的造价文件显示出来，如图 4-7（b）所示，双击需要打开的造价文件名称即可。

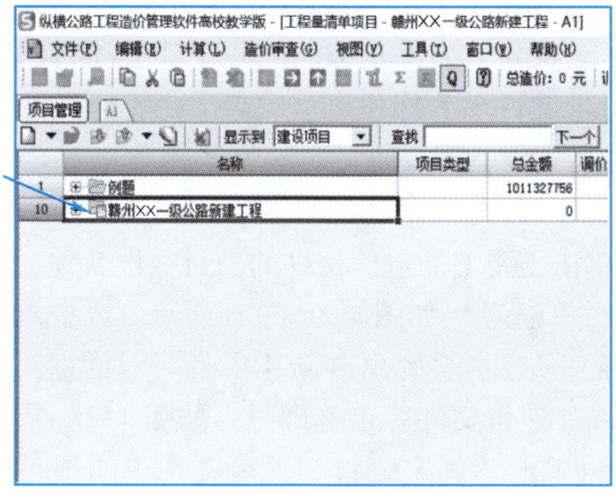

（a）单击“+”号

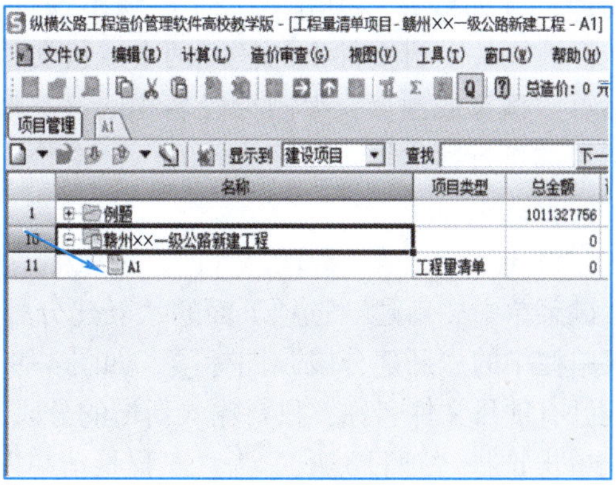

（b）显示造价文件

图 4-7　显示项目文件下包含的造价文件

▶ **任务实施**

任务 4.1（1）

【实操练习 4-1】 需要编制公路工程项目“赣州××一级公路新建工程”A1 标段的工程量清单预算，请新建项目文件、造价文件、费率文件和单价文件（名称同造价文件）。

实操练习 4-1
操作视频

【操作】： 单击“文件”菜单下的“新建”选项或者在“项目管理”界面单击快捷菜单栏中的“新建分段”图标，在弹出的“新建项目”对话框中依次输入分段文件名称为“A1”、建设项目名称为“赣州××一级公路新建工程”。单击选择“项目类型”为“工程量清单”。单击“确定”按钮，如图 4-8 所示，软件会新建项目文件赣州××一级公路新建工程、造价文件 A1，同时默认新建费率文件 A1 和单价文件 A1。

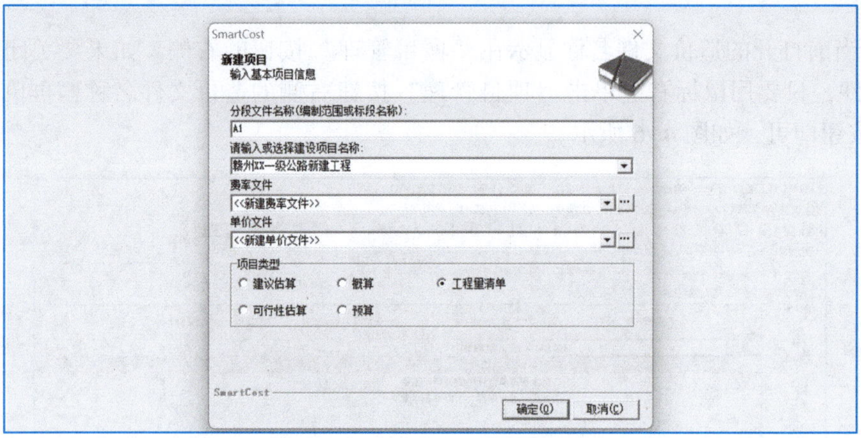

图 4-8 “新建项目”对话框中输入基本项目信息

4.1.2 在已有项目文件下新建造价文件

如果一个建设项目同一类型造价分多个标段来编制，或者一个建设项目需要编制不同类型的造价（如概算、预算、工程量清单预算），就需要在这个项目文件下建立多个造价文件。注意同一项目文件下的任意两个造价文件不能重名，如果是编制同一个建设项目的可行性估算、概算或预算，编制标段名相同（一般造价文件名为标段名），需要在造价文件名后用括号加可行性估算、概算或预算，使造价文件名不同。

【操作】：

方法 1： 在“项目管理”界面，用鼠标右键单击需要增加造价文件的项目文件名称，再单击右键菜单中“新建”选项下面的“新建分段文件”选项，如图 4-9（a）所示，或者单击快捷菜单栏中的“新建分段”图标，如图 4-9（b）所示，会弹出“新建项目”对话框，该对话框已有项目文件名称，只要输入新增的分段文件（造价文件）名称即可，如图 4-10 所示。

单击选择“项目类型”为“工程量清单”，再单击“确定”按钮，就在选中的项目文件下新建了一个造价文件。同时默认新建的还有费率文件、单价文件。

方法 2： 单击“文件”菜单下的“新建”选项，弹出如图 4-11 所示的“新建项目”对

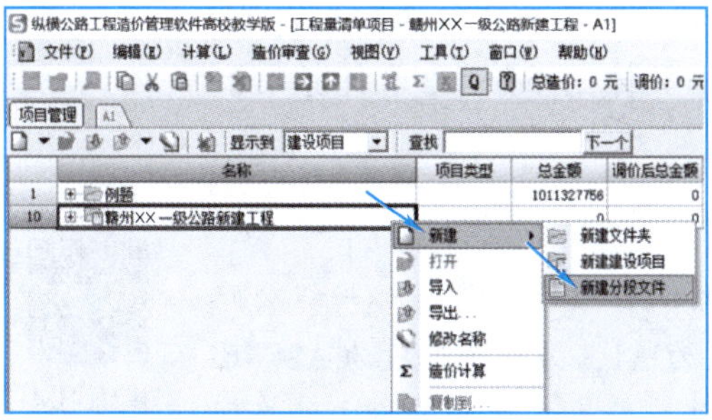

（a）“新建分段文件”菜单选项

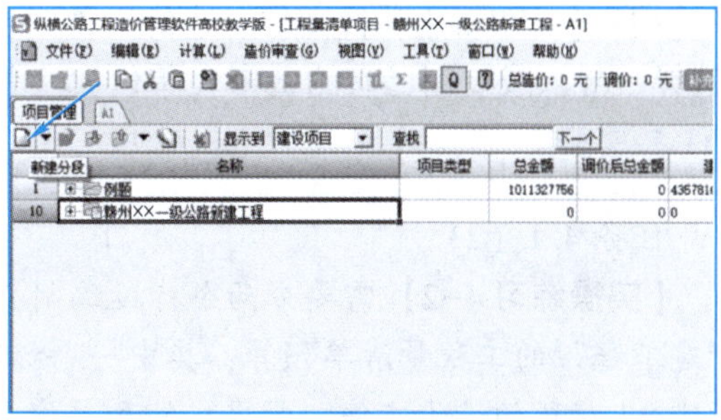

（b）“新建分段”图标

图 4-9　调出“新建项目”对话框

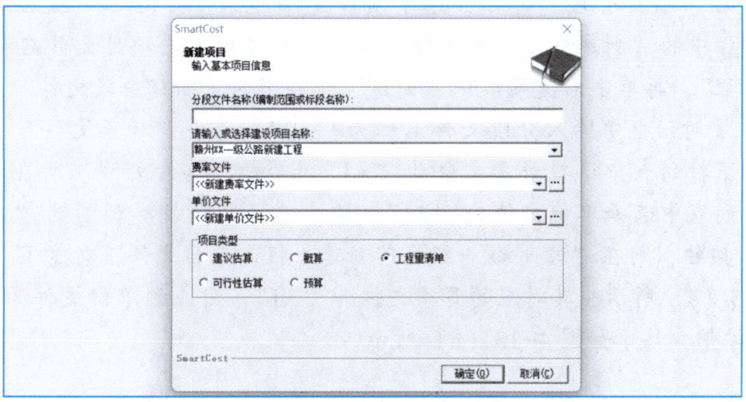

图 4-10　“新建项目”对话框

话框，单击“请输入或选择建设项目名称”栏所在行右侧的下拉箭头，在下拉列表中选择需要新增造价文件的项目文件名称，如图 4-12 所示，再在“分段文件名称”栏输入需要新增的分段（造价）文件名称。单击选择“项目类型”为“工程量清单”，再单击“确定”按钮，就在选中的项目文件下新建了一个造价文件。同时默认新建的还有费率文件、单价文件。

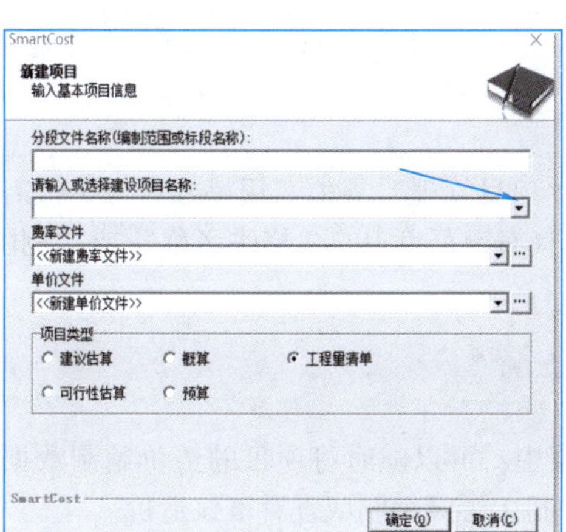

图 4-11　单击下拉箭头

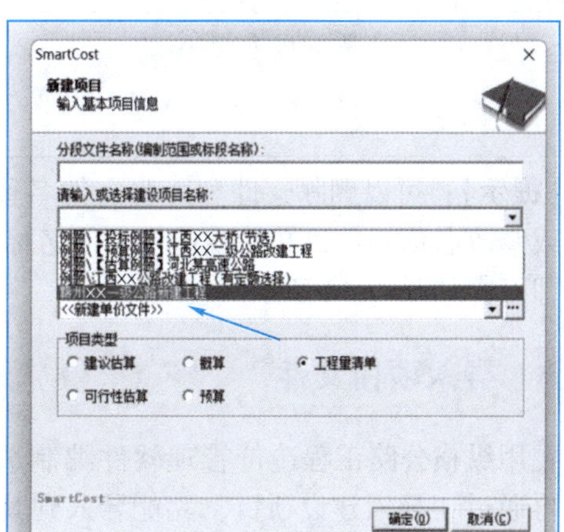

图 4-12　选择建设项目文件、输入分段文件名

【提示】：在新建项目文件、造价文件时，如果不是默认新建费率文件、单价文件，可以选择、导入或复制已有的费率（单价）文件，具体见任务 4.3 和任务 4.8。

▶ 任务实施

任务 4.1（2）

实操练习 4-2
操作视频

【实操练习 4-2】需要分两个标段编制公路工程项目“赣州××一级公路新建工程”的工程量清单预算，其中一个标段为 A1，另一个标段为 A2。已新建 A1 标段的造价文件、费率文件和单价文件（费率文件和单价文件名同造价文件名）。请新建 A2 标段的造价文件、费率文件和单价文件（费率文件和单价文件使用文件名为 A1 的费率文件和单价文件）。

【操作】：在“项目管理”界面，选中项目文件名称“赣州××一级公路新建工程”，单击快捷菜单栏中的“新建分段”图标，或用鼠标右键单击项目文件名称“赣州××一级公路新建工程”，再单击右键菜单中“新建”选项下的“新建分段文件”选项，在弹出的“新建项目”对话框中输入分段文件名称为“A2”。单击“费率文件”所在栏右侧的下拉箭头，在下拉列表中选择费率文件为“A1”。单击“单价文件”所在栏右侧的下拉箭头，在下拉列表中选择单价文件为“A1”。单击选择“项目类型”为“工程量清单”。单击“确定”按钮，则在“赣州××一级公路新建工程”项目文件下新建了“A2”造价文件，如图 4-13（a）所示，其对应的费率文件为“A1”，对应的单价文件为“A1”。单击“项目管理”按钮，显示如图 4-13（b）所示。

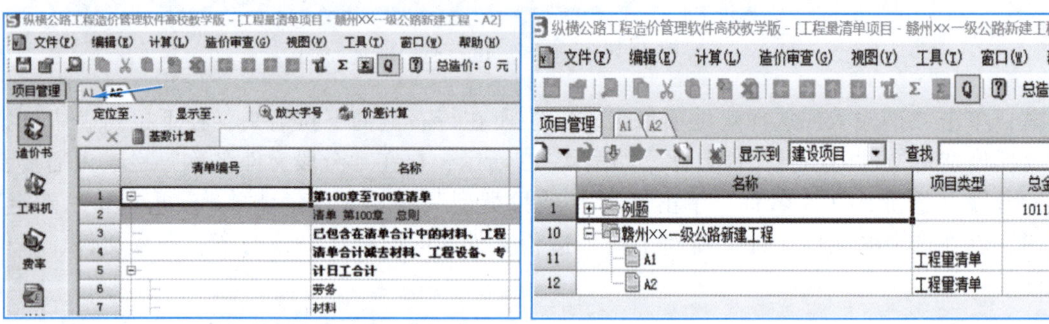

（a）新建的造价文件A2　　（b）切换到“项目管理”界面

图 4-13 “造价书”界面和“项目管理”界面

【提示】：可以删除文件和修改文件名称。在“项目管理”界面，用鼠标右键单击需要删除或修改名称的项目文件或造价文件名称，再选择右键菜单中的“修改名称”或“删除”选项即可，如图 4-14 所示。

4.1.3 导入项目文件

在用纵横公路工程造价管理软件编制造价过程中，可以随时将项目的造价编制数据导出，再通过“导入建设项目”功能导入到其他计算机上继续编制或查看审核造价。

【操作】：

（1）单击“文件”菜单里“导入”选项下的“导入建设项目”选项，如图 4-15 所示。

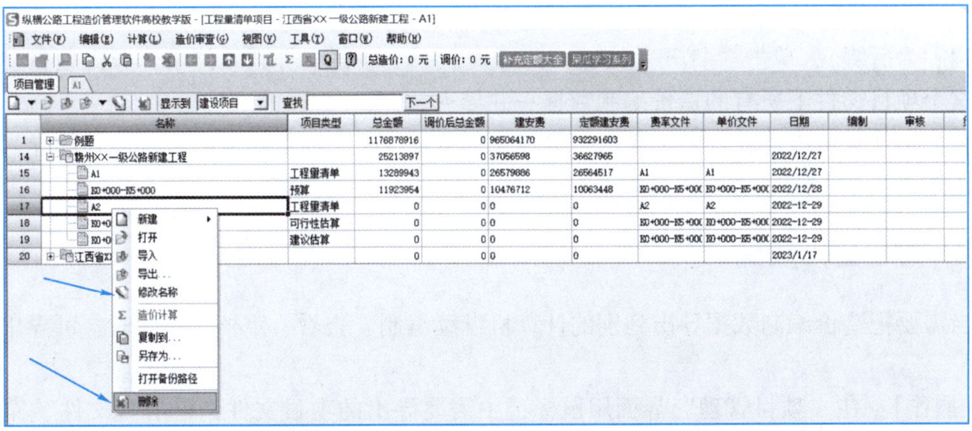

图 4-14　“修改名称”和“删除”菜单选项

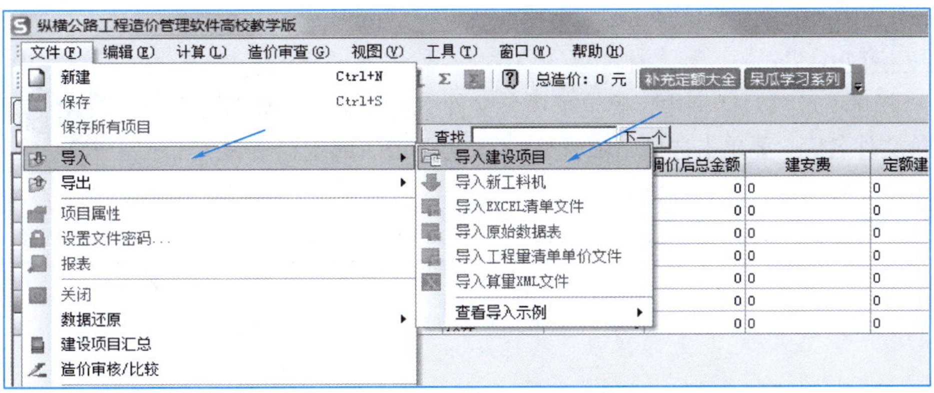

图 4-15　“导入建设项目”菜单选项

弹出“导入”对话框，如图 4-16 所示。

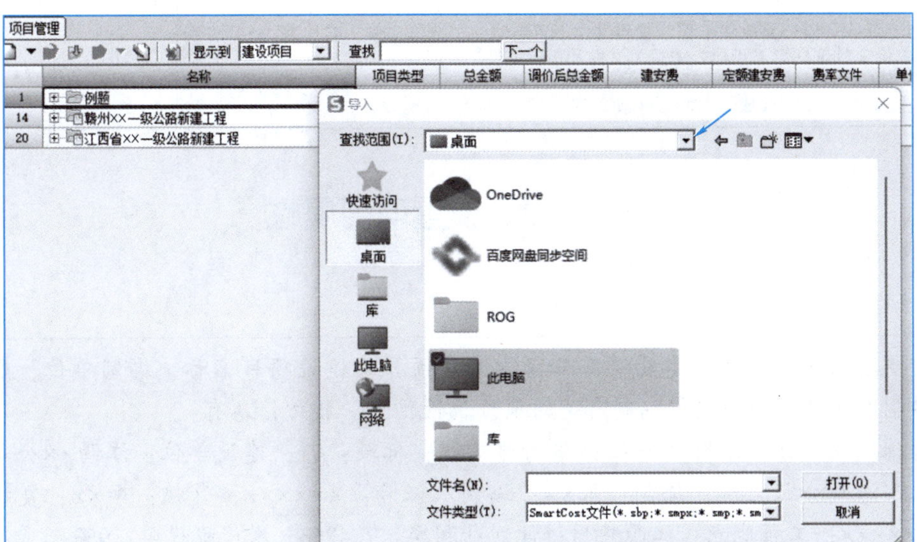

图 4-16　“导入”对话框

（2）单击“查找范围”栏右侧的下拉箭头，在下拉列表中找到需要导入的项目文件（以 . sbp 为后缀），单击“打开”按钮，即导入了一个项目文件到软件中。导入项目文件时连带这个项目文件下所有的造价编制数据一并导入。

费率文件也可以从软件外部导入，具体见任务 4. 3；单价文件也可从软件外部导入，具体见任务 4. 8。

4. 1. 4　导出建设项目

当需要把造价编制数据导出到别的计算机继续编制、查看、审核、打印时，可导出建设项目。

【操作】：在“项目管理”界面用鼠标选中需要导出的项目文件，单击“文件”菜单里“导出”选项下的“导出建设项目”选项或“成批导出建设项目”选项，然后按弹出的对话框提示操作。

常见问题解析

在“新建项目”对话框中，确定了项目文件、造价文件、费率文件和单价文件名后，要单击选择“项目类型”，再单击“确定”按钮。

任务 4. 1 考核与评价操作视频

考核与评价

<table>
<tr><td rowspan="3">建立项目文件、造价文件、费率文件和单价文件</td><td colspan="2">姓名：</td></tr>
<tr><td colspan="2">班级：</td></tr>
<tr><td>自评</td><td>师评</td></tr>
<tr><td>考核评价内容</td><td>掌握：
未掌握：</td><td>合格：
不合格：</td></tr>
<tr><td>1. 新建一个项目文件，文件名为“江西××一级公路改建工程”，新建一个造价文件，文件名为“A1”，新建一个费率文件和单价文件，名称同造价文件名称，项目类型为“工程量清单”。
2. 在“江西××一级公路改建工程”项目文件下再新建一个造价文件，名称为“A2”，费率文件和单价文件选择第 1 步建立的费率文件和单价文件“A1”。
3. 关闭造价文件“A1”和“A2”。
4. 把造价文件“A2”改成“A3”，再删除它。</td><td></td><td></td></tr>
</table>

任务 4. 2　设置项目属性

▶ 任务引入

需要输入和查看公路建设项目工程量清单预算的建设项目名称、编制单位、建设单位、编制人及证号等与造价编制有关的项目属性信息。相关信息有：

所属建设项目：赣州××一级公路新建工程；标段：A1；建设单位：江西××公司；编制单位：江西××设计院；编制：张××；编制人证号：××××××；复核：李××；复核人证号：××××××；工程地点：江西赣州；计划利润率：7. 42%，增值税税率：9%。

▶ 任务分析

在纵横公路工程造价管理软件中，项目属性包含建设项目名称、编制单位、建设单位、编制人及证号等与造价编制有关的信息，输入和查看这些信息，在项目属性中操作。

相关知识

项目属性包含与造价编制有关的信息，如编制范围、建设项目名称、编制单位、建设单位、编制人及证号、复核人及证号等，还有路线长度、工程所在地等属性参数，计划利润率、增值税税率等计算参数，小数位数的设置等。

项目属性可在“项目属性”对话框中设置，也可在“项目管理”界面右侧的“属性”窗口设置。

4.2.1　在“项目属性”对话框中设置项目属性

【操作】：

（1）在造价文件“A1”的“造价书”界面，单击快捷菜单栏中“项目属性”图标，如图 4-17（a）所示，或者单击“文件”菜单下面的“项目属性”选项，如图 4-17（b）所示，会弹出“项目属性”对话框，如图 4-18 所示。

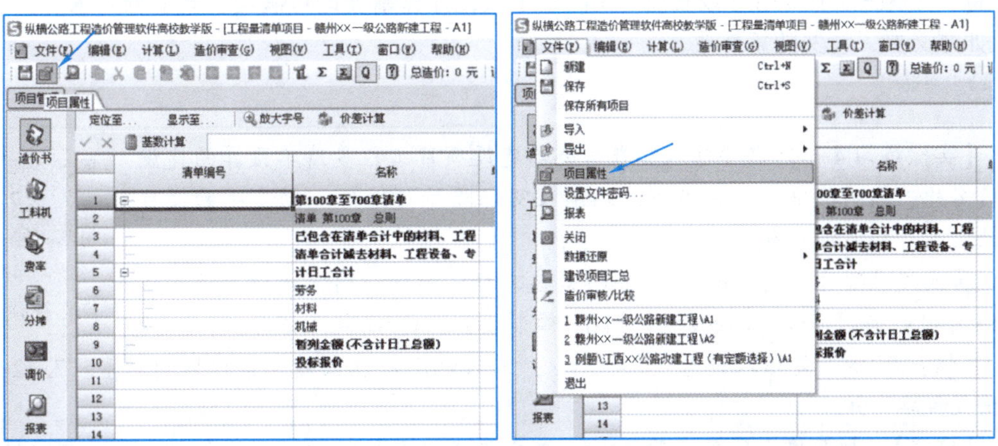

（a）“项目属性”图标　　　　（b）“项目属性”菜单选项

图 4-17　调出“项目属性”对话框

（2）在“项目属性”对话框中输入相应的项目属性参数。

对话框有“基本信息”“属性参数”“计算参数”“小数位数”“高级”等 5 个选项。“基本信息”选项中有编制范围、编制人、复核人等信息，这些信息与报表输出有关，基本信息在报表页眉页脚中出现。“属性参数”选项中有公路技术等级、起止点桩号等技术数据，此处数据不参与造价计算。“计算参数”选项中设定计划利润率、增值税税率、机械不变费用系数、辅助生产间接费率、是否计算高原地区施工增加费等。在“小数位数”选项中自定义小数位数，打勾选择“本分段工程单独设置”，即可设置本分段文件的各数据所需的小数位数。“高级”选项请勿随意修改。

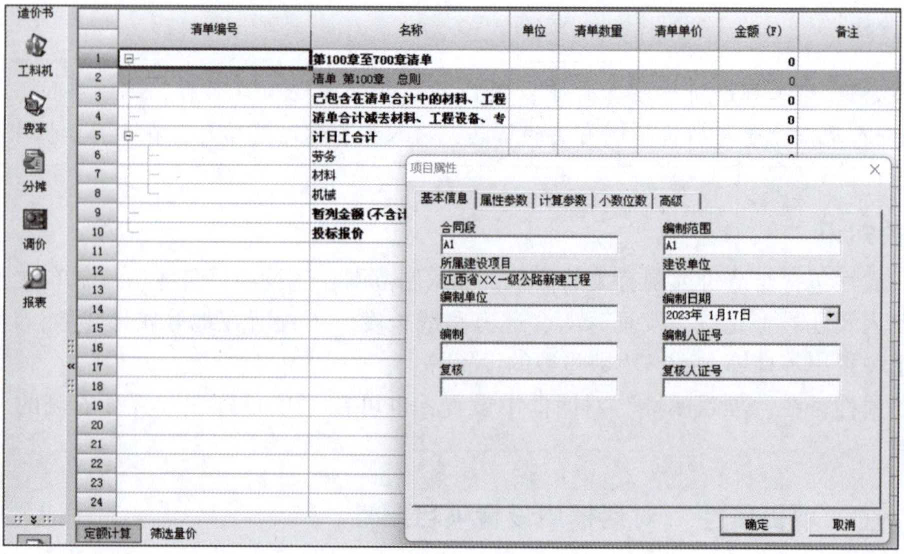

图 4-18 “项目属性”对话框

【注意】：设置计算小数位数适应于一些对计算精度较高的项目，主要是清单工程量较小的项目，如小型建设项目清单编制、清单变更预算等。本软件精度设置符合公路造价习惯，将“定额-各项费用”设置成“3 位”小数，计算精度即可满足绝大部分要求。其他精度值如非必要，请勿随意修改。

▶ 任务实施

【实操练习 4-3】需要输入和查看公路建设项目工程量清单预算的建设项目名称、编制单位、建设单位、编制人及证号等与造价编制有关的项目属性信息。相关信息有：

实操练习 4-3
操作视频

所属建设项目：赣州××一级公路新建工程；标段：A1；建设单位：江西××公司；编制单位：江西××设计院；编制：张××；编制人证号：××××××；复核：李××；复核人证号：××××××；工程地点：江西赣州；计划利润率：7.42%，增值税税率：9%。

【操作】：打开建设项目“赣州××一级公路新建工程”的造价文件“A1”，在“造价书”界面，单击“项目属性”图标或者单击“文件”菜单下面的“项目属性”选项，在弹出的“项目属性”对话框中相应位置输入任务中的造价编制相关信息。

查看项目属性的操作同输入项目属性的操作，弹出“项目属性”对话框后，单击相应的选项，可查看相关信息。

4.2.2 在“项目管理”界面右侧的“属性”窗口设置项目属性

【操作】：在“项目管理”界面，单击选中需要设置或查看项目属性的造价文件，屏幕右侧会显示“属性”窗口即项目属性窗口，如图 4-19 所示。可以在窗口中直接输入或单击出现的下拉箭头，在下拉菜单中选择相应的项目属性值，“属性”窗口的数据修改后，“项目属性”对话框和造价编制数据会同步刷新。

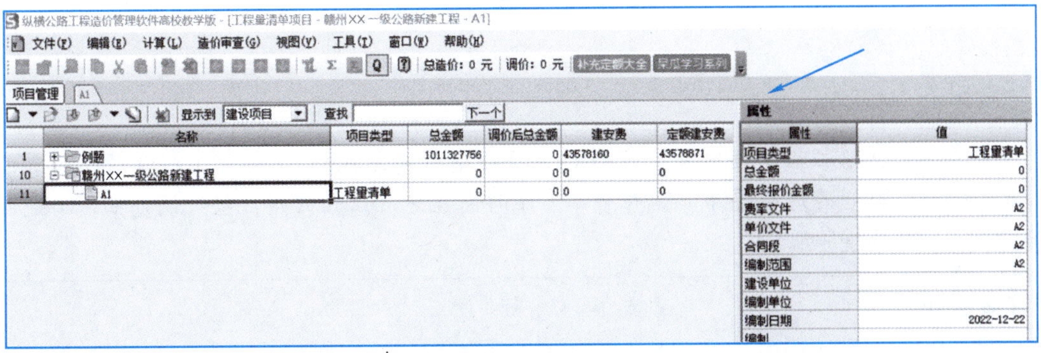

图 4-19　“项目管理”界面的“属性”窗口

常见问题解析

在“项目管理”界面，要单击选中某个项目文件下的造价文件，才会在窗口右侧显示“属性”窗口，可在这里输入和查看项目属性相关信息。

任务 4.2 考核与评价操作视频

考核与评价

<table>
<tr><td rowspan="3">设置项目属性</td><td colspan="2">姓名：</td></tr>
<tr><td colspan="2">班级：</td></tr>
<tr><td>自评</td><td>师评</td></tr>
<tr><td>考核评价内容</td><td>掌握：
未掌握：</td><td>合格：
不合格：</td></tr>
<tr><td>根据表 4-1 所示的项目属性参数设置“江西××一级公路改建工程”的造价文件“A1”的项目属性。</td><td></td><td></td></tr>
</table>

表 4-1　项目属性参数表

所属建设项目	江西××一级公路改建工程
工程地点	江西南昌
建设单位	江西××公司
编制单位	江西××公路设计公司
编制	张三
编制人证号	××××××
复核	李四
复核人证号	××××××
标段	A1
计划利润率	7.42%
增值税税率	9%
不变费用系数	1

任务4.3 确定费率

▶ 任务引入

需要确定公路工程建设项目“赣州××一级公路新建工程”A1标段工程量清单预算的措施费费率、企业管理费费率、规费费率。工程所在地：江西赣州；经过调查知：工地转移355 km，综合里程4 km。

▶ 任务分析

通过工程所在地和公路等级、任务中给定的参数可确定措施费费率、企业管理费费率、规费费率的相关计算参数，可在软件中输入或选择费率计算参数来确定费率。

相关知识

工程量清单预算中，一些清单子目费用以基数乘以费率来计算，如冬季施工增加费以各类工程的定额人工费和定额施工机械使用费之和为基数乘以工程所在地气温区的冬季施工增加费费率来计算。需要确定的费率有：措施费费率、企业管理费费率、规费费率等。

措施费通常与工程所在地、气温、雨季期和雨量、是否在夜间施工、是否对行车干扰、工地转移距离等费率计算参数有关，企业管理费也和综合里程等参数有关，规费和所在省有关，它们都和工程类别有关。可通过设置费率计算参数来确定费率，也可选择已有费率文件中的费率。

4.3.1 逐项设定费率计算参数值来确定费率

【操作】：

(1) 单击“造价书”界面左侧的“费率”图标，进入如图4-20所示的“费率”界面。

(2) 在“费率”界面右侧的“费率计算参数”窗口中，逐项单击各费用名称的“参数值”栏，出现下拉箭头，单击下拉箭头，在下拉列表中选择相应的参数值，或直接输入参数值。

① 工程所在地：软件会根据确定的工程所在地，自动确定按地区类别取费的项目。

② 费率标准：软件已按全国各省编制办法补充规定内置费率标准，并根据工程所在地过滤以供选择，如图4-21所示。

③ 选择“冬季施工”“雨季施工”“夜间施工”“高原施工”“风沙施工”“沿海地区”“行车干扰”“施工辅助”“基本费用”“职工探亲”“职工取暖”“财务费用”等参数，软件会自动计算相应的费率值。

只要把光标放在“冬季施工”“雨季施工”所在行停留几秒不动，软件会根据工程所在地，自动提示冬、雨季施工区域划分，如图4-22所示。

④ 输入工地转移的公路里数、综合里程、四险一金费率，软件会自动计算相应的费率值。

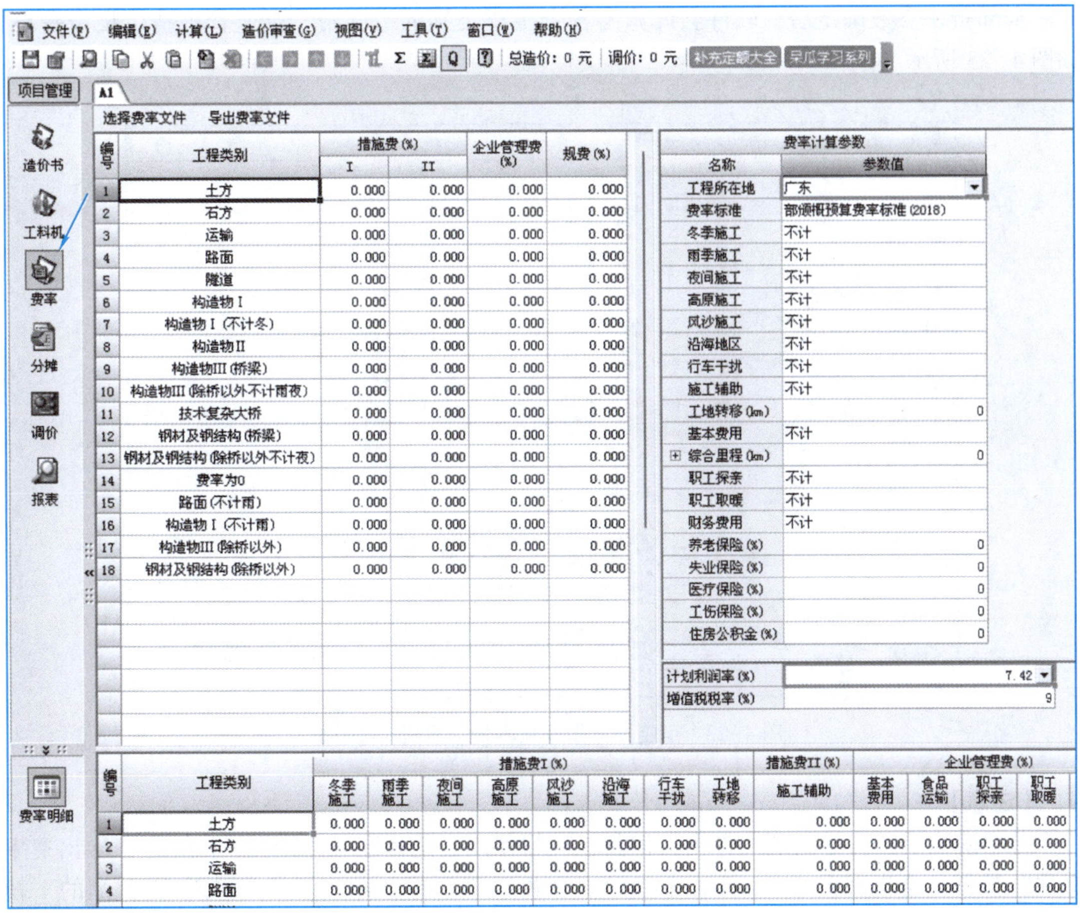

图 4-20　“费率”界面

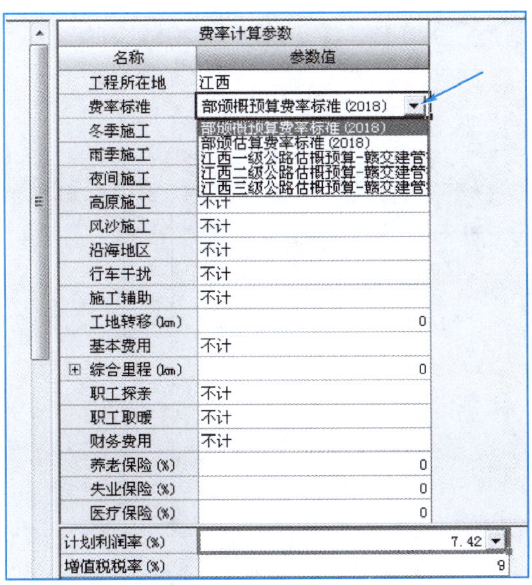

图 4-21　费率标准下拉列表

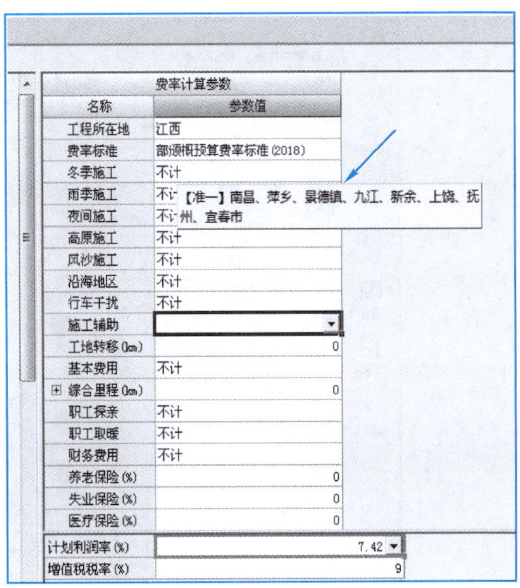

图 4-22　冬季施工区域划分自动提示

全部费率参数确定后，软件会计算出各个工程类别的措施费、企业管理费、规费费率。如图 4-23 所示。

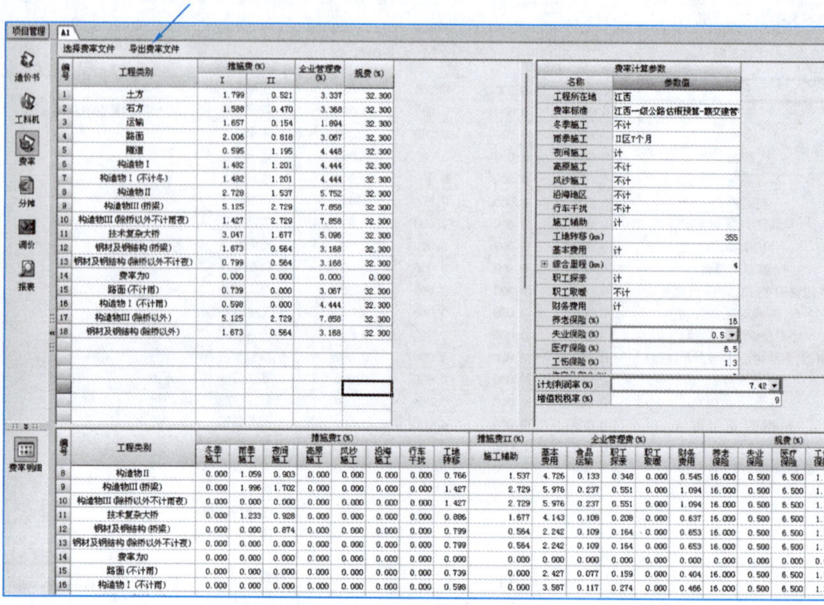

图 4-23　措施费、企业管理费、规费费率数据

【注意】

费率确定后，可导出到文件中，供其他项目使用。选择图 4-23 中左上角的“导出费率文件”按钮，会出现图 4-24 所示的“导出文件”对话框，单击“保存在”栏右侧的下拉箭头，在下拉列表中找到想保存的文件夹，然后在“文件名”栏输入费率文件的名称，单击“保存”按钮将费率导出到该文件中。费率文件的后缀为 . smf。

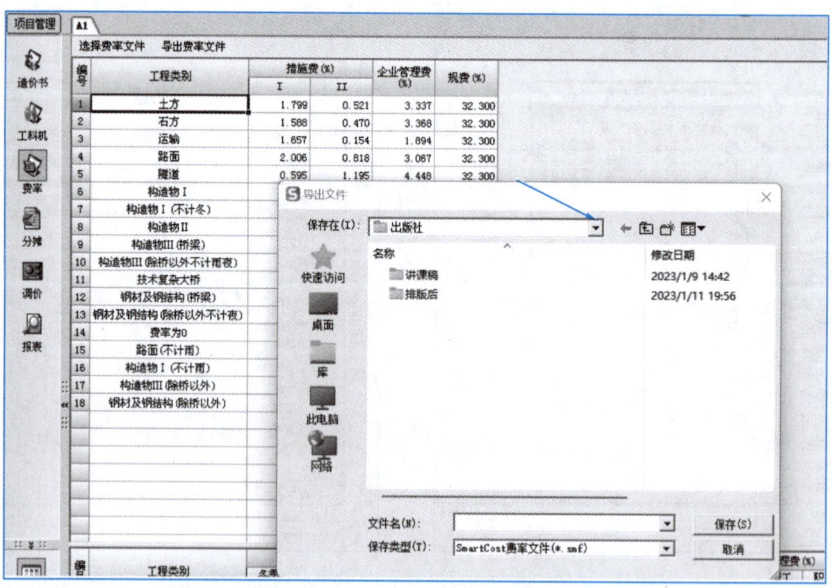

图 4-24　“导出文件”对话框

▶ 任务实施

【实操练习 4-4】 需要确定公路工程建设项目“赣州××一级公路新建工程”A1 标段工程量清单预算的措施费费率、企业管理费费率、规费费率。工程所在地：江西赣州；经过调查知：工地转移 355 km，综合里程 4 km。

实操练习 4-4
操作视频

【分析】： 根据工程所在地、项目等级及已知的工地转移、综合里程数据，查编制办法及江西省编制办法补充规定可知费率计算参数如表 4-2 所示。

表 4-2　费率参数表

工程所在地	江 西 赣 州	费 率 标 准	江西一级公路估概预算-赣交建管字〔2019〕23 号
冬季施工	不计	雨季施工	Ⅱ区 7 个月
夜间施工	计	高原施工	不计
风沙施工	不计	沿海地区	不计
行车干扰	不计	施工辅助	计
工地转移（km）	355	基本费用	计
综合里程（km）	4	职工探亲	计
职工取暖	不计	财务费用	计
养老保险（%）	16	失业保险（%）	0.5
医疗保险（%）	6.5	工伤保险（%）	1.3
住房公积金（%）	8		

【操作】： 在已建立了“赣州××一级公路新建工程”项目文件和造价文件“A1”的前提下，在“项目管理”界面双击打开造价文件“A1”进入“造价书”界面，单击“造价书”界面左侧的“费率”图标进入“费率”界面，在“费率”界面右侧的“费率计算参数”窗口按表 4-2 中的数据选择或输入参数值。

4.3.2　选择已有费率文件中的费率

当已有费率文件中的费率可作为当前造价文件的费率时，可选择这个费率文件中的费率作为当前造价文件的费率。

【操作】：

（1）在图 4-25 所示的“费率”窗口中，单击左上方的“选择费率文件”按钮，出现如图 4-26 所示的“选择费率文件”对话框。

（2）在“当前项目费率文件”列表中，如有适用的费率文件，可直接用鼠标选中，再单击“确定”按钮，软件出现图 4-27 所示的是否重新计算造价的对话框。

（3）单击图 4-27 中的“确定”按钮，所选费率文件设为当前造价文件的费率文件，原有费率值被刷新，软件按所选费率文件中的费率重新计算造价。

【注意】： 如果“当前项目费率文件”列表中没有合适的费率文件，适用的费率文件保存在计算机等数据盘中，可导入该费率文件到“当前项目费率文件”列表中或从其他项目

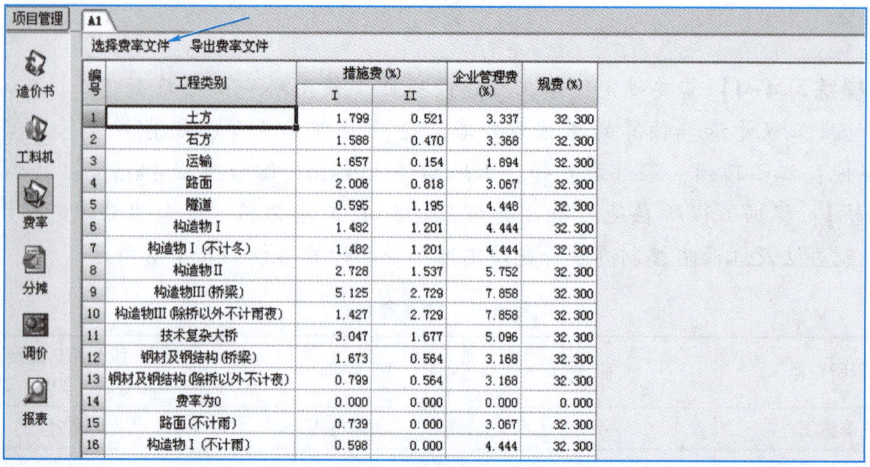

图 4-25 “选择费率文件”按钮

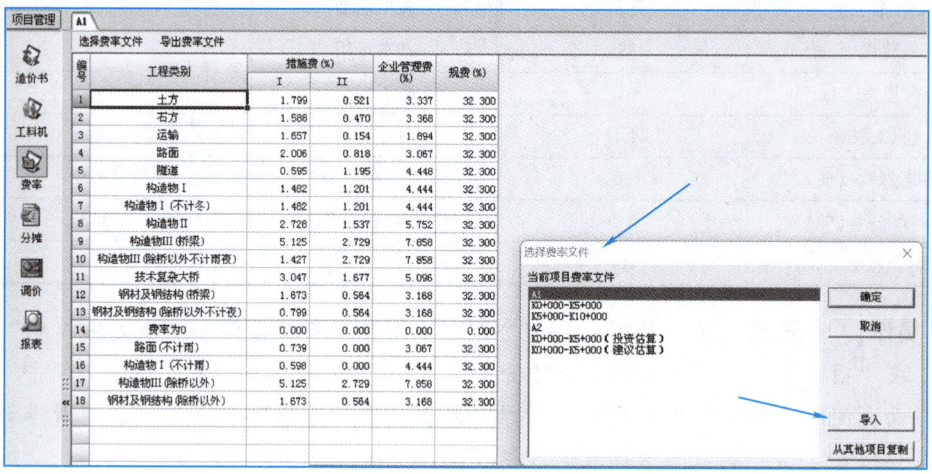

图 4-26 “选择费率文件”对话框

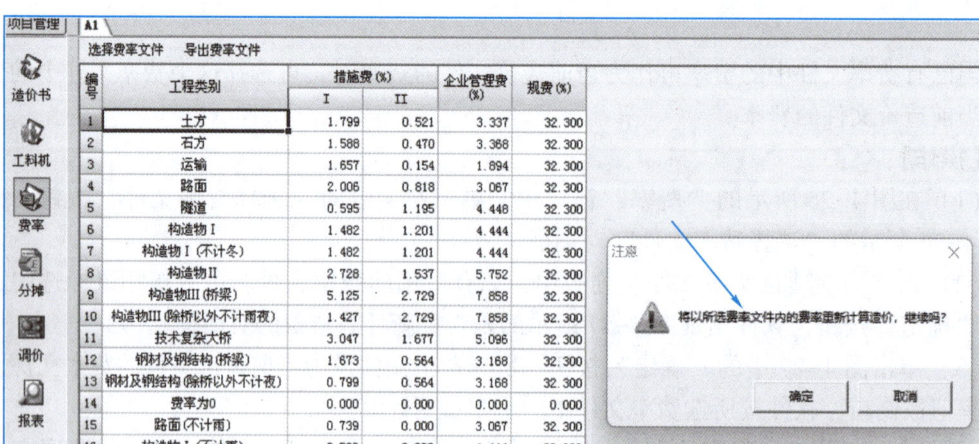

图 4-27 是否重新计算造价提示

复制，具体操作如下。

（1）导入费率文件到“当前项目费率文件”列表中。

① 单击图 4-26 中的“导入”按钮，出现如图 4-28 所示的“打开”对话框。

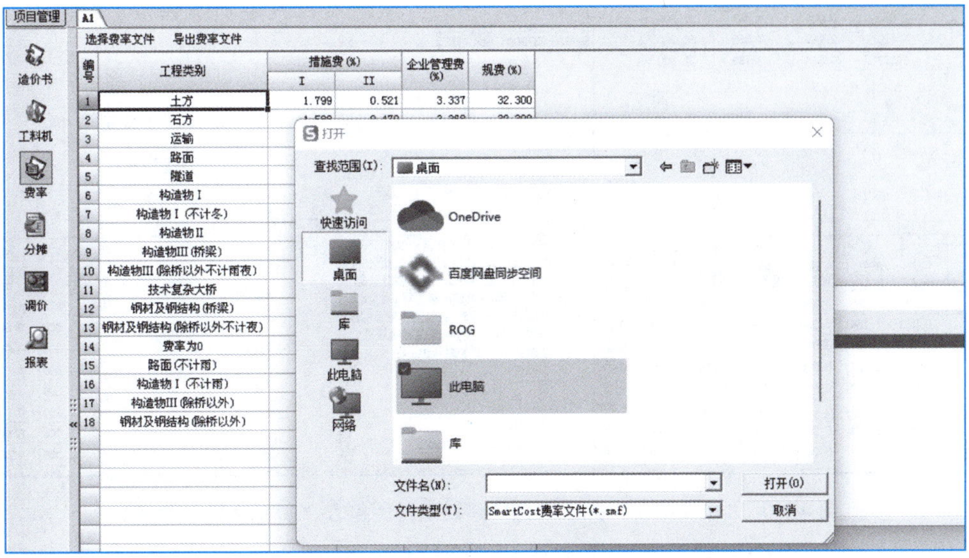

图 4-28　“打开”对话框

② 在相应数据盘中找到合适的费率文件，单击如图 4-28 所示的“打开”按钮，把该费率文件导入到如图 4-26 所示的“当前项目费率文件”列表中。

③ 在“当前项目费率文件”列表中用鼠标选中刚导入的费率文件，单击“确定”，再在出现的对话框中单击“确定”按钮，把导入的费率文件设为当前项目的费率文件，原有费率值被刷新，软件按导入费率文件中的费率重新计算造价。

（2）从其他项目复制。

① 单击如图 4-29 所示的“从其他项目复制”按钮，出现如图 4-30 所示的对话框下半部分“选择其他项目中的费率文件”窗口。

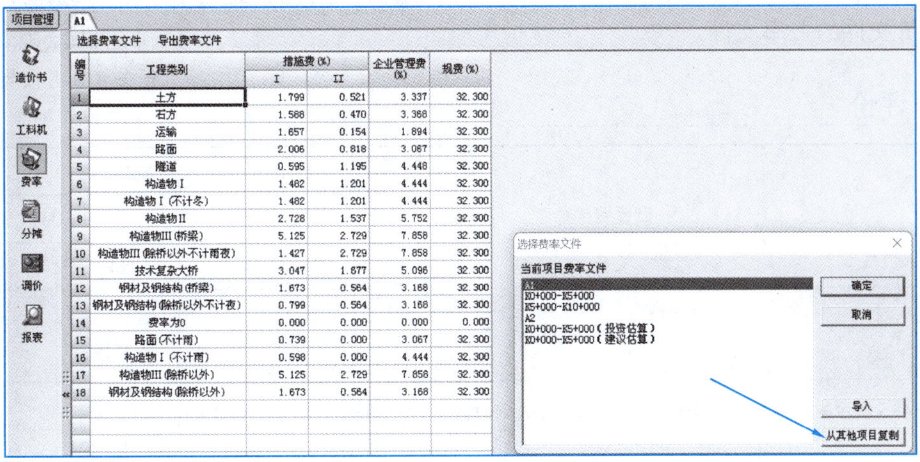

图 4-29　“从其他项目复制”按钮

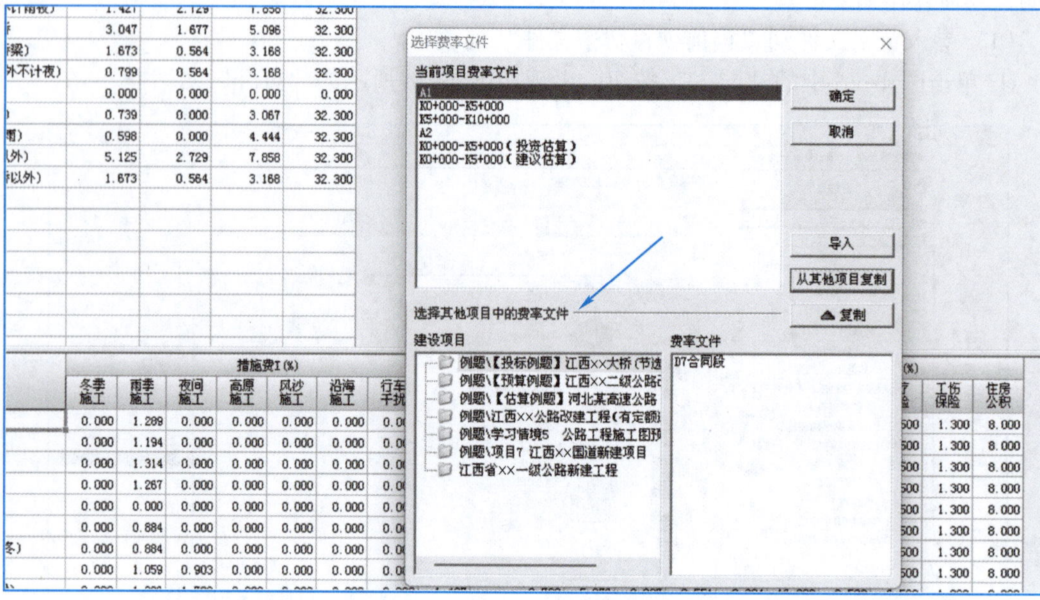

图 4-30 “建设项目”列表和选中建设项目所包含“费率文件”列表

② 在“建设项目”列表中选中费率文件所在的建设项目，该建设项目下的费率文件出现“费率文件”列表中。

③ 在“费率文件”列表中选中合适的费率文件，单击“确定”按钮，会出现“将以所选费率文件内的费率重新计算造价，继续吗?”的提示，单击“确定”按钮，所选费率文件将被设为当前造价文件的费率文件，原有费率值被刷新，软件按所选费率文件中的费率重新计算造价。

常见问题解析

不论是选择导入费率文件，还是选择从其他项目复制费率文件的方法，都会用新的费率文件中的费率重新计算造价，要选择适合当前造价文件的费率文件。

任务 4.3 考核与评价操作视频

考核与评价

设置费率参数	姓名：	
	班级：	
	自评	师评
考核评价内容	掌握： 未掌握：	合格： 不合格：
根据表 4-3 所示的费率参数值设置“江西××一级公路改建工程”的造价文件“A1”的费率参数。		

表 4-3　费率参数表

工程所在地	江西南昌	费率标准	江西一级公路估概预算-赣交建管字〔2019〕23 号
冬季施工	准一区	雨季施工	Ⅱ区 6 个月
夜间施工	计	高原施工	不计
风沙施工	不计	沿海地区	不计
行车干扰次数	501～1 000	施工辅助	计
工地转移/km	30	基本费用	计
综合里程/km	2	职工探亲	计
职工取暖	不计	财务费用	计
养老保险/%	16	失业保险/%	0.5
医疗保险/%	6.5	工伤保险/%	1.3
住房公积金/%	8		

任务 4.4　建立工程量清单

▶ 任务引入

任务 4.4（1）

需要建立公路工程建设项目“赣州××一级公路新建工程”A1 标段的工程量清单。设计图纸有如下工程量（节选）：挖土方 6 619.7 m^3，挖石方 6 619.7 m^3；利用土方填筑 5 706.7 m^3，利用石方填筑 7 195.4 m^3，借土填方 301 323 m^3，浆砌片石边沟 5 516 m^3，M10 浆砌骨架护坡 1 289 m^3。

任务 4.4（2）

公路工程建设项目“赣州××一级公路新建工程”A1 标段设计图纸有以下工程量（节选）：厚 220 mm 水泥稳定土基层 67 140 m^2、ϕ1.8 m 陆上钻孔灌注桩 300 m，要求在任务 4.4（1）的 A1 标段中建立工程量清单。

▶ 任务分析

任务 4.4（1）

根据设计图纸工程数量和现行公路工程标准施工招标文件等，分析该项目的工程量清单，再在软件中建立 A1 标段的工程量清单。

任务 4.4（2）

在 A1 标段的工程量清单中再添加两个清单子目“厚 220 mm 水泥稳定土基层”和“ϕ1.8 m 陆上钻孔灌注桩”。

相关知识

为了各投标人都有一个投标报价的共同基础，根据招标文件中包括的有合同约束力的工程量清单计量规则、图纸及有关国家标准、行业标准、合同条款中约定的其他规则编制工程量清单。

用软件编制公路工程清单预算，需要在软件中建立工程量清单，工程量清单包含子目编号、子目名称、单位、数量、单价、合价等内容。

可以借助软件中的清单范本来建立当前造价文件的工程量清单。具体分为 3 个步骤：打开清单范本、建立工程量清单、输入清单工程量。

4.4.1 打开清单范本

【操作】：在“造价书”界面，单击屏幕右上角的“清单范本”按钮，出现“清单范本”窗口，如图 4-31 右侧窗口所示。此操作属于开关式的，再单击一下“清单范本”按钮，关闭显示清单范本。

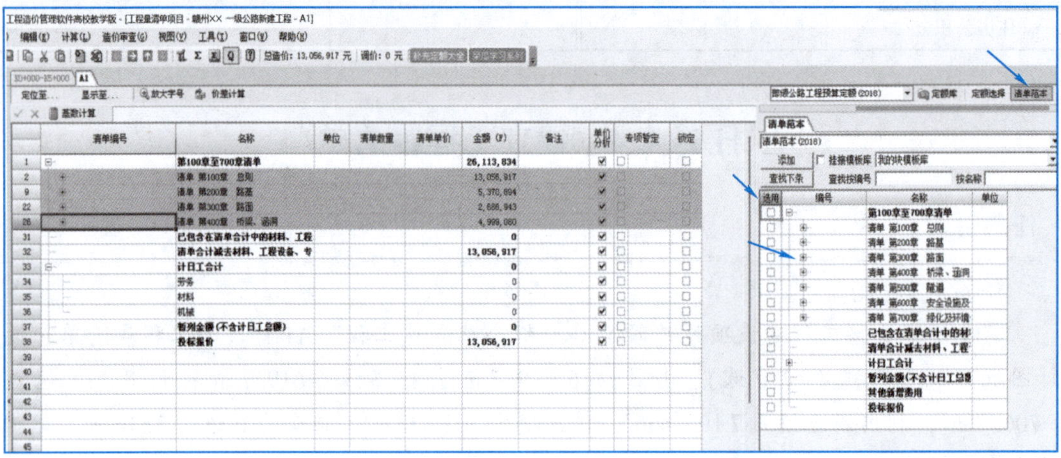

图 4-31 “清单范本”按钮和“清单范本”窗口

清单范本按章、子目的层次来划分，每章细分为若干分部工程，分部工程细分为若干分项工程。单击清单范本“编号”列中的“+”，可显示下一级子目的名称；当变成“-”号时，表明该子目已全部显示下一级子目，单击“-”号，可关闭显示下一级子目名称，只显示本级子目名称。上一级子目称为父项，下一级子目称为子项。

4.4.2 建立标准项和非标准项

清单范本中的子目称为标准项。清单范本中没有的子目，称为非标准项。标准项和非标准项的建立方法不同。

1. 建立标准项

要建立标准项，可从清单范本中直接添加进当前造价文件的工程量清单，有双击添加和勾选批量添加两种添加方法。

1）双击添加

【操作】：在如图 4-31 所示的清单范本中找到需添加进当前造价文件工程量清单的子目名称，用鼠标在名称上双击，将该子目添加到当前造价文件的工程量清单中。

【注意】：当双击父项时，仅仅添加父项进工程量清单，其下子项不会添加；当双击子项时，不仅该子项会添加进工程量清单，其父项也会添加进工程量清单。当父项下面有子项时，只要在最低一级子项的名称上双击，可把该子项以及其所有父项都添加进工程量清单。

2）勾选批量添加

【操作】：在如图 4-31 所示的“清单范本”窗口中，在“选用”列复选框中逐项勾选目标添加子目，单击“添加”按钮，会将清单范本中已勾选的子目添加进当前造价文件的工程量清单中。可一次性添加已勾选的子目。

【注意】：当勾选父项时，其下子项全部添加；当勾选个别子项时，其父项会添加，但其他子项不会添加。

【提示】：可删除子目或修改子目名称。

（1）若添加的子目有误，可在工程量清单中选中要删除的子目，单击屏幕上方的删除按钮，或者用鼠标右键单击需要删除的子目，选择右键菜单中的“删除”选项。当删除父项时，其下子项全部删除；当删除个别子项时，父项不会删除。

（2）如果所建立的子目需要修改名称，可双击该子目名称进入修改状态，然后直接输入新的名称。

▶ 任务实施

任务 4.4（1）

【实操练习 4-5】 需要建立公路工程建设项目“赣州××一级公路新建工程”A1 标段的工程量清单。设计图纸有以下工程量（节选）：挖土方 6 619.7 m^3，挖石方 6 619.7 m^3；利用土方填筑 5 706.7 m^3，利用石方填筑 7 195.4 m^3，借土填方 301 323 m^3，浆砌片石边沟 5 516 m^3，M10 浆砌骨架护坡 1 289 m^3。

实操练习 4-5
操作视频

【分析】：根据设计图纸工程数量和现行公路工程标准施工招标文件等，建立该项目的工程量清单，如表 4-4 所示，这些子目都是清单范本中的标准项，在软件中可从清单范本中添加来建立 A1 标的工程量清单。

表 4-4　工程量清单

清单　第 200 章　路基					
子　目　号	子 目 名 称	单　　位	数　　量	单　　价	合　　价
203	挖方路基				
203-1	路基挖方				
-a	挖土方	m^3	6 619. 700		
-b	挖石方	m^3	6 619. 700		
204	填方路基				
204-1	路基填筑（包括填前压实）				
-a	利用土方	m^3	5 706. 700		
-b	利用石方	m^3	7 195. 400		
-d	借土填方	m^3	301 323. 000		

续表

清单　第200章　路基					
子 目 号	子目名称	单　位	数　量	单　价	合　价
207	坡面排水				
207-1	边沟				
-a	浆砌片石	m^3	5 516.000		
208	护坡、护面墙				
208-3	浆砌片石护坡				
-b	M10浆砌骨架护坡	m^3	1 289.000		

【操作】：在“造价书”界面，单击屏幕右上角的“清单范本”按钮打开清单范本，在清单范本中找到需添加进工程量清单的子目，逐个用鼠标在子目名称上双击将其添加到工程量清单中，或在“清单范本”窗口中的“选用”列复选框中，逐项勾选目标添加子目，单击“添加”按钮。

2. 建立非标准项

当需要建立清单范本中没有的非标准项时，在工程量清单需要建立子目的位置插入一个空行，再逐项输入子目号、子目名称、单位等信息。

【操作】：

（1）在“造价书”界面，用鼠标单击选中需添加的非标准项的前一个子目，再单击“造价书”界面左上角的插入按钮，如图4-32（a）所示，或者单击鼠标右键，选择“插入”选项，如图4-32（b）所示，则在鼠标选中项目后面插入一空行，如图4-33所示。

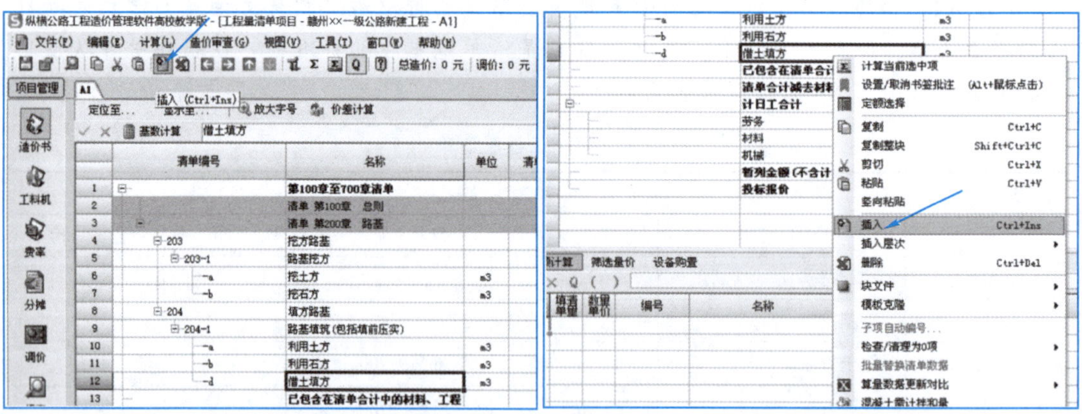

（a）“插入”图标　　（b）“插入”菜单选项

图4-32　插入空行操作

（2）依次在空行中输入清单编号、名称，单击“单位”列，单击出现的下拉箭头，在下拉列表中选择单位。

【提示】：可调整工程量清单中各子目的上下级、前后关系。若建立的工程量清单的父项和子项、前项和后项关系不合理，可单击选中需要调整上下级或前后关系的子目，再利用

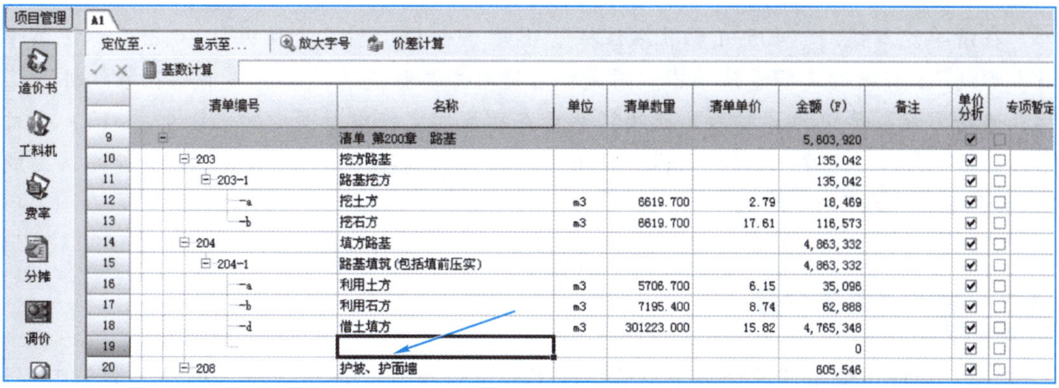

图 4-33　插入空行结果

升级按钮（子项变为父项）、降级按钮（父项变为子项）、上移按钮（向上移动一个位置）、下移按钮（向下移动一个位置）来进行调整。

▶ 任务实施

任务 4.4（2）

【实操练习 4-6】：公路工程建设项目“赣州××一级公路新建工程”A1 标段设计图纸有以下工程量（节选）：厚 220 mm 水泥稳定土基层 67 140 m^2、ϕ1.8 m 陆上钻孔灌注桩 300 m，要求在任务 4.4（1）的 A1 标段中建立工程量清单。

实操练习 4-6 操作视频

【分析】：在 A1 标的工程量清单中再添加两个清单子目“厚 220 mm 水泥稳定土基层”和“ϕ1.8 m 陆上钻孔灌注桩”，如表 4-5 所示，这两个子目在软件清单范本中没有名称完全相同的子目，需要修改名称，或添加一个空行再自行输入相应数据。

表 4-5　工程量清单

子　目　号	子 目 名 称	单　　位	数　　量	单　　价	合　　价
	清单 第 300 章　路面				
304	水泥稳定土底基层、基层				
304-3	水泥稳定土基层				
-a	厚 220 mm	m^2	67 140		
	清单 第 400 章 桥梁、涵洞				
405	钻孔灌注桩				
405-1	钻孔灌注桩				
-a	陆上钻孔灌注桩				
-1	ϕ1.8 m	m	300.000		

【操作】：在清单范本中找到“304-3 水泥稳定土基层”下的“-a 厚…mm”，双击名称把该子目添加进 A1 标段的工程量清单中。在 A1 标段的工程量清单子目名称“厚…mm”上双击，进入修改名称状态，把“厚…mm”修改成“厚 220 mm”，再回车。

在清单范本找到“405-1 钻孔灌注桩”下的“-a 陆上钻孔灌注桩”，双击名称把该子目添加到 A1 标段的工程量清单中。用鼠标右键单击工程量清单中“陆上钻孔灌注桩”名称，选择右键菜单中的“插入”选项，然后在插入的空行中逐项输入子目号“-1”，子目名称“ϕ1.8 m”，选择单位为“m”。再单击降级按钮，把“ϕ1.8 m”从平行关系变成“陆上钻孔灌注桩”的子项。

4.4.3 输入清单工程量

当建立完成工程量清单全部子目后，在工程量清单的“清单数量”列输入清单工程量（也可边添加子目边输入工程量）。

【操作】：在“造价书”界面，用鼠标单击工程量清单各子目的“清单数量”列，直接输入子目的工程量，依次重复操作直到输入完成全部子目的工程量。

【实操练习 4-7】：在实操练习 4-5、实操练习 4-6 建立的工程量清单中，输入清单工程量。

【操作】：在实操练习 4-5、实操练习 4-6 建立的工程量清单的“清单数量”列，直接输入各子目的工程量，依次重复操作直到输入全部的工程量。

实操练习 4-7
操作视频

常见问题解析

新手在调整工程量清单各子目的上下级、前后关系时要谨慎，注意各子目的上下级、前后关系，避免越调整越乱。

任务 4.4 考核与评价
操作视频

考核与评价

<table>
<tr><td rowspan="3">建立工程量清单</td><td colspan="2">姓名：</td></tr>
<tr><td colspan="2">班级：</td></tr>
<tr><td>自评</td><td>师评</td></tr>
<tr><td>考核评价内容</td><td>掌握：
未掌握：</td><td>合格：
不合格：</td></tr>
<tr><td>在软件中建立“江西××一级公路改建工程”A1 标段的工程量清单，清单包含子目如表 4-6 所示。</td><td></td><td></td></tr>
</table>

表 4-6 工程量清单

子目号	子 目 名 称	单 位	数 量	单 价	合 价
101	通则				
101-1	保险费				
-a	按合同条款规定，提供建筑工程一切险	总额	1.000		
-b	按合同条款规定，提供第三者责任险	总额	1.000		
102	工程管理				

续表

子目号	子 目 名 称	单　位	数　量	单　价	合　价
102-3	安全生产费	总额	1.000		
102-4	信息化系统（暂估价）	总额	1.000		
105	施工标准化				
105-1	施工驻地	总额	1.000		
105-5	预制场	总额	1.000		
203	挖方路基				
203-1	路基挖方				
-a	挖土方	m^3	6 619.700		
-b	挖石方	m^3	6 619.700		
204	填方路基				
204-1	路基填筑（包括填前压实）				
-a	利用土方	m^3	5 706.700		
-b	利用石方	m^3	7 195.400		
-d	借土填方	m^3	301 323.000		
207	坡面排水				
207-1	边沟				
-a	浆砌片石	m^3	5 516.000		
208	护坡、护面墙				
208-3	浆砌片石护坡				
-b	M10 浆砌骨架护坡	m^3	1 289.000		
302	垫层				
302-1	碎石垫层				
-a	厚 150 mm	m^2	78 450.000		
304	水泥稳定土底基层、基层				
304-3	水泥稳定土基层				
-a	厚 200 mm 上基层	m^2	67 140.000		
-b	厚 180 mm 下基层	m^2	72 660.000		
312	水泥混凝土面板				
312-1	水泥混凝土面板				
-a	厚 280 mm（混凝土弯拉强度 5.0 MPa）	m^3	64 710.000		
312-2	钢筋				
-b	带肋钢筋（HRB335、HRB400）	kg	17 500.000		
313	路肩培土、中央分隔带回填土、土路肩加固及路缘石				
313-1	路肩培土	m^3	1 684.890		
313-3	现浇混凝土加固土路肩	m^3	444.530		

续表

子目号	子 目 名 称	单 位	数 量	单 价	合 价
403	钢筋				
403-1	基础钢筋（含灌注桩、承台、桩系梁、沉桩、沉井等）				
-a	光圆钢筋（HPB235、HPB300）	kg	10 163. 800		
-b	带肋钢筋（HRB335、HRB400）	kg	85 774. 800		
403-2	下部结构钢筋				
-b	带肋钢筋（HRB335、HRB400）	kg	65 460. 000		
403-3	上部结构钢筋				
-b	带肋钢筋（HRB335、HRB400）	kg	151 280. 000		
405	钻孔灌注桩				
405-1	钻孔灌注桩				
-a	陆上钻孔灌注桩				
-1	ϕ1. 5 m	m	300. 000		
410	结构混凝土工程				
410-2	混凝土下部结构				
-b	桥墩混凝土				
-1	C35 混凝土墩柱	m^3	40. 500		
-c	盖梁混凝土				
-1	C35 混凝土盖梁	m^3	119. 700		
-d	台帽混凝土				
-1	C35 混凝土台帽	m^3	136. 600		
-2	C35 混凝土耳背墙	m^3	57. 400		
411	预应力混凝土工程				
411-5	后张法预应力钢绞线	kg	14 044. 000		
411-8	预制预应力混凝土上部结构				
-a	C50 混凝土箱梁	m^3	520. 200		
415	桥面铺装				
415-2	水泥混凝土桥面铺装	m^3	518. 400		
604	道路交通标志				
604-8	里程碑	个	2. 000		
604-10	百米桩	个	25. 000		
605	道路交通标线				
605-1	热熔型涂料路面标线				
-a	热熔反光标线	m^2	2 957. 500		
703	撒播草种和铺植草皮				
703-1	撒播草种（含喷播）	m^2	27 744. 500		

任务 4.5　套定额及定额调整

▶ 任务引入

任务 4.5（1）

需要为公路工程建设项目“赣州××一级公路新建工程”A1 标段的工程量清单中“M10 浆砌骨架护坡”和“厚 220 mm 水泥稳定土基层”这两个子目套定额。浆砌骨架护坡基坑深 2 m，干处土方，人工挖土方 1 364 m^3，高 4 m 浆砌片石护坡 1 289 m^3，厚 2 cm 水泥砂浆抹面 6 299.8 m^3。水泥稳定土基层为厂拌碎石水泥，用 12 t 以内自卸汽车运 1 km，12.5 m 以内摊铺机铺筑。

任务 4.5（2）

任务 4.5（1）中“M10 浆砌骨架护坡”子目使用的水泥砂浆，全部用 M10 水泥砂浆，请对所选定额进行调整。

任务 4.5（3）

任务 4.5（1）中“厚 220 mm 水泥稳定土基层”子目，分两层摊铺、碾压，请对所选摊铺定额进行调整。

任务 4.5（4）

任务 4.5（1）中“厚 220 mm 水泥稳定土基层”子目，定额基本厚度为 20 cm，实际厚度为 22 cm，且因施工组织设计原因，12 t 以内自卸汽车实际运距为 2 km，请对所选定额进行相应调整。

任务 4.5（5）

任务 4.5（1）中“厚 220 mm 水泥稳定土基层”子目，碎石水泥的比例调整为 96:4，请对所选定额进行相应调整。

▶ 任务分析

任务 4.5（1）

任务中的两个清单子目，都已知施工方案，可以根据施工方案确定需要套的定额。

任务 4.5（2）

水泥砂浆标号改变，会涉及水泥、砂子的用量改变。按相关规定应该进行定额调整。

任务 4.5（3）

按定额说明：各类稳定土基层、其他种类的基层和底基层压实厚度在 20 cm 以内，拖拉机、平地机、摊铺机和压路机的台班消耗按定额数量计算。如超过上述压实厚度进行分层拌和、摊铺、碾压时，拖拉机、平地机、摊铺机和压路机的台班消耗按定额数量加倍计算，每 1 000 m^2 增加 1.5 个工日。需要对定额进行调整。

任务 4.5（4）

厚度增加，运距变长，消耗的工料机数量增加，需要对定额进行厚度和运距的调整。

任务 4.5（5）

定额中碎石水泥稳定土的比例为 95:5，实际比例为 96:4，需要对定额进行调整。

相关知识

建立工程量清单后，就可以进行费用计算。清单第 100 章到 700 章各子目综合单价的计算，大多数需要套定额来计算，如综合单价中的人工费、材料费、施工机械使用费，需要套定额得出规定消耗的人工、材料、施工机械台班的数量，再乘以工料机预算价格。

4.5.1 套定额的步骤

先确定工程量清单各子目的施工方案（施工方法），再根据施工方案（施工方法）套完成各子目的施工所需的定额，输入定额工程量，选择工程类别。如果所选定额的工作内容和设计或实际的工作内容不同，要根据相关规定看是进行定额调整还是另选定额。

4.5.2 套定额的常用方法

套定额的常用方法有：使用定额选择功能选择定额、使用定额搜索功能查找定额、直接输入定额编号选择定额等。

1. 使用定额选择功能选择定额

使用定额选择功能套定额时，可以从部颁定额库中选择定额，也可以从补充定额库等其他定额库中选择定额。定额库可以切换。

当从定额库中选择定额时，需要先打开定额库，在定额库中找到相应的定额，再套定额。

1）打开定额库

【操作】：

在“造价书”界面，单击屏幕右上角“定额选择”按钮，打开当前定额库进入“定额选择”窗口，如图 4-34 所示。

所打开的当前定额库的名称在“定额库”按钮的左侧显示，软件默认打开的是现行部颁公路工程预算定额（2018）。

定额选择窗口分为上下两部分，上半部分显示的是定额库的各章、节、定额表名称，单击各章名称前的“+/-”号，可显示或关闭该章（节）的下一级内容，即各节或定额表的名称。可以用鼠标选中任意一个定额表，下半部分窗口会显示该定额表所包含的所有定额，在下半部分窗口中选择需要套的定额。

如果需要套的定额不在这个库中，可以切换当前定额库，单击“部颁公路工程预算定额（2018）”所在行的右侧下拉箭头，在下拉列表中选择目标定额库作为当前定额库。如果下拉列表中无可供选择的定额库，则需要单击“定额库”按钮，出现如图 4-35 所示的“选

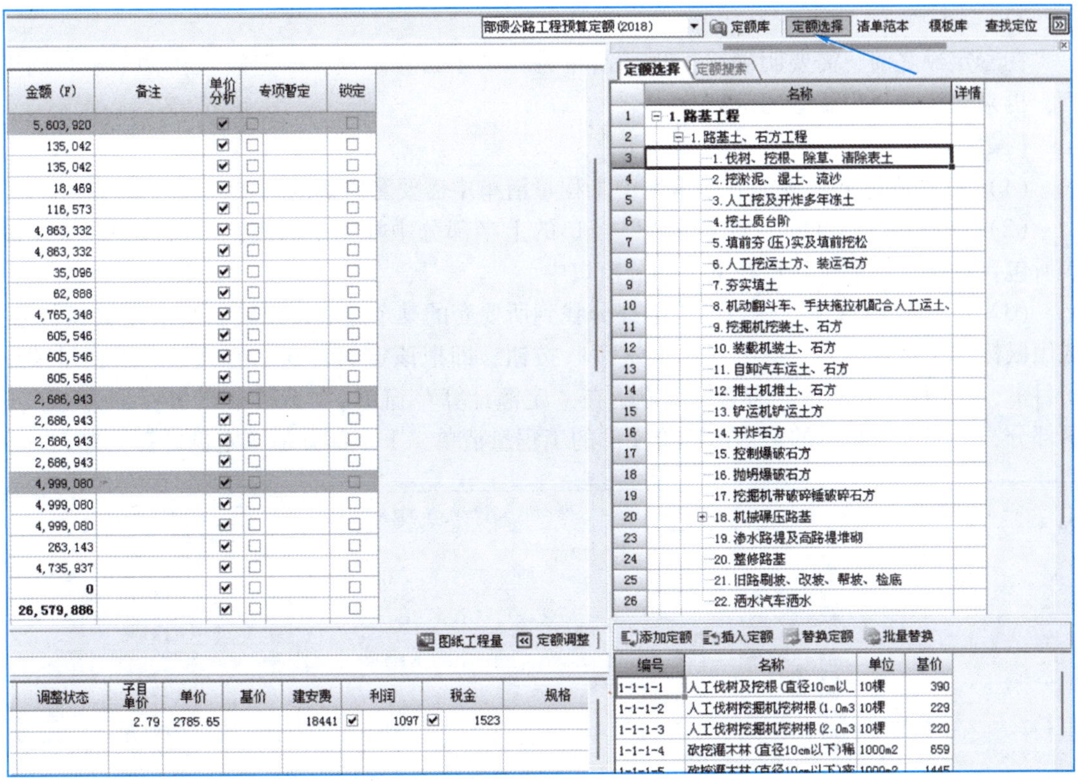

图 4-34　“定额选择”按钮和“定额选择”窗口

择定额库”对话框，单击“增加定额库”按钮来增加目标定额库到当前定额库列表中，在“选用”列复选框选择目标定额库，再单击“确定”按钮，把目标定额库设置为当前定额库。

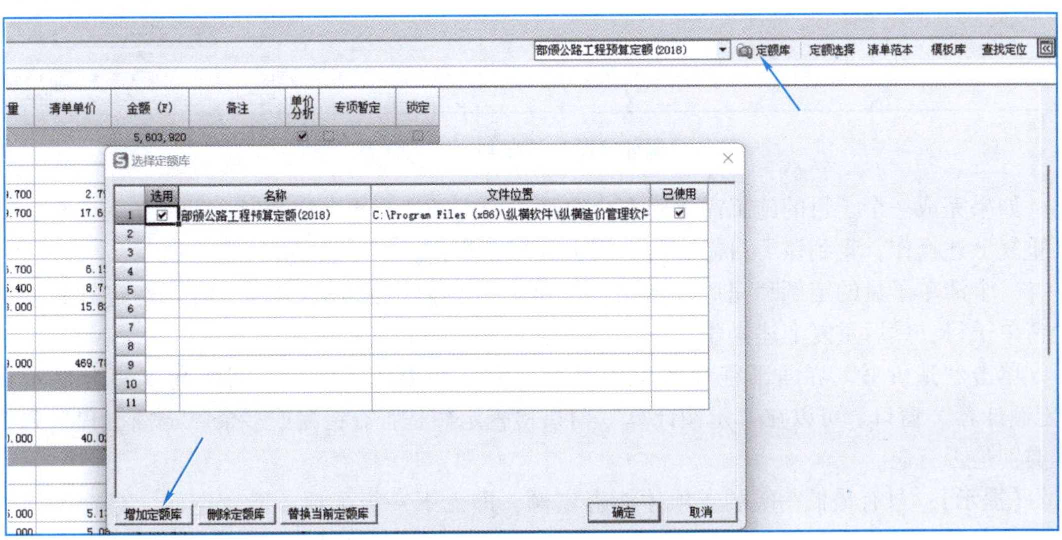

图 4-35　“选择定额库”对话框

2）套定额

在套定额之前，需要明确给工程量清单哪一个子目套定额，即定额套在哪个子目的下面，再来逐个选择需要套的定额。

【操作】：

（1）在“造价书”界面，单击选中工程量清单中需要套定额的子目。

（2）在右侧已打开的“定额选择”窗口的上半部分中找到定额表，单击选中，该定额表所包含的所有定额会显示在下半部分窗口中。

（3）在“定额选择”窗口的下半部分找到所要套的某个定额，用鼠标双击该定额名称，或用鼠标选中该定额后，单击“添加定额”按钮，即把该定额套到之前选中的工程量清单子目下，如图 4-36 所示。所套定额显示在“定额计算”窗口。“造价书”界面分为上、下两部分，上半部分显示的是当前造价文件的工程量清单，下半部分是“定额计算”窗口。

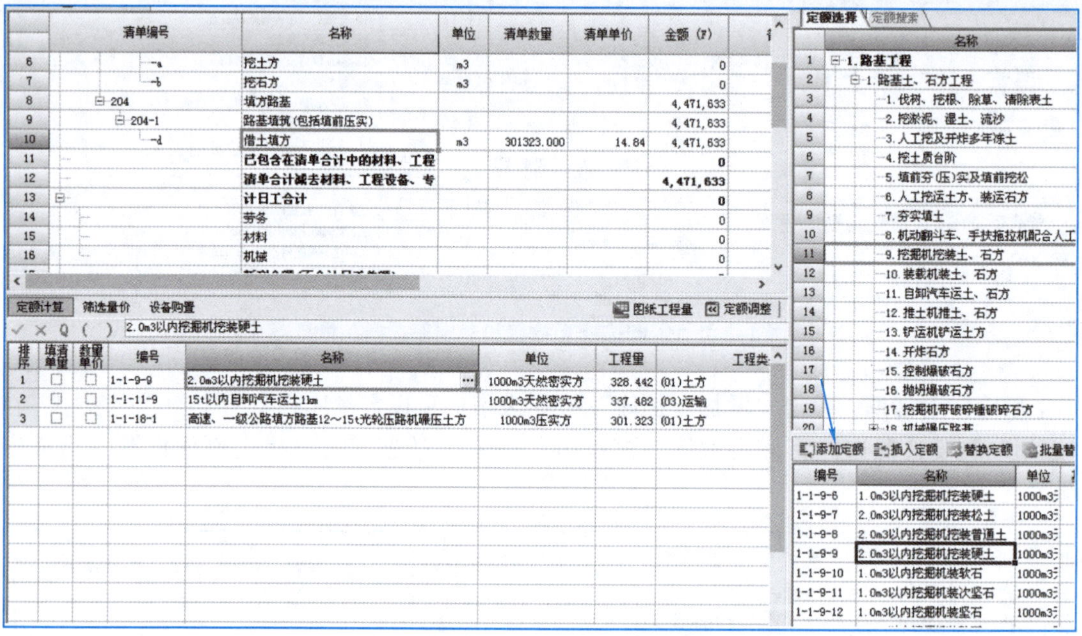

图 4-36 “添加定额”按钮和“定额计算”窗口

如果完成一个子目的施工需要套多个定额，用定额选择来套定额时，需一条一条套，不断重复上述操作，直到该子目需要的定额全部套完为止。

一个清单子目的定额套完后，再在“造价书”界面用鼠标单击选中需要套定额的下一个清单子目，然后重复上述操作。

单击“造价书”界面工程量清单中子目名称，如果套了定额，则所套定额会显示在“定额计算”窗口。可以在“定额计算”窗口检查定额是否有错漏或多余，定额工程量和工程类别是否有误。

【提示】：只有最低一级的子项才能套定额，即无下一级子项才能套定额，存在子项的父项是套不了定额的。

【注意】：如果选错了或多选了定额，可删除不需要的定额。在“定额计算”窗口选中需删除的定额，然后单击屏幕上方快捷工具栏中的删除图标，或用鼠标右键单击需删除的定额，选择右键菜单中的“删除”选项。

▶ 任务实施

任务 4.5（1）

【实操练习 4-8】 需要为公路工程建设项目“赣州××一级公路新建工程”A1 标段的工程量清单中“M10 浆砌骨架护坡”和“厚 220 mm 水泥稳定土基层”这两个子目套定额。浆砌骨架护坡基坑深 2 m，干处土方，人工挖土方 1 364 m^3，高 4 m 浆砌片石护坡 1 289 m^3，厚 2 cm 水泥砂浆抹面 6 299.8 m^2。水泥稳定土基层为厂拌碎石水泥，用 12 t 以内自卸汽车运 1 km，12.5 m 以内摊铺机铺筑。

实操练习 4-8
操作视频

【分析】：根据施工方案来确定所需套的定额。

对于清单子目“M10 浆砌骨架护坡”，要套的定额有 3 个：

① 4-1-1-1：人工挖基坑深 3 m 以内干处土方；② 1-4-11-2：浆砌片石护坡（坡高 10 m 以内）；③ 4-11-6-17：水泥砂浆抹面 2 cm 厚。

对于清单子目“厚 220 mm 水泥稳定土基层”，要套的定额有 3 个：

① 2-1-7-5：厂拌厚 20 cm 碎石水泥；② 2-1-8-5：12t 以内自卸车运 1 km；③2-1-9-11：12.5 m 以内摊铺机铺筑基层。

【操作】：

（1）为清单子目“M10 浆砌骨架护坡”套定额。

① 打开项目文件“赣州××一级公路新建工程”的造价文件 A1，单击选中“造价书”界面工程量清单中“M10 浆砌骨架护坡”这一子目，如图 4-37 所示。

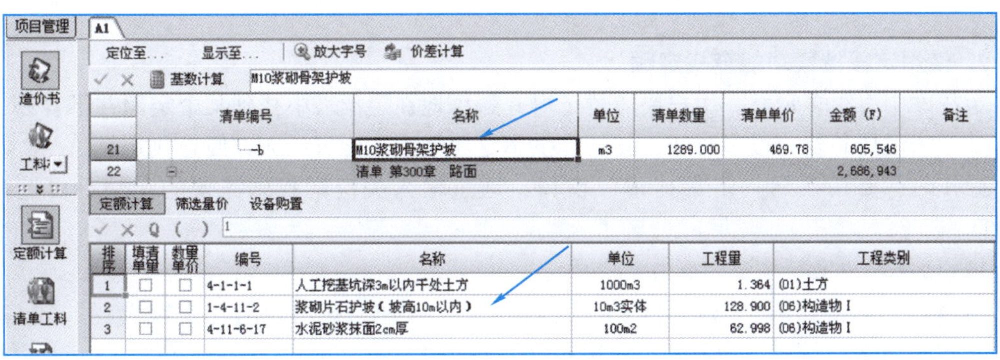

图 4-37　选中需套定额的清单子目和“定额计算”窗口套定额结果

② 单击屏幕右上角的“定额选择”按钮调出“定额选择”窗口。

③ 在“定额选择”窗口上半部分的定额库中找到并选中定额表“4-1-1 人工挖基坑土、石方”。

④ 在“定额选择”窗口下半部分找到定额“4-1-1-1　人工挖基坑深 3 m 以内干处土方”，双击或选中该定额后单击“添加定额”按钮，将该定额套到“M10 浆砌骨架护坡”子目下。

⑤ 重复③~④步骤，按以上方法来选择第二个定额 1-4-11-2 和第三个定额 4-11-6-17。结果如图 4-37 中“定额计算”窗口所示。

（2）为清单子目“厚 220 mm 水泥稳定土基层”套定额。

① 单击选中“造价书”界面工程量清单中“厚 220 mm”这一子目。

② 在“定额选择”窗口上半部分的定额库中找到并选中定额表“2-1-7 厂拌基层稳定土混合料”。

③ 在“定额选择”窗口下半部分找到定额“2-1-7-5 厂拌厚 20 cm 碎石水泥”，双击或选中该定额后单击“添加定额”按钮，将该定额套到“厚 220 mm 水泥稳定土基层”子目下。

④ 重复②~③步骤，按以上方法来选择第二个定额 2-1-8-5 和第三个定额 2-1-9-11。结果如图 4-38 所示。

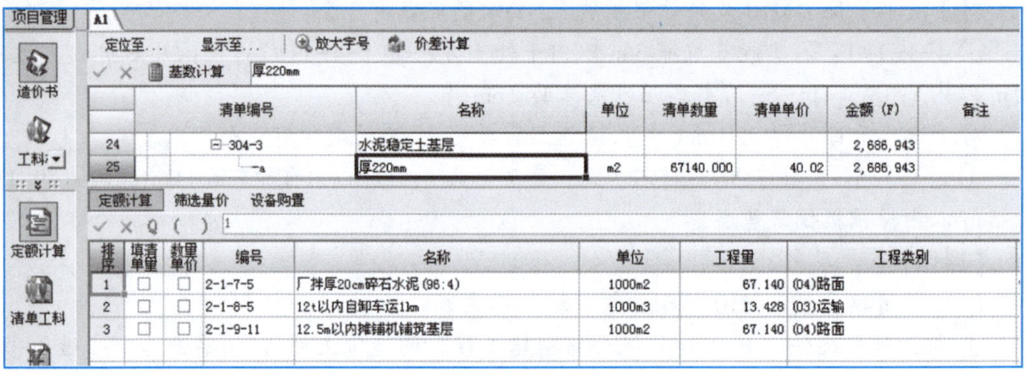

图 4-38 “定额计算”窗口套定额结果

2. 使用定额搜索功能查找定额

定额库中有很多定额，用户要清楚记得并熟练地在定额表中找到某个定额并不容易，对于初学者来说更是要花很多时间，软件提供了定额搜索功能可大大方便查找定额。

操作时，要切换到“定额搜索”窗口，通过输入关键词找到需要的定额，再选择该定额。

1）切换到“定额搜索”窗口

【操作】：单击如图 4-39 所示的“定额选择”按钮，在出现的“定额选择”窗口内，单击“定额搜索”按钮，切换到“定额搜索”窗口。

2）搜索定额

软件提供了按定额名称、按工料机名称、按工料机代号 3 种方法来搜索定额。

【操作】：在“定额搜索”窗口的“按定额名称查找”栏中输入要查找定额的全名或部分名称。如在“按定额名称查找”栏输入“浆砌片石”，再单击“查找”按钮，软件会将名称中包含“浆砌片石”的定额过滤出来列在下面，如图 4-40 所示。如果搜索多个关键字，则各关键字间应采用空格隔开。

3）套定额

用鼠标左键双击某个定额即选择了该定额，所选择定额会显示在“定额计算”窗口。

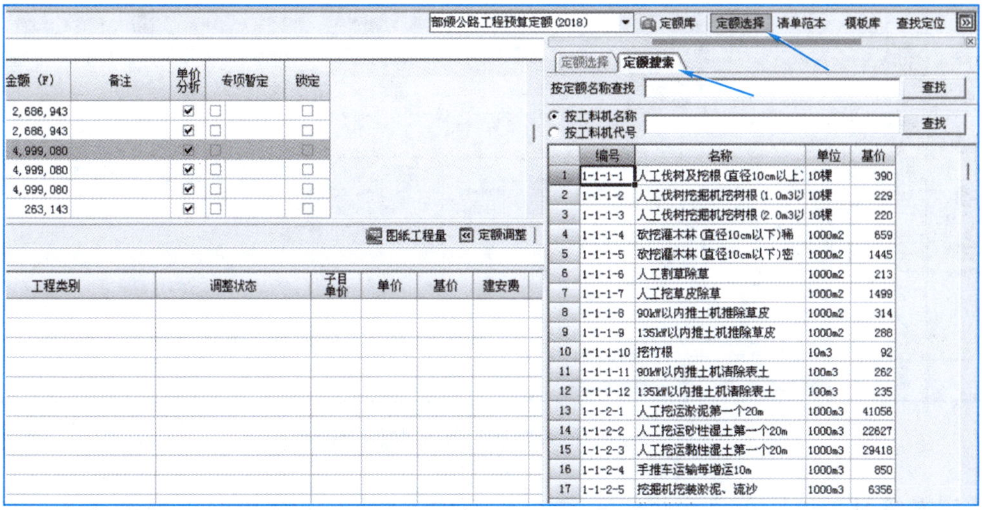

图 4-39　“定额搜索”按钮和“定额搜索”窗口

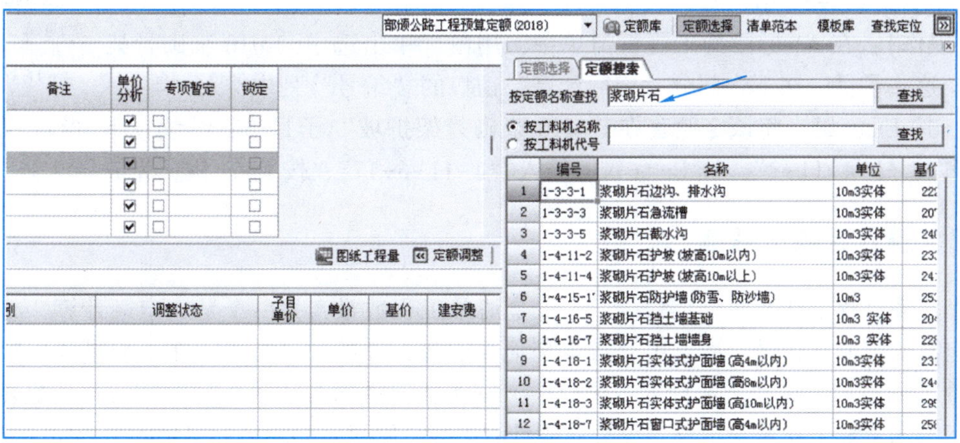

图 4-40　按定额名称查找

“按工料机名称”和“按工料机代号”搜索定额的方法与“按定额名称查找”相同，在“按工料机名称”或“按工料机代号”行中输入定额中包含的工料机名称或工料机代号，如输入“模板”再单击“查找”按钮，软件将工料机中包含“模板”的定额过滤出来列在下面。如输入某个工料机的代号，软件会将含该代号所代表的工料机的定额过滤出来列在下面。用鼠标左键双击某个定额即套了该定额，会显示在“定额计算”窗口。

3. 直接输入定额编号选择定额

如果对定额很熟悉，知道所套定额的编号时，可通过输入定额编号的方式选择定额。

【操作】：在“定额计算”窗口的“编号”列，如图 4-41 所示，直接输入定额编号，定额编号格式如“4-11-6-17”，再按 Enter 键，即选择了该定额。如果需要继续选择定额，只要在“编号”列的下一空行处继续输入定额编号再按 Enter 键即可。

软件有定额智能逼近功能，会自动根据输入的定额号智能逼近所选目标定额，逐步提示无需死记定额号。也可在显示出的定额号上用鼠标左键双击定额来选择定额。

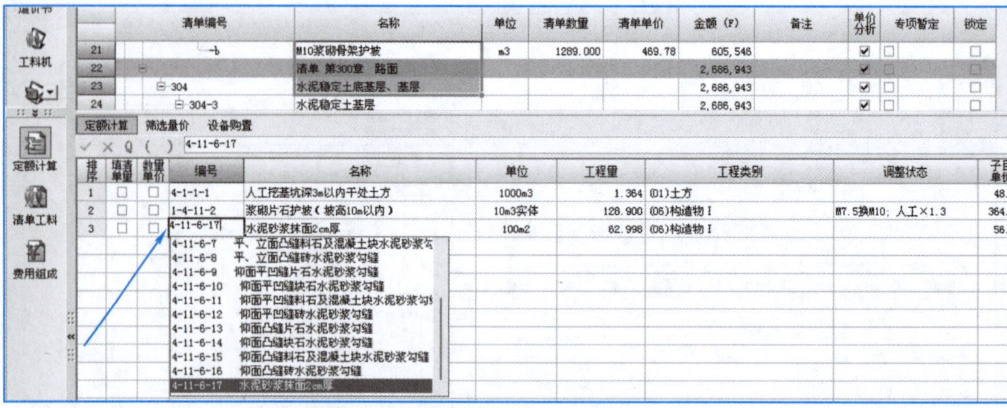

图 4-41　输入定额编号方式选择定额

【实操练习 4-9】在“赣州××一级公路新建工程”A1 标段的工程量清单“M10 浆砌骨架护坡”子目下，用输入定额编号方式套定额“4-1-1-1”“1-4-11-2”“4-11-6-17”。

实操练习 4-9
操作视频

【操作】：在 A1 标段的工程量清单中，用鼠标单击选中“M10 浆砌骨架护坡”这一子目，在下半部分“定额计算”窗口的“编号”列中输入“4-1-1-1”，按 Enter 键，将该定额套在“M10 浆砌骨架护坡”子目下；继续在下一行“编号”列中输入“1-4-11-2”，按 Enter 键；输入“4-11-6-17”，按 Enter 键，完成套定额。

4.5.3　输入定额工程量

套定额过程中涉及两个工程量，一个是清单工程数量，另一个是“定额计算”窗口里所套定额的定额工程量。清单工程数量是估算的或设计的预计数量，在工程量清单的“清单数量”列显示。在“定额计算”窗口中，每一条定额均有“工程量”这一格，显示的是所选定额的定额工程量，定额工程量一般是清单数量除以定额单位后得到的值。定额单位是定额表中所列计量单位，在“定额计算”窗口的“单位”列显示的就是所选定额的定额单位，如图 4-42 所示。

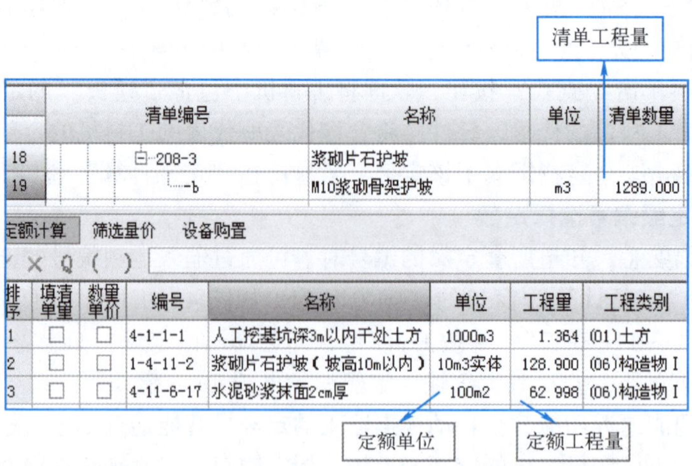

图 4-42　清单工程量、定额单位和定额工程量

定额工程量可以由清单数量自动转换，也可以由输入值自动转换。

1. 由清单数量自动转换为定额工程量

为某个清单子目套定额时，在套定额之前，当该子目的清单数量已输入，软件会自动将该子目的清单数量除以所选定额的定额单位得到的值作为定额工程量，即定额工程量=清单数量÷定额单位。同理，清单数量=定额工程量×定额单位。

如图 4-42 所示，M10 浆砌骨架护坡的清单数量是 1 289 m^3，所选定额 1-4-11-2 的定额单位是 10 m^3，软件自动将清单数量除以定额单位得到的 128.9 作为该定额的定额工程量，填在“定额计算”窗口“工程量”这一列，注意定额工程量没有单位，表示的是清单数量为定额单位的多少倍。

2. 由输入值自动转换为定额工程量

为某个清单子目选定额时，在选定额之前，如果该子目的清单数量未输入，或所选定额的定额单位和该子目的清单数量的单位不相同，或因为施工组织等原因，定额工程量不等于清单数量除以定额单位，这时可以手动输入一个值，软件会将输入值除以定额单位转化为定额工程量。

【操作】：在“定额计算”窗口，每一条所选定额均有“工程量”这一格。在“工程量”这一格中直接输入实际上的工程量，并按 Enter 键，软件会把输入值除以定额单位得到的值作为定额工程量，即定额工程量=输入值÷定额单位。

【注意】：在“定额计算”窗口的“工程量”列要输入的实际工程量，不是转换后的定额工程量。如图 4-42 所示的定额 4-1-1-1，该定额的定额单位是 1 000 m^3，定额工程量是 1.364，实际工程量是 1.364×1 000=1 364，则输入值是 1 364 而不是 1.364。如果先将实际工程量除以定额单位后再输入到“工程量”列中，反而会出错。如果输入值是 1.364，则定额工程量会变成 1.364/1 000=0.001，这种做法是错误的。

4.5.4　选择工程类别

措施费、企业管理费、规费是以计算基数乘以相应的费率来计算的。措施费、企业管理费费率的大小不仅和费率计算参数有关，也和所属的工程类别有关。对不同的工程类别，由于施工难度、机械化程度不同等因素，措施费、企业管理费的费率取值不同。

1. 工程类别的划分

现行《公路工程建设项目概算预算编制办法》（JTG 3830—2018）将工程划分为以下 10 个类别。

（1）土方：指人工及机械施工的土方工程、路基掺灰、路基换填及台背回填。

（2）石方：指人工及机械施工的石方工程。

（3）运输：指用汽车、拖拉机、机动翻斗车、船舶等运送土石方、路面基层和面层混合料、水泥混凝土及预制构件、绿化苗木等。

（4）路面：指路面所有结构层工程、路面附属工程、便道及特殊路基处理（不含特殊路基处理中的圬工构造物）。

（5）隧道：指隧道土建工程（不含隧道的钢材及钢结构）。

（6）构造物Ⅰ：指砍树挖根、拆除工程、排水、防护、特殊路基处理中的圬工构造物、涵洞、交通安全工程、拌和站（楼）安拆工程、便桥、便涵、临时电力和电信设施、临时轨道、临时码头、绿化工程及水泥混凝土搅拌等工程。

（7）构造物Ⅱ：指小桥、中桥、大桥、特大桥工程。

（8）构造物Ⅲ：指商品水泥混凝土的浇筑、商品沥青混合料和各类商品稳定土混合料的铺筑、外购混凝土构件、设备安装工程等。

（9）技术复杂大桥：指钢管拱桥、斜拉桥、悬索桥、单孔跨径在 120 m 以上（含 120 m）和基础水深在 10 m 以上（含 10 m）的大桥主桥部分的基础、下部和上部工程（不含桥梁的钢材及钢结构）。

（10）钢材及钢结构：指所有工程的钢材及钢结构等工程。

套定额后，软件为每条定额给出了默认的工程类别，可根据实际情况修改。

2. 修改定额工程类别的两种方法

1）直接输入工程类别的代号

【操作】：在“定额计算”窗口，直接在定额的“工程类别”栏中输入工程类别的数字代号并按 Enter 键。该方法适用于对工程类别代号很熟悉的情况。

2）在下拉列表中选择工程类别

【操作】：在“定额计算”窗口，单击定额的“工程类别”栏，再单击出现的下拉箭头，在下拉列表中选择相应的工程类别，如图 4-43 所示。该方法适用于不熟悉工程类别代号的情况。

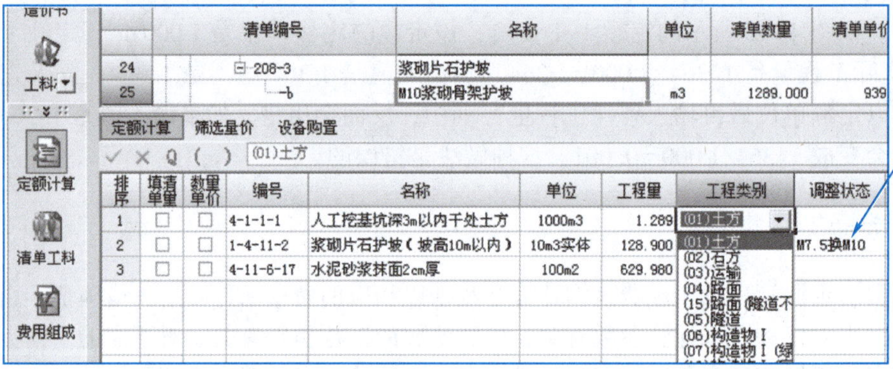

图 4-43　工程类别下拉列表

4.5.5　定额调整

部颁《公路工程概算定额》《公路工程预算定额》等作为一个行业标准，在发布的相当长一段时间内是固定不变的，而实际工程千差万别，新工艺、新材料层出不穷。当某个施工过程的部分工作内容与所选定额工作不一致时，需要按规定对定额进行调整（注：只能调整定额规定可以调整的内容，否则应该另选适用的定额）。如某定额中采用的混凝土为普通 C30 混凝土，而实际采用 C30 商品混凝土，就需要对定额进行调整。

操作时，先选中需要调整的定额，再打开“定额调整”窗口，然后在“定额调整”窗口中进行调整。也可以先打开“定额调整”窗口，再选中需要调整的定额。

1. 选中需要调整的定额

【操作】：在图 4–44 所示的“定额计算”窗口，用鼠标选中需要调整的定额。

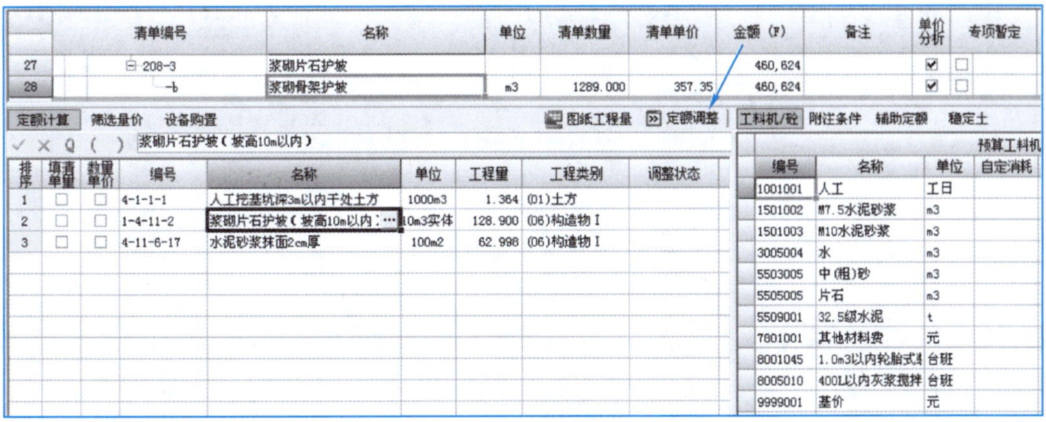

图 4–44　“定额调整”按钮和“定额调整”对话框

2. 打开“定额调整”窗口

【操作】：在“造价书”界面，单击界面中部右侧的“定额调整”按钮，出现“定额调整”对话框，如图 4–44 所示。“定额调整”对话框是开关式的，再单击“定额调整”按钮，则会关闭对话框。

“定额调整”窗口包含“工料机/砼”“附注条件”“辅助定额”“稳定土”4 个大选项。

3. 进行定额调整

根据所选中定额需要调整的内容不同，在“定额调整”窗口选择不同的调整选项。

1）“工料机/砼”

当某个清单子目的设计内容或实际使用的材料、混凝土配合比等与所选定额不一致时，可在“工料机/砼”选项中进行调整。在该选项中可进行添加工料机、替换工料机（替换混凝土或替换商品混凝土）、删除工料机、自定义工料机的消耗量等调整。

（1）添加工料机。

可以添加定额库中已有的工料机，还可以添加定额库中没有的新工料机。

【操作】：

① 单击“定额调整”窗口的“工料机/砼”选项，如图 4–44 所示，在下面的“预算工料机”窗口任意位置单击鼠标右键，在右键菜单中选择“添加工料机”选项，出现如图 4–45 所示的“选择工料机”对话框。当前定额库包含的工料机会全部出现在对话框的当前工料机列表中。

② 在如图 4–45 所示的“选择工料机”对话框中，在“选用”列复选框中选择要添加的工料机，单击“确定”按钮，则选中的工料机会添加到需要添加工料机的定额中去。如果需要确定所添加工料机的消耗量，可在图 4–44 所示“预算工料机”窗口的“自定消耗”栏中输入消耗量（具体操作见后续第（4）点“自定义工料机的消耗量”）。

可以在“定额计算”窗口的“调整状态”列看到调整状态，并根据定额调整状态检查调整操作是否正确。

图 4-45 “选择工料机”对话框

【提示】:

① 在如图 4-45 所示的“选择工料机”对话框中，“工料机库”栏显示当前定额库名称，一般默认打开的是现行部颁《公路工程预算定额》。当前工料机列表显示的是当前打开的定额库所包含的工料机名称。如需添加的工料机不在默认打开的定额库中，而在别的定额库中，需单击“定额库工料机”栏右侧的下拉箭头，在下拉列表中选择目标定额库为当前定额库，该定额库中的工料机会显示在工料机列表中。

② 如果需要添加的是定额库中没有的新工料机，需先新增工料机到定额库中，再进行选择。单击“选择工料机”对话框左下角的“新增工料机”按钮，出现“新工料机”对话框，在“新工料机”对话框中输入需新增的工料机的各项属性数据，输入各项属性数据完成后，单击“新工料机”对话框中的“保存”按钮。对新增的工料机，软件统一放置于“我的工料机库”内。建立好新的工料机后，可以单击“新工料机”对话框中的“导出新工料机”按钮，将新工料机数据以“新工料机”数据文件形式保存到计算机中。当计算机中有可利用的“新工料机”数据文件时，也可直接单击“新工料机”对话框中的“导入新工料机”按钮，将新工料机导入到当前工料机列表中。

③ 根据《公路工程建设项目造价文件管理导则》（JTG 3810—2017），人工、材料、设备类型的划分及编码规则如下。

编制公路工程造价文件采用的人工、材料、设备、机械（简称工料机）应分类分级。工料机应按照使用频率、费用类型、专业、用途、物理特性等原则归类。工料机类别分为三级，并按一定规则编码。一级类别采用两位数字编码，区间为 10~99；二级类别采用两位数字编码，区间为 01~99，编码时应优先分配奇数，需要递补时按特征属性相近原则，以偶数补充分配；三级类别采用三位数字编码，区间为 001~999。例如：HPB300 钢筋的编码为 2001001，其中，第一、二位“20”为一级编码，第三、四位“01”为二级编码，第五、六、七位“001”为三级编码。

工料机的名称及单位应按其特征属性设置，以满足计量计价的应用需要。一级类别按《公路工程建设项目造价文件管理导则》（JTG 3810—2017）表 4.4.4 执行，二级类别按《公路工程建设项目造价文件管理导则》（JTG 3810—2017）附录 A.3“人工、材料、设备、机械的分类及编码框架表”执行，三级类别按《公路工程建设项目造价文件管理导则》（JTG 3810—2017）第 4.4.1 条、第 4.4.2 条和第 4.4.3 条的规定归类及编码。

（2）替换工料机（替换混凝土或替换商品混凝土）。

【操作】：

① 单击“定额调整”对话框的“工料机/砼”选项，在下面的“预算工料机”窗口，用鼠标右键单击需替换的工料机名称，选择右键菜单中的“替换工料机”选项（如在混凝土或水泥砂浆上单击右键，会出现“替换混凝土”或“替换商品混凝土”），如图 4-46 所示。

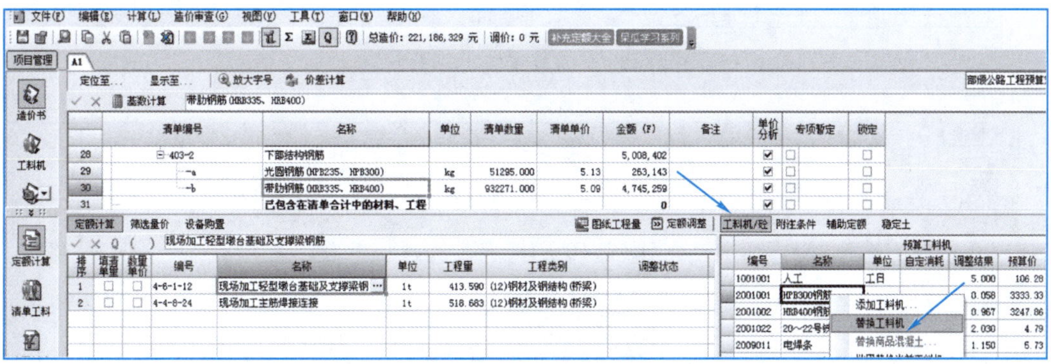

图 4-46　“替换工料机”选项

② 出现如图 4-47 所示的“选择工料机”对话框，在“选用”列复选框选择替换后的工料机，单击“确定”按钮。

在“定额计算”窗口的“调整状态”列可看到定额的调整状态，如图 4-48 所示。

【注意】：可以从“选择工料机”对话框左侧的分类中快速查找工料机，也可输入工料机名称或工料机编号进行查找。

如需改变水泥砂浆标号、混凝土标号，或改变水泥标号、碎砾石粒径等配合比，不能采用“替换工料机”或自定义水泥、碎石消耗量，而应采用“替换混凝土”的办法进行调整。

（3）删除工料机。

【操作】：单击“定额调整”对话框的“工料机/砼”选项，在下面的“预算工料机”窗口，用鼠标右键单击需删除的工料机名称，选择右键菜单中的“删除工料机”选项，如图 4-49 所示。

（4）自定义工料机的消耗量。

新增工料机后，当要输入其消耗量或要调整定额工料机消耗量时，均可在“自定消耗”列手工输入目标消耗量。

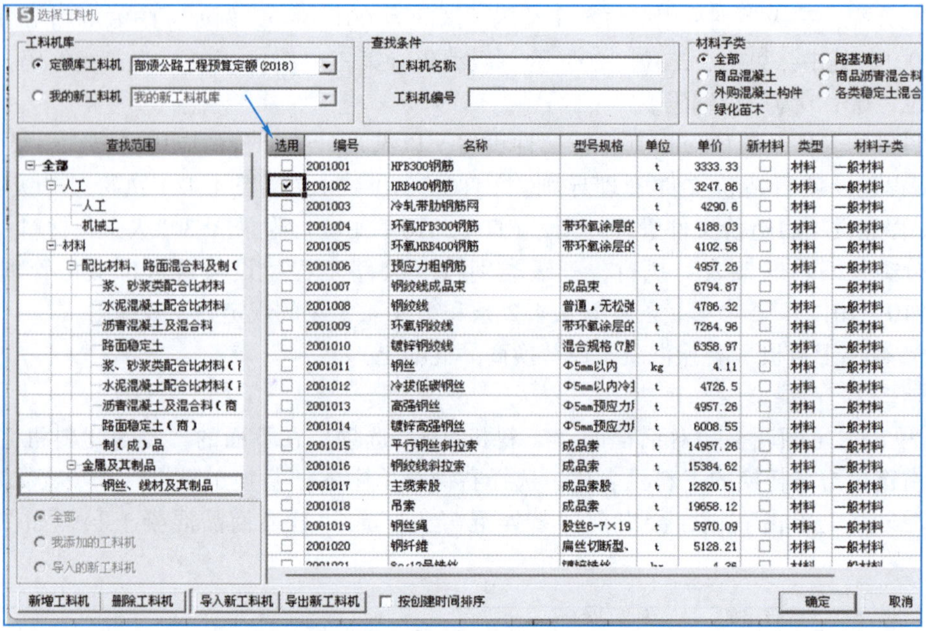

图 4-47 “选择工料机”对话框

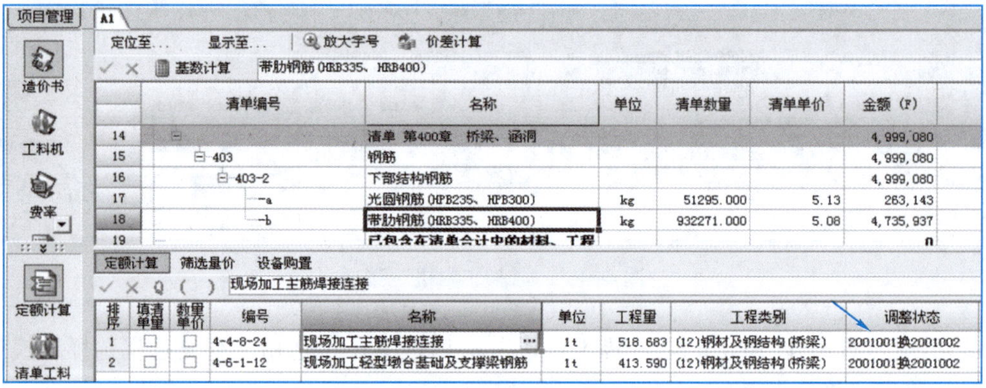

图 4-48 “替换工料机”定额调整状态

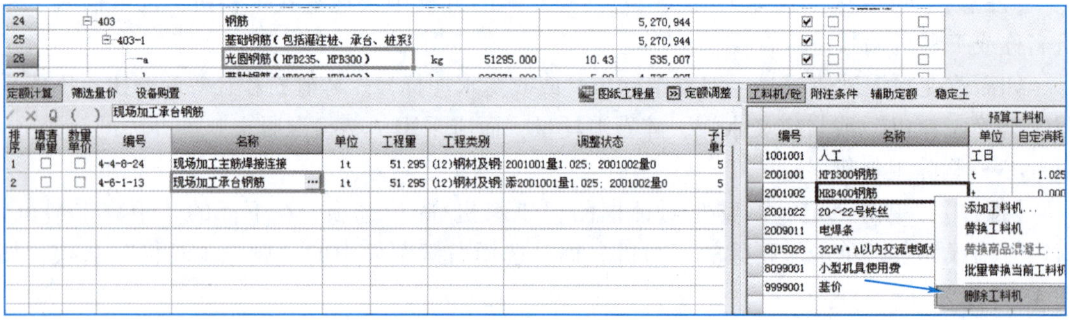

图 4-49 “删除工料机”选项

【**操作**】：单击“定额调整”对话框的“工料机/砼”选项，在下面的“预算工料机”窗口，有一个“自定消耗”列，在“自定消耗”列内输入工料机的目标消耗量，在“定额计算”窗口的“调整状态”列中会显示调整后的工料机消耗量。

【**说明**】：

①“调整状态”列综合反映了定额调整后的消耗量数值，软件根据此列的值进行造价计算。如果自定消耗输入错误，可直接在“自定消耗”列删除该值。

② 手工输入值是最优先进行造价计算的值，当没有进行工料机消耗量调整时，“自定消耗”列显示为空。该值不会因为其他定额调整状态的改变而改变，除非再次进行手工修改。

③“定额消耗”列显示部颁《公路工程预算定额》中的工料机消耗量数值，其值不会改变。

④ 任何时候均不宜自定义“混凝土、砂浆”等的消耗量。因为在公路定额中，这些材料为半成品，其消耗量已分解为水泥、砂、碎石，用分解材料的消耗量及单价进行造价计算。

▶ 任务实施

任务 4.5（2）

【**实操练习 4-10**】任务 4.5（1）中“M10 浆砌骨架护坡”使用的水泥砂浆，全部用 M10 水泥砂浆，请对所选定额进行相应的调整。

实操练习 4-10
操作视频

【**分析**】：所选定额浆砌片石护坡定额 1-4-11-2 和水泥砂浆抹面定额 4-11-6-17，均需使用水泥砂浆，其中定额 4-11-6-17 规定消耗 M10 水泥砂浆，定额 1-4-11-2 规定消耗 M7.5 和 M10 水泥砂浆，故需将定额 1-4-11-2 中的 M7.5 替换成 M10 水泥砂浆。

【**操作**】：在“定额计算”窗口用鼠标单击选中需调整的定额 1-4-11-2。单击“造价书”界面中部右侧的“定额调整”按钮，出现“定额调整”对话框。单击“工料机/砼”选项，用鼠标右键单击“预算工料机”窗口中的“M7.5 水泥砂浆”名称，选择右键菜单的“替换混凝土”选项。在出现的“选择工料机”窗口中的“M10 水泥砂浆”前的方框中打勾，单击“确定”按钮，可以看到定额调整状态如图 4-50 所示。

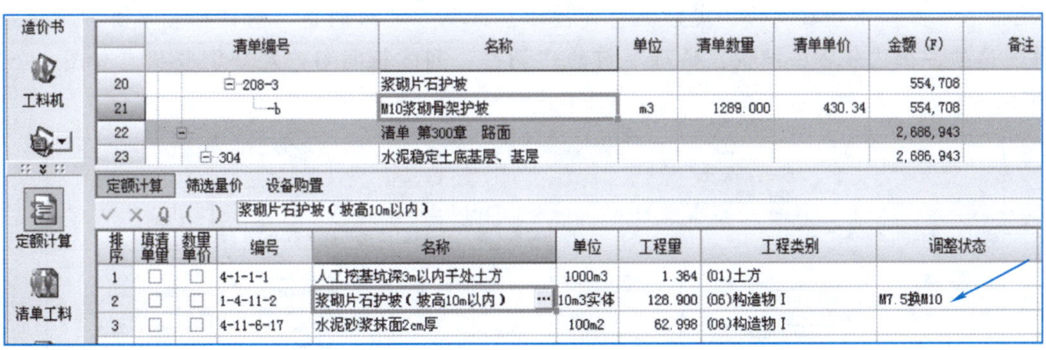

图 4-50　“替换水泥砂浆”定额调整状态

2）“附注条件”

定额有章、节说明、定额表附注等，往往要求根据不同的情况对定额消耗量乘系数或加减定额消耗量，对造价结果有较大影响。说明、附注分散在不同的章、节、定额表中，涉及条款较多，非常熟悉定额的人员也必须细心、耐心，才能避免错计、漏计。纵横公路工程造价管理软件把各章节说明及附注整理成“附注条件”选项形式，做造价时只需按工程实际打勾选择对应选项，可大大减少错漏发生。

【操作】：单击“定额调整”对话框的“附注条件”选项，在“调整”列选择相应的附注条件即可，如图 4-51 所示。

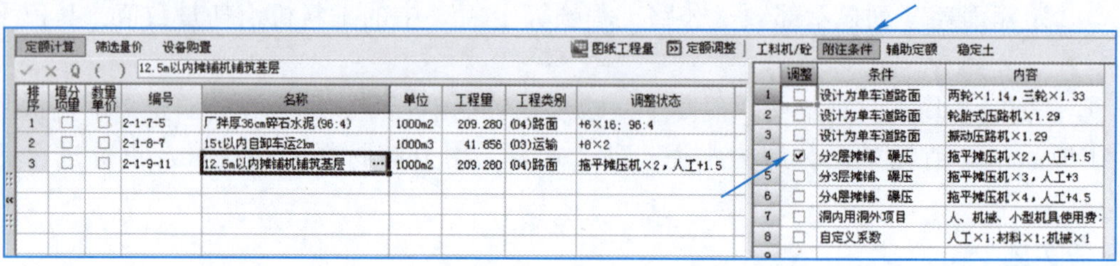

图 4-51 “定额调整”对话框“附注条件”选项

例如：各类稳定土基层压实厚度在 20 cm 以内的计算，超过上述厚度时应分层拌和、碾压。如果碎石水泥基层厚度为 36 cm，所选定额 2-1-7-5 厂拌厚 20 cm 碎石水泥，需分 2 层碾压的话，单击“定额调整”窗口的“附注条件”选项，在“分 2 层摊铺、碾压”前的“调整”列打勾即可。

▶ 任务实施

任务 4.5（3）

【实操练习 4-11】任务 4.5（1）中“厚 220 mm 水泥稳定土基层”子目，分 2 层摊铺、碾压，请对所选摊铺定额进行调整。

实操练习 4-11
操作视频

【分析】：定额规定需要分层铺筑时，拖平摊压机需要乘以 2、人工需要加 1.5 工日。需要对摊铺定额 2-1-9-11 进行定额调整，在“附注条件”中操作。

【操作】：在“定额计算”窗口中用鼠标单击选中需调整的定额 2-1-9-11，单击“造价书”界面中部右侧的“定额调整”按钮，出现“定额调整”对话框。单击“附注条件”选项，在“分 2 层摊铺、碾压”前的“调整”列方框打勾，定额调整状态如图 4-52 所示。

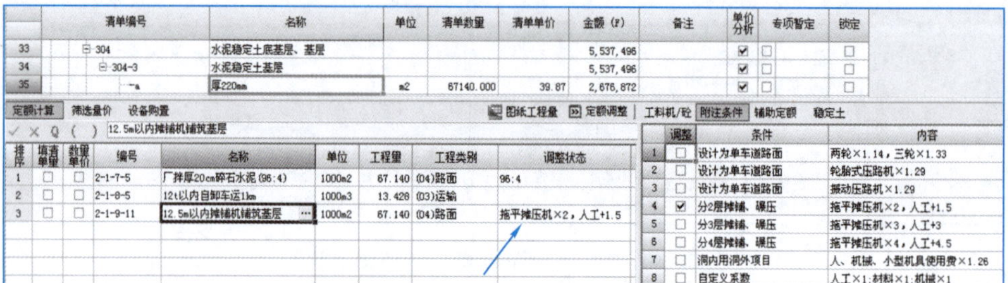

图 4-52 水泥稳定土基层“分 2 层摊铺、碾压”定额调整状态

3）“辅助定额”

定额中关于基本运距、基本厚度等的定额称为“基本定额”；关于增减运距或增减厚度等的定额称为“辅助定额”，其定额名称中一般含有“每增减”字样。当设计或实际的厚度、运距与所选定额的基本厚度、基本运距不同时，可利用“辅助定额”进行调整。辅助定额主要调整定额的运距、厚度、钢绞线的束数、强夯夯击遍数等内容。

【操作】：在“定额计算”窗口选中需要调整的定额，单击“定额调整”对话框的“辅助定额”选项，在“实际值”列中输入实际的运距（厚度、钢绞线的束数或强夯夯击遍数）值，如图 4-53 所示，并按 Enter 键。

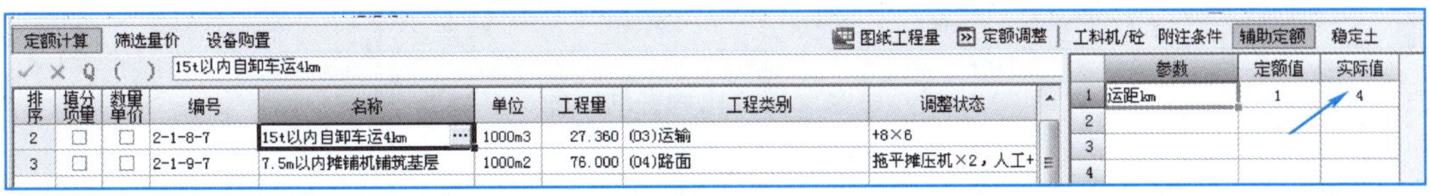

图 4-53　“辅助定额”选项定额调整状态

软件将在“定额计算”窗口自动改写定额名称为实际值，自动进行辅助定额调整，在“调整状态”显示定额调整状态，并自动计算和刷新造价编制数据。

▶ 任务实施

任务 4.5（4）

【实操练习 4-12】 任务 4.5（1）中“厚 220 mm 水泥稳定土基层”子目，定额基本厚度为 20 cm，实际厚度为 22 cm；且因施工组织设计原因，12 t 以内自卸汽车实际运距为 2 km，请对所选定额进行相应调整。

实操练习 4-12
操作视频

【分析】：需要对定额“2-1-7-5 厂拌厚 20 cm 碎石水泥(95:5)”进行厚度调整，和对定额“2-1-8-5 12 t 以内自卸汽车运 1 km”进行运距调整。

【操作】：在“定额计算”窗口中用鼠标单击选中需调整的定额 2-1-7-5，单击“造价书”界面中部右侧的“定额调整”按钮，出现“定额调整”窗口。单击“定额调整”窗口的“辅助定额”选项，在“实际值”列输入实际厚度 22，按 Enter 键。

在“定额计算”窗口中用鼠标单击选中需调整的定额 2-1-8-5。在“定额调整”窗口的“辅助定额”选项的“实际值”列输入实际运距 2，可在“调整状态”列看到定额调整状态，如图 4-54 所示。

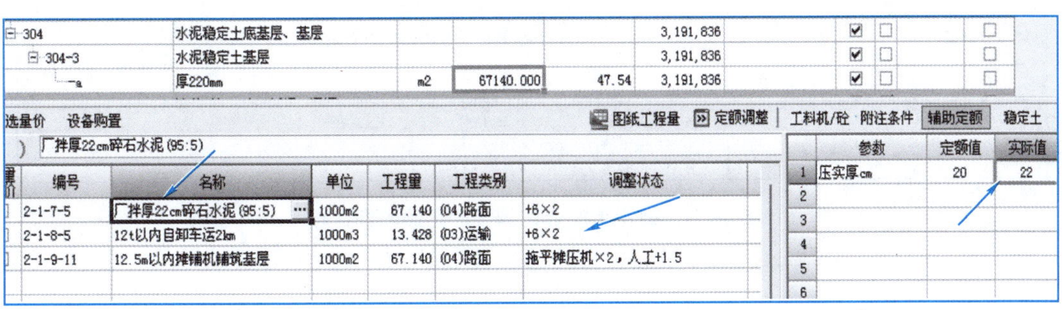

图 4-54　运距和厚度调整的定额调整状态

4）“稳定土”

当水泥、石灰等稳定土的设计配合比与所选定额不同时，可在此选项中进行调整。

【操作】：单击“定额调整”窗口的“稳定土”选项，在“调整配合比”列中，手工输入调整后的各材料之间的比例，如图 4-55 所示，并按 Enter 键。软件会自动修改定额名称中的配合比，并在“定额计算”窗口的“调整状态”中显示调整状态。

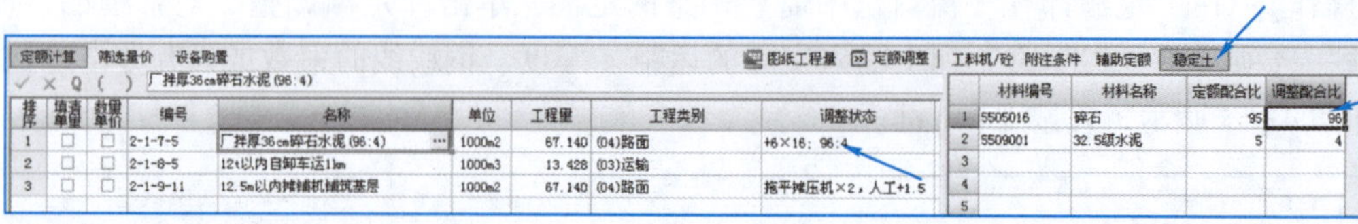

图 4-55　稳定土配合比调整的定额调整状态

【注意】：软件会自动保持稳定土配合之和为 100%。如配合比中只有两项材料，输入其中一项的材料所占的百分比例并按 Enter 键后，软件自动输入另一种材料的百分比例为 100%减去前一种材料的百分比例，自动保持稳定土配合比之和为 100%。如果需要增减配合比材料，还可以用新建立补充定额的方式，详见项目 5 纵横公路工程造价管理软件高级功能。

▶ 任务实施

任务 4.5（5）

【实操练习 4-13】 任务 4.5（1）中“厚 220 mm 水泥稳定土基层”子目，碎石水泥的比例调整为 96:4，请对所选定额进行相应调整。

实操练习 4-13
操作视频

【分析】：需要对定额“2-1-7-5 厂拌厚 20 cm 碎石水泥(95:5)”进行配合比上的调整。

【操作】：在“定额计算”窗口中用鼠标单击选择需调整的定额 2-1-7-5，单击“造价书”界面中部右侧的“定额调整”按钮，出现“定额调整”对话框。单击“定额调整”窗口的“稳定土”选项，在“调整配合比”列中输入实际配合比 96 和 4，按 Enter 键，调整状态如图 4-56 所示。

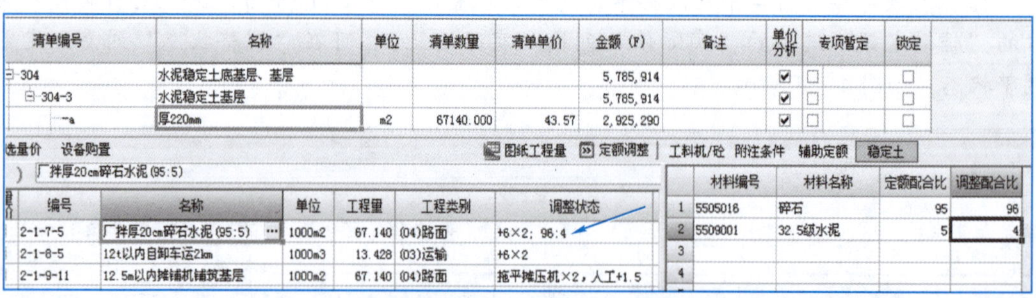

图 4-56　稳定土配合比调整的定额调整状态

常见问题解析

要对哪个定额进行调整，先要选中该定额，然后在“定额调整”窗口相应的选项中进行操作。

任务 4.5 考核与评价操作视频

考核与评价

<table>
<tr><td rowspan="3">套定额和定额调整</td><td colspan="2">姓名：</td></tr>
<tr><td colspan="2">班级：</td></tr>
<tr><td>自评</td><td>师评</td></tr>
<tr><td>考核评价内容</td><td>掌握：
未掌握：</td><td>合格：
不合格：</td></tr>
<tr><td>建立并打开建设项目“江西××一级公路改建工程”的造价文件“A1”，根据表 4-7 所示的内容，建立工程量清单及套定额，并根据表 4-7 的定额调整状态进行定额调整。</td><td></td><td></td></tr>
</table>

表 4-7　原始数据表

分项编号	定额编号	名　　称	单　位	工程量	定额工程量	费率编号	定额调整状态
		第 100 章至 700 章清单					
		清单 第 100 章　总则					
101		通则					
101-1		保险费					
-a		按合同条款规定，提供建筑工程一切险	总额	1.00			
-b		按合同条款规定，提供第三者责任险	总额	1.00			
102		工程管理					
102-3		安全生产费	总额	1.00			
102-4		信息化系统（暂估价）	总额	1.00			
105		施工标准化					
105-1		施工驻地	总额	1.00			
105-5		预制场	总额	1.00			
	1-1-1-12	135 kW 以内推土机清除表土	100 m³		16.008	1	
	1-1-5-4	填前 12～15 t 光轮压路机压实	1 000 m²		5.336	1	
	2-1-1-15	机械铺碎石压实厚度 20 cm	1 000 m²		5.336	4	+20×5；拖平摊压机×2，人工+1.5
	2-2-17-3	轨道摊铺机铺筑混凝土路面厚度 20 cm	1 000 m² 路面		5.336	4	
	4-7-28-3	跨墩门架高 9 m	10 t 金属设备		2.970	12	
	4-11-9-1	平面底座	10 m² 底座面积		22.440	8	
	7-1-4-3	轨道铺设在路基上钢轨重 32 kg/m	100 m		2.000	6	

续表

分项编号	定额编号	名　称	单　位	工程量	定额工程量	费率编号	定额调整状态
		清单 第 200 章　路基					
203		挖方路基					
203-1		路基挖方					
-a		挖土方	m^3	6 619.70			
	1-1-12-18	165 kW 以内推土机推普通土 20 m	1 000 m^3 天然密实方		6.620	1	
-b		挖石方	m^3	6 619.70			
	1-1-14-4	机械打眼开炸软石	1 000 m^3 天然密实方		6.620	2	
	1-1-12-31	135 kW 以内推土机推软石 40 m	1 000 m^3 天然密实方		6.620	2	-34×2
204		填方路基					
204-1		路基填筑（包括填前压实）					
-a		利用土方	m^3	5 706.70			
	1-1-18-1	高速、一级公路填方路基 12~15 t 光轮压路机碾压土方	1 000 m^3 压实方		5.707	1	
-b		利用石方	m^3	7 195.40			
	1-1-18-13	高速、一级公路填方路基 20 t 以内振动压路机碾压石方	1 000 m^3 压实方		7.195	2	
-d		借土填方	m^3	301 323.00			
	1-1-9-9	2.0 m^3 以内挖掘机挖装硬土	1 000 m^3 天然密实方		328.442	1	
	1-1-11-9	15 t 以内自卸汽车运土 5 km	1 000 m^3 天然密实方		337.482	3	+10×8
	1-1-18-1	高速、一级公路填方路基 12~15 t 光轮压路机碾压土方	1 000 m^3 压实方		301.323	1	
207		坡面排水					
207-1		边沟					
-a		浆砌片石	m^3	5 516.00			
	1-3-1-3	机械开挖土方	1 000 m^3 天然密实方		5.516	1	
	1-3-3-1	浆砌片石边沟、排水沟	10 m^3 实体		551.600	6	
	1-2-12-2	地基砂砾垫层	1 000 m^3		2.322	4	
208		护坡、护面墙					
208-3		浆砌片石护坡					
-b		M10 浆砌骨架护坡	m^3	1 289.00			

续表

分项编号	定额编号	名　　称	单　位	工程量	定额工程量	费率编号	定额调整状态
	4-1-1-1	人工挖基坑深3 m以内干处土方	1 000 m^3		1.364	1	
	1-4-11-2	浆砌片石护坡（坡高10 m以内）	10 m^3 实体		128.900	6	人工×1.3；M7.5换M10
	4-11-6-17	水泥砂浆抹面2 cm厚	100 m^2		62.998	6	M10换M12.5
		清单 第300章　路面					
302		垫层					
302-1		碎石垫层					
-a		厚150 mm	m^2	78 450.00			
	2-1-1-15	机械铺碎石压实厚度15 cm	1 000 m^2		78.450	4	
304		水泥稳定土底基层、基层					
304-3		水泥稳定土基层					
-a		厚200 mm上基层	m^2	67 140.00			
	2-1-7-5	厂拌厚20 cm碎石水泥（96:4）	1 000 m^2		67.140	4	96:4
	2-1-8-5	12 t以内自卸汽车运2 km	1 000 m^2		13.428	3	+6×2
	2-1-9-11	12.5 m以内摊铺机铺筑基层	1 000 m^2		67.140	4	
-b		厚180 mm下基层	m^2	72 660.00			
	2-1-7-5	厂拌厚18 cm碎石水泥（96:4）	1 000 m^2		72.660	4	+6×-2；96:4
	2-1-8-5	12 t以内自卸汽车运2 km	1 000 m^2		13.079	3	+6×2
	2-1-9-11	12.5 m以内摊铺机铺筑基层	1 000 m^2		72.660	4	
312		水泥混凝土面板					
312-1		水泥混凝土面板					
-a		厚280 mm（混凝土弯拉强度5.0 MPa）	m^3	64 710.00			
	2-2-17-5	滑模式摊铺机铺筑混凝土路面厚度28 cm	1 000 m^2 路面		231.107	4	+6×8
	4-11-11-15	60 m^3/h以内混凝土拌和站拌和	100 m^3		660.042	6	
	4-11-11-26	8 m^3 搅拌运输车运混凝土1 km	100 m^3		660.042	3	

续表

分项编号	定额编号	名　　称	单　位	工程量	定额工程量	费率编号	定额调整状态
312-2		钢筋					
-b		带肋钢筋（HRB335、HRB400）	kg	17 500.00			
	2-2-17-15	水泥混凝土路面钢筋	1 t		17.500	18	2001001 量 0；2001002 量 1.025
313		路肩培土、中央分隔带回填土、土路肩加固及路缘石					
313-1		路肩培土	m^3	1 684.89			
	2-3-2-5	培路肩	100 m^3		16.849	4	
	313-3	现浇混凝土加固土路肩	m^3		444.530		
	2-3-5-1	现浇混凝土加固土路肩	10 m^3		44.453	4	普 C30-32.5-4 换普 C25-32.5-4
		清单 第 400 章　桥梁、涵洞					
403		钢筋					
403-1		基础钢筋（含灌注桩、承台、桩系梁、沉桩、沉井等）					
-a		光圆钢筋（HPB235、HPB300）	kg	10 163.80			
	4-4-8-24	现场加工主筋焊接连接	1 t		10.164	12	2001001 量 1.025；2001002 量 0
-b		带肋钢筋（HRB335、HRB400）	kg	85 774.80			
	4-4-8-24	现场加工主筋焊接连接	1 t		85.775	12	2001001 量 0；2001002 量 1.025
403-2		下部结构钢筋					
-b		带肋钢筋（HRB335、HRB400）	kg	65 460.00			
	4-6-4-9	现场加工盖梁钢筋	1 t		24.008	12	2001001 量 0；2001002 量 1.025
	4-6-4-11	现场加工耳背墙钢筋	1 t		8.260	12	2001001 量 0；2001002 量 1.025
	4-6-2-24	现场加工柱式墩台 10 m 以内主筋焊接连接	1 t		7.268	12	2001001 量 0；2001002 量 1.025

续表

分项编号	定额编号	名　　称	单　位	工程量	定额工程量	费率编号	定额调整状态
	4-6-3-5	现场加工桥（涵）台帽钢筋	1 t		25.924	12	2001001 量 0； 2001002 量 1.025
403-3		上部结构钢筋					
-b		带肋钢筋（HRB335、HRB400）	kg	151 280.000			
	4-7-15-3	现场加工预制安装预应力箱梁钢筋	1 t		125.256	12	2001001 量 0； 2001002 量 1.025
	4-6-13-8	水泥及防水混凝土钢筋（直径 8 mm 以上）	1 t		26.024	12	2001001 量 0； 2001002 量 1.025
405		钻孔灌注桩					
405-1		钻孔灌注桩					
-a		陆上钻孔灌注桩					
-1		ϕ1.5 m	m	300.000			
	4-4-4-42	陆上桩径 150 cm 以内孔深 40 m 以内黏土	10 m		9.000	8	
	4-4-4-43	陆上桩径 150 cm 以内孔深 40 m 以内砂砾	10 m		9.000	8	
	4-4-4-46	陆上桩径 150 cm 以内孔深 40 m 以内软石	10 m		12.000	8	
	4-4-8-11	回旋潜水钻 ϕ150 cm 以内起重机配吊斗砼	10 m^3 实体		106.030	8	
	4-4-8-28	灌注桩检测管	1 t		5.112	12	
	4-4-9-7	干处埋设钢护筒	1 t		54.528	12	
	4-11-11-16	90 m^3/h 以内混凝土拌和站拌和	100 m^3		12.734	6	
	4-11-11-26	8 m^3 搅拌运输车运混凝土 1 km	100 m^3		12.734	3	
410		结构混凝土工程					
410-2		混凝土下部结构					
-b		桥墩混凝土					
-1		C35 混凝土墩柱	m^3	40.500			
	4-6-2-12	圆柱式墩台混凝土非泵送（高 10 m 以内）	10 m^3 实体		4.050	8	
	4-11-11-16	90 m^3/h 以内混凝土拌和站拌和	100 m^3		0.413	6	
	4-11-11-26	8 m^3 搅拌运输车运混凝土 1 km	100 m^3		0.413	3	

续表

分项编号	定额编号	名称	单位	工程量	定额工程量	费率编号	定额调整状态
-c		盖梁混凝土					
-1		C35 混凝土盖梁	m^3	119.700			
	4-6-4-1	盖梁非泵送	10 m^3 实体		11.970	8	
	4-11-11-16	90 m^3/h 以内混凝土拌和站拌和	100 m^3		1.221	6	
	4-11-11-26	8 m^3 搅拌运输车运混凝土 1 km	100 m^3		1.221	3	
-d		台帽混凝土					
-1		C35 混凝土台帽	m^3	136.600			
	4-6-3-1	墩、台帽混凝土非泵送	10 m^3 实体		13.660	8	
	4-11-11-16	90 m^3/h 以内混凝土拌和站拌和	100 m^3		1.393	6	
	4-11-11-26	8 m^3 搅拌运输车运混凝土 1 km	100 m^3		1.393	3	
-2		C35 混凝土耳背墙	m^3	57.400			
	4-6-4-7	耳背墙混凝土	10 m^3 实体		5.740	8	
	4-11-11-16	90 m^3/h 以内混凝土拌和站拌和	100 m^3		0.059	6	
	4-11-11-26	8 m^3 搅拌运输车运混凝土 1 km	100 m^3		0.059	3	
411		预应力混凝土工程					
411-5		后张法预应力钢绞线	kg	14 044.000			
	4-7-19-17	预应力钢绞线束长 40 m 以内 7 孔每 t8.72 束	1 t		6.484	12	+18×4.9; 6005009 换 6005007
	4-7-19-15	预应力钢绞线束长 40 m 以内 3 孔每 t10.88 束	1 t		6.683	12	+16×1.97; 6005005 换 6005006
	4-7-19-45	预应力钢绞线负弯矩应力 16 m 以内 4 孔每 t18.244 束	1 t		0.877	12	+46×2.034; 6005025 换 6005024
411-8		预制预应力混凝土上部结构					
-a		C50 混凝土箱梁	m^3	520.200			
	4-7-15-2	预制等截面箱梁混凝土泵送	10 m^3		52.020	8	
	4-8-7-1	龙门架装车（构件重 100 t 以内）运梁车运输 1 km	100 m^3 实体		5.202	3	

续表

分项编号	定额编号	名称	单位	工程量	定额工程量	费率编号	定额调整状态
	4-8-7-1	龙门架装车（构件重 100 t 以内）运梁车运输 3 km	100 m^3 实体		5.202	3	+5×4
	4-7-15-5	安装双梁式架桥机简支梁（跨径 30 m 以内）	10 m^3		52.020	8	
	4-7-28-2	双导梁	10 t 金属设备		11.570	12	7901001 量 10800
	4-7-28-3	跨墩门架高 9 m	10 t 金属设备		2.970	12	7901001 量 8400
	7-1-4-3	轨道铺设在路基上钢轨重 32 kg/m	100 m		2.000	6	
	7-1-4-4	轨道铺设在桥面上钢轨重 32 kg/m	100 m		0.350	6	
	4-11-11-16	90 m^3/h 以内混凝土拌和站拌和	100 m^3		5.358	6	
	4-11-11-26	8 m^3 搅拌运输车运混凝土 1 km	100 m^3		5.358	3	
415		桥面铺装					
415-2		水泥混凝土桥面铺装	m^3	518.400			
	4-6-13-5	防水混凝土面层非泵送	10 m^3 实体		51.840	4	
	4-11-11-16	90 m^3/h 以内混凝土拌和站拌和	100 m^3		5.288	6	
	4-11-11-26	8 m^3 搅拌运输车运混凝土 1 km	100 m^3		5.288	3	
		清单 第 600 章　安全设施及预埋管线					
604		道路交通标志					
604-8		里程碑	个	2.000			
	5-1-6-1	混凝土里程碑	100 块		0.020	6	
604-10		百米桩	个	25.000			
	5-1-6-2	混凝土百米桩	100 块		0.250	6	
605		道路交通标线					
605-1		热熔型涂料路面标线					
-a		热熔反光标线	m^2	2 957.500			
	5-1-5-4	沥青路面热熔标线	100 m^2		29.575	6	
		清单 第 700 章　绿化及环境保护设施					
703		撒播草种和铺植草皮					
703-1		撒播草种（含喷播）	m^2	27 744.500			
	1-4-2-7	机械液压喷播植草（填方边坡）	1 000 m^2		27.745	6	

任务 4.6　数量单价法计算费用

▶ 任务引入

公路工程建设项目“赣州××一级公路新建工程”A1 标段有“借土填方”清单子目，工程量为 301 323 m^3（天然方），土方需计算资源费，借土地点有两个，地点 1 借土方 101 323 m^3，资源费单价为 0.5 元/m^3；地点 2 借土方 200 000 m^3，资源费单价为 0.3 元/m^3，两个地点的运距都是 1 km，均为硬土，土方资源费需计算利润和税金。土方用 2 m^3 挖掘机挖装，用 15 t 以内的自卸汽车运，用 15 t 以内的光轮压路机压实。试用数量单价法和套定额计算该借土填方清单子目的费用。

▶ 任务分析

“借土填方”清单子目的综合单价的计算，需要用数量单价法来计算土方资源费，还需套定额计算施工的费用，两块费用合并起来为该清单子目的费用。

相关知识

有的清单子目是直接知道综合单价的，如信息化系统多少钱一套。对某些已知综合单价的子目，其金额等于数量乘以综合单价，这就是数量单价法。

数量单价法的操作，可以在“造价书”界面下半部分的“定额计算”窗口里，输入费用名称、单位、工程量、单价来计算；若已知某个清单子目的综合单价，也可直接在工程量清单的“清单单价”列输入综合单价。

4.6.1　在“定额计算”窗口计算

【操作】：在“造价书”界面下半部分的“定额计算”窗口里，在“名称”“单位”“工程量”“单价”栏分别输入费用名称、单位、工程量、单价，如需计算利润和税金，则选择“利润”和“税金”前的方框打勾，软件会自动计算出费用。一个清单子目的单价由几个已知单价的费用子目组成，就输入几行，如图 4-57 所示的土方资源费的计算。

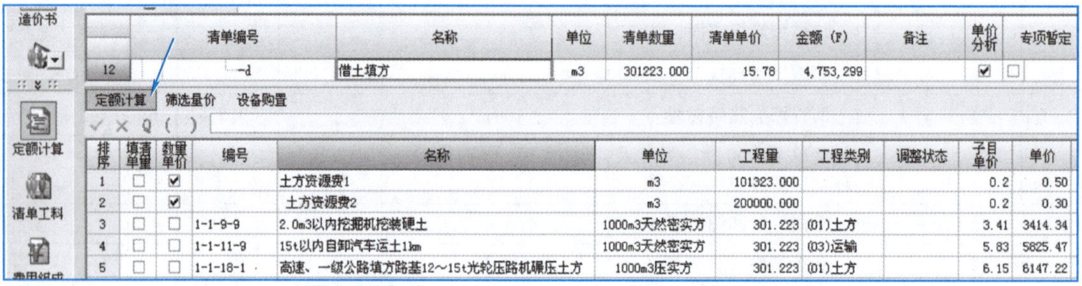

	清单编号	名称	单位	清单数量	清单单价	金额（F）	备注	单价分析	专项暂定
12	-d	借土填方	m3	301223.000	15.78	4,753,299		☑	☐

排序	填清单量	数量单价	编号	名称	单位	工程量	工程类别	调整状态	子目单价	单价
1	☐	☑		土方资源费1	m3	101323.000			0.2	0.50
2	☐	☑		土方资源费2	m3	200000.000			0.2	0.30
3	☐	☐	1-1-9-9	2.0m3以内挖掘机挖装硬土	1000m3天然密实方	301.223	(01)土方		3.41	3414.34
4	☐	☐	1-1-11-9	15t以内自卸汽车运土1km	1000m3天然密实方	301.223	(03)运输		5.83	5825.47
5	☐	☐	1-1-18-1	高速、一级公路填方路基12~15t光轮压路机碾压土方	1000m3压实方	301.223	(01)土方		6.15	6147.22

图 4-57　在“定额计算”窗口里计算子目单价

选择单位时，在“单位”栏双击鼠标，再单击出现的下拉箭头，可在下拉列表中选择单位。

计算一个清单子目的综合单价时，可以同时用数量单价法和套定额来计算。如借土填方，当土方需要计算资源费时，土方的费用是用借土数量乘以土方资源费单价，而挖装运压这些工序的施工，则需要套定额来计算费用。当输入完成数量单价计算的子目后，继续在“编号”栏输入所选定额的编号或在定额库中选择定额，这时数量单价和定额计算这两个计算结果一并构成清单子目“借土填方”的综合单价，如图 4-57 所示。

▶ 任务实施

【实操练习 4-14】 公路工程建设项目“赣州××一级公路新建工程”A1 标段有“借土填方”清单子目，工程量为 301 323 m^3（天然方），土方需计算资源费，借土地点有两个，地点 1 借土方 101 323 m^3，资源费单价为 0.5 元/m^3；地点 2 借土方 200 000 m^3，资源费单价为 0.3 元/m^3，两个地点的运距都是 1 km，均为硬土，土方资源费需计算利润和税金。土方用 2 m^3 挖掘机挖装，用 15 t 以内的自卸汽车运，用 15 t 以内的光轮压路机压实。试用数量单价法和套定额计算该借土方填筑清单子目的费用。

实操练习 4-14 操作视频

【分析】：需要同时用到数量单价法和套定额计算。用数量单价法计算两个地方的土方资源费；根据施工方案，套定额“1-1-9-9　2.0 m^3 以内挖掘机挖装硬土”“1-1-11-9　15 t 以内自卸汽车运土 1 km”“1-1-18-1 高速、一级公路填方路基 12~15 t 光轮压路机碾压土方”来计算挖装、运输、碾压的费用。

【操作】：

(1) 在“造价书”界面，单击选中工程量清单中的“借土填方”子目。

(2) 在“定额计算”窗口的“名称”列输入“土方资源费 1”，双击“单位”列，单击出现的下拉箭头，在下拉菜单中选择单位为“m^3”，在“工程量”列输入工程量为 101 323，在“单价”列输入 0.5，并在“利润”和“税金”前的方框打勾。

(3) 在“定额计算”窗口另一行的“名称”列输入“土方资源费 2”，按第 (2) 步操作分别输入单位 m^3、工程量 200 000、单价 0.3，并在“利润”和“税金”前的方框打勾。

(4) 以输入定额编号的方式套定额。在“定额计算”窗口的“编号”列分别输入定额编号 1-1-9-9，1-1-11-9，1-1-18-1 并按 Enter 键。结果如图 4-57 所示。

4.6.2　在工程量清单的“清单单价”列输入综合单价

如果信息化系统（暂估价）是 100 000 元/套，直接在工程量清单的“清单单价”列输入 100 000，如图 4-58 所示。

清单编号	名称	单位	清单数量	清单单价	金额（F）
102-4	信息化系统(暂估价)	总额	1.000	100000.00	100,000

图 4-58　在工程量清单“清单单价”列输入单价

常见问题解析

在“定额计算”窗口用数量单价法计算清单子目费用时，要逐行在“名称”“单位”“工程量”“单价”栏中输入相应的数据，有几个已知数量单价的费用子目，就输入几行。

任务 4.6 考核与评价操作视频

考核与评价

数量单价法计算费用	姓名：	
	班级：	
	自评	师评
考核评价内容	掌握： 未掌握：	合格： 不合格：
建立并打开建设项目“江西××一级公路改建工程”的造价文件“A1”，根据表 4-8 所示内容建立工程量清单并计算各费用。		

表 4-8　原始数据表

编　　号	名　　称	单　位	工程量	费率编号	单价或定额调整状态
	清单 第 100 章　总则				
102	工程管理				
102-4	信息化系统（暂估价）	总额	1. 000		综合单价为：200000
	清单 第 200 章　路基				
204	填方路基				
204-1	路基填筑（包括填前压实）				
-d	借土填方	m^3	301 323. 000		
1-1-9-9	2. 0 m^3 以内挖掘机挖装硬土	1 000 m^3 天然密实方	328. 442	1	
1-1-11-9	15 t 以内自卸汽车运土 5 km	1 000 m^3 天然密实方	337. 482	3	+10×8
1-1-18-1	高速、一级公路填方路基 12～15 t 光轮压路机碾压土方	1 000 m^3 压实方	301. 323	1	
	土方资源费 1	m^3	128 442. 000		单价：0. 50
	土方资源费 2	m^3	200 000. 000		单价：0. 30

任务 4.7　基数计算法计算费用

▶ 任务引入

任务 4.7（1）

公路工程建设项目“赣州××一级公路新建工程”A1 标段的招标文件专用合同条款规定：除项目专用合同条款另有约定外，公路工程安全生产费用应为投标报价（不含安全生产费、建筑工程一切险及第三者责任险的保险费）的 1.5%，试计算该项目安全生产费的清单预算金额。

任务 4.7（2）

A1 标招标文件专用合同条款规定：建筑工程一切险的保险金额为工程量清单第 100 章（不含建筑工程一切险及第三者责任险的保险费）至 700 章的合计金额。保险费率：见项目专用条款数据表。

招标文件专用合同条款数据表规定：建筑工程一切险的保险费率为 2‰。

试计算该项目建筑工程一切险的清单预算金额。

任务 4.7（3）

A1 标招标文件专用合同条款规定：第三者责任险的最低投保金额 500 万元人民币，事故次数不限（不计免赔额），保险费率为 3‰。某投标单位投保金额为 500 万元，试计算第三者责任险的清单预算金额。

▶ 任务分析

任务 4.7（1）

根据该项目合同条款规定，安全生产费 =（投标报价−安全生产费−建筑工程一切险−第三者责任险）×1.5%。

任务 4.7（2）

根据该项目合同条款规定，工程一切险的金额 = 工程量清单第 100 章（不含建筑工程一切险及第三者责任险的保险费）至 700 章的合计金额×2‰ =（工程量清单第 100 章至 700 章的合计金额−工程一切险−第三者责任险）×2‰。

任务 4.7（3）

根据该项目合同条款规定，第三者责任险 = 投保金额×3‰ = 500 万元×3‰。

相关知识

清单中一些子目的费用，特别是第 100 章内的一些子目，是用计算基数乘以费率来计算的，如建筑工程一切险、安全生产费，需要输入包含计算基数的表达式来计算，这就是“基数计算法”。

操作分为两步，一是调出表达式编辑器，二是在表达式编辑器中输入费用计算的表达式。

4.7.1　调出表达式编辑器

【操作】：

单击“造价书”界面工程量清单中需要用基数计算法计算的费用所在行的“金额”列，再单击出现的三个点图标，如图 4−59 所示，弹出“表达式编辑器”对话框，如图 4−60 所示。

可在“表达式”所在行输入费用计算的表达式。注意表达式中有变量时要有“=”，应避免误删“=”。

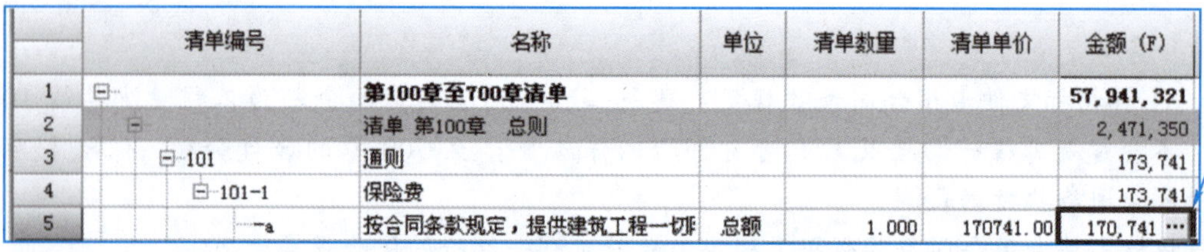

	清单编号	名称	单位	清单数量	清单单价	金额 (F)
1	⊟	第100章至700章清单				57,941,321
2	⊟	清单 第100章 总则				2,471,350
3	⊟101	通则				173,741
4	⊟101-1	保险费				173,741
5	-a	按合同条款规定，提供建筑工程一切	总额	1.000	170741.00	170,741 ···

图 4-59　三个点图标

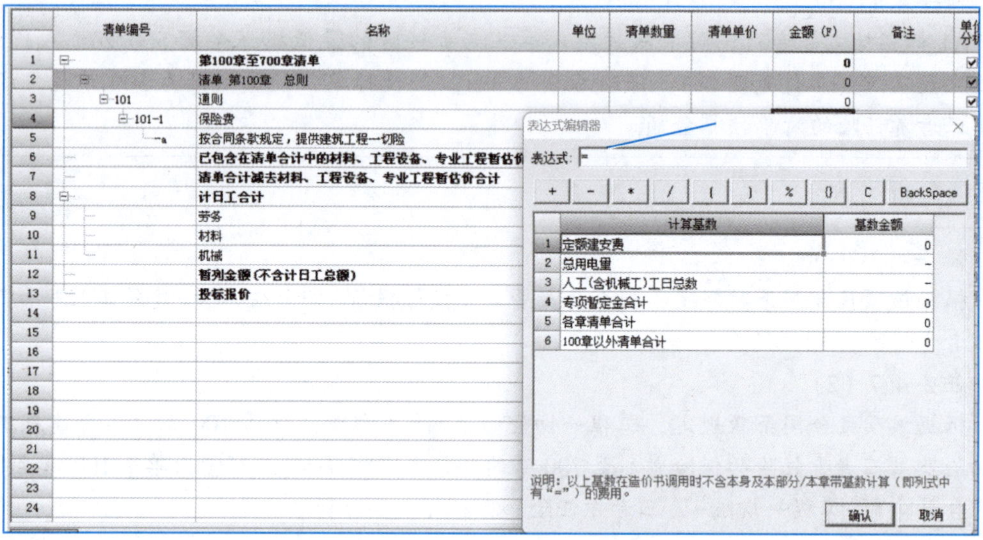

	清单编号	名称	单位	清单数量	清单单价	金额 (F)	备注	单价分析
1	⊟	第100章至700章清单				0		☑
2	⊟	清单 第100章 总则				0		☑
3	⊟101	通则				0		☑
4	⊟101-1	保险费						
5	-a	按合同条款规定，提供建筑工程一切险						
6		已包含在清单合计中的材料、工程设备、专业工程暂估价						
7		清单合计减去材料、工程设备、专业工程暂估价合计						
8	⊟	计日工合计						
9		劳务						
10		材料						
11		机械						
12		暂列金额(不含计日工总额)						
13		投标报价						

图 4-60　“表达式编辑器”对话框

4.7.2　输入费用计算表达式

第一种情况：关于费用计算需要的基数，软件已进行了预定义，并列在“表达式编辑器”中，可直接调用。

【操作】：用鼠标双击表达式编辑器左侧的费用名称，则该费用会进入到“表达式”所在行，再根据费用计算表达式看是否需要继续输入其他的数值。

第二种情况：可用金额列 F 列+所在行号所对应的单元格的数值来表示费用，如图 4-61 中，第三者责任险的金额为 F 列，所在行号为 6，故可以用 F6 来表示，{各章清单合计} 的数值在 F 列第 1 行，可用 F1 来表示。

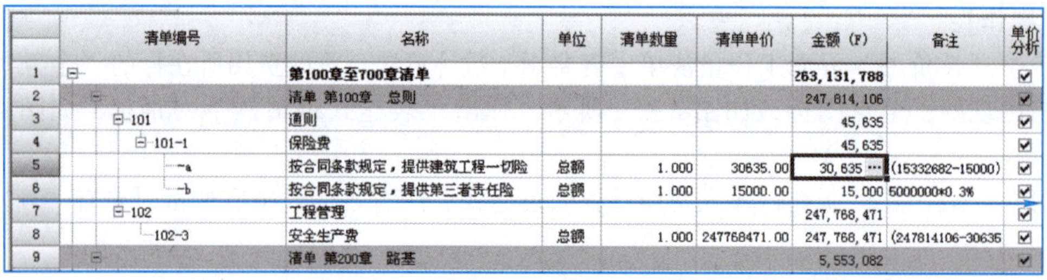

	清单编号	名称	单位	清单数量	清单单价	金额 (F)	备注	单价分析
1	⊟	第100章至700章清单				263,131,788		☑
2	⊟	清单 第100章 总则				247,814,106		☑
3	⊟101	通则				45,635		☑
4	⊟101-1	保险费				45,635		☑
5	-a	按合同条款规定，提供建筑工程一切险	总额	1.000	30635.00	30,635 ···	(15332682-15000)	☑
6	-b	按合同条款规定，提供第三者责任险	总额	1.000	15000.00	15,000	5000000*0.3%	☑
7	⊟102	工程管理				247,768,471		☑
8	102-3	安全生产费	总额	1.000	247768471.00	247,768,471	(247814106-30636	☑
9	⊟	清单 第200章 路基				5,553,082		☑

图 4-61　第三者责任险的金额所在行号和列号

▶ 任务实施

任务 4.7（1）

【实操练习 4-15】：公路工程建设项目“赣州××一级公路新建工程”A1 标段的招标文件专用合同条款规定：除项目用合同条款另有约定外，公路工程安全生产费用应为投标报价（不含安全生产费、建筑工程一切险及第三者责任险的保险费）的 1.5%，试计算该项目安全生产费的清单预算金额。

实操练习 4-15
操作视频

【分析】：根据该项目合同条款规定，安全生产费=(投标报价-安全生产费-建筑工程一切险-第三者责任险)×1.5%，因软件默认安全生产费计算的基数不包含它本身，故安全生产费=(投标报价-建筑工程一切险-第三者责任险)×1.5%。

【操作】：

（1）单击工程量清单中“安全生产费”所在行的金额列，出现三个点图标，再单击三个点的图标，出现“表达式编辑器”对话框。

（2）如图 4-62 所示，投标报价所在的行号为 31，建筑工程一切险所在行号为 5，第三者责任险所在行号为 6，这些费用的金额分别用 F31、F5、F6 代替。在表达式编辑器中输入“(F31-F5-F6)”，再输入“＊1.5%”，如图 4-62 所示，单击“确定”按钮即可。

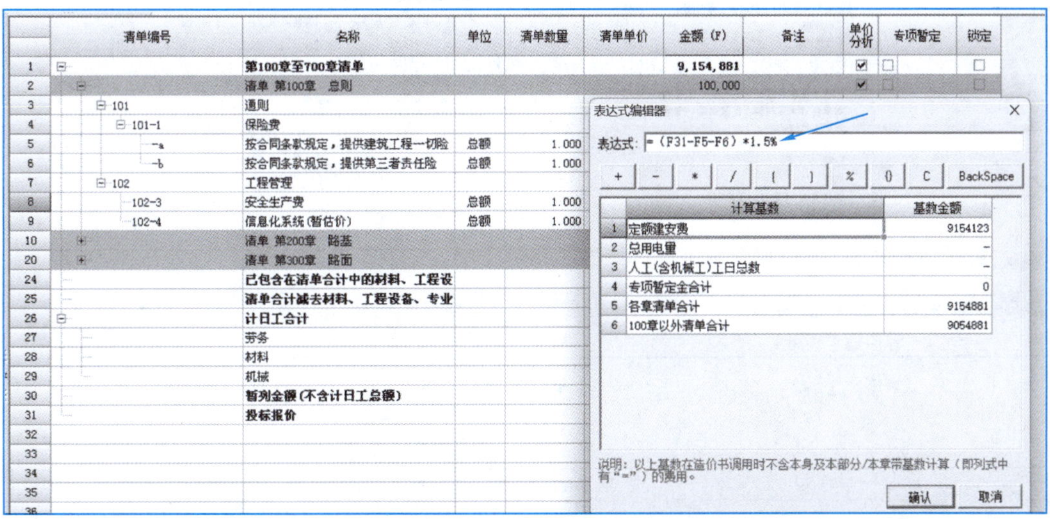

图 4-62　“表达式编辑器”对话框中输入安全生产费计算表达式

▶ 任务实施

任务 4.7（2）

【实操练习 4-16】：A1 标招标文件专用合同条款规定：建筑工程一切险的保险金额为工程量清单第 100 章（不含建筑工程一切险及第三者责任险的保险费）至 700 章的合计金额。保险费率：见项目专用条款数据表。

实操练习 4-16
操作视频

招标文件专用合同条款数据表规定：建筑工程一切险的保险费率为2‰。

试计算该项目建筑工程一切险的清单预算金额。

【分析】：根据该项目合同条款规定，则工程一切险的金额＝工程量清单第100章（不含建筑工程一切险及第三者责任险的保险费）至700章的合计金额×2‰，工程量清单第100章至700章的合计金额即为各章清单合计，软件认默认第100章到700章的合计金额不包含需设定公式计算的费用，第100章到700章的合计金额不包含工程一切险本身，故建筑工程一切险＝(各章清单合计－第三者责任险)×2‰。

【操作】：单击工程量清单中建筑工程一切险所在行的金额列，出现三个点图标，再单击三个点的图标，出现“表达式编辑器”对话框。

如图4-63所示，第三者责任险所在的行号为6，用F6代表。在“表达式编辑器”中输入“(”，再双击“各章清单合计”，然后继续输入“-F6)＊0.2%”，如图4-63所示，单击“确定”即可。

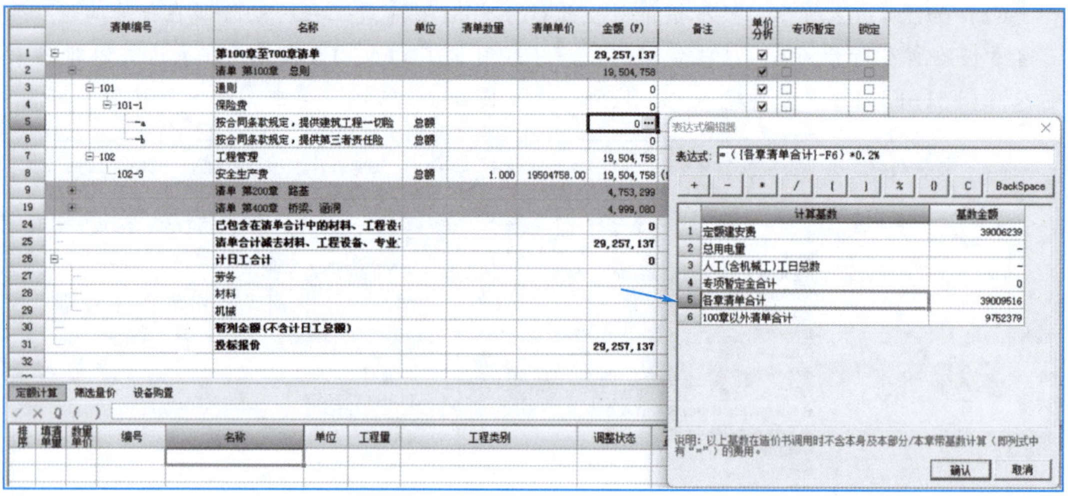

图4-63 “表达式编辑器”对话框中输入建筑工程一切险计算表达式

▶ 任务实施

任务4.7（3）

【实操练习4-17】：A1标招标文件专用合同条款规定：第三者责任险的最低投保金额为500万元人民币，事故次数不限（不计免赔额），保险费率为3‰。某投标单位投保金额为500万元，试计算第三者责任险的清单预算金额。

实操练习4-17
操作视频

【操作】：单击工程量清单中第三者责任险所在行的金额列，出现三个点图标，再单击三个点的图标，出现“表达式编辑器”对话框。输入“5 000 000＊3‰”，单击“确定”按钮即可，如图4-64所示。

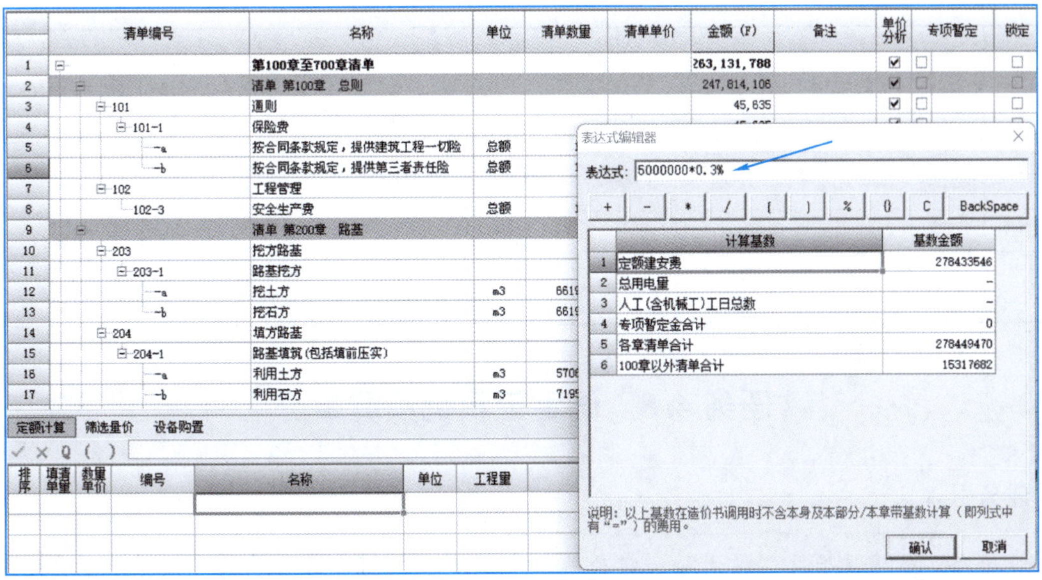

图 4-64　“表达式编辑器”对话框中输入第三者责任险计算表达式

常见问题解析

在输入费用计算的表达式时，如果表达式中存在变量，式中要有“=”号；如果表达式为常数表达式，则不需要“=”。

任务 4.7 考核与评价操作视频

考核与评价

<table>
<tr><td rowspan="3">基数计算法计算费用</td><td colspan="2">姓名：</td></tr>
<tr><td colspan="2">班级：</td></tr>
<tr><td>自评</td><td>师评</td></tr>
<tr><td>考核评价内容</td><td>掌握：
未掌握：</td><td>合格：
不合格：</td></tr>
<tr><td>建立并打开建设项目“江西××一级公路改建工程”的造价文件“A1”，根据表 4-9 所示内容建立工程量清单并计算各费用。</td><td></td><td></td></tr>
</table>

表 4-9　原始数据表

编号	名　称	单位	工程量	计算表达式
	第 100 章至 700 章清单			
	清单 第 100 章　总则			
101	通则			
101-1	保险费			

续表

编号	名　　称	单位	工程量	计算表达式
-a	按合同条款规定，提供建筑工程一切险	总额	1.000	=（第100至700章的合计金额-第三者责任险的保险费）*0.3%
-b	按合同条款规定，提供第三者责任险	总额	1.000	1 000 000*0.3%
102	工程管理			
102-3	安全生产费	总额	1.000	=(投标报价-建筑工程一切险-第三者责任险)×1.5%

任务4.8　确定工料机预算单价

▶ 任务引入

公路工程建设项目“赣州××一级公路新建工程”A1标段工程量清单预算中需要使用到的材料有中（粗）砂、32.5级水泥，请计算中（粗）砂、32.5级水泥的材料预算价。中（粗）砂从料场购买，购买价50元/m³，单位运价0.8元，运距20 km，装卸费5元/t，装卸1次。32.5级水泥从水泥厂购买，购买价384元/t，单位运价0.5元，运距40 km，装卸费5元/t，装卸1次，均为汽车运输。

▶ 任务分析

材料预算价是指材料运到工地中心仓库的价格，是市场价。材料预算价格由材料原价、运杂费、场外运输损耗、采购及保管费组成。材料预算价格=(材料原价+运杂费)×(1+场外运输损耗率)×(1+采购及保管费率)-包装品回收价值。在软件中计算材料预算价时，要输入相应的计算数据。

相关知识

当套完所有定额后，软件会自动计算并汇总定额内包含的人工、材料、施工机械台班名称和数量，并在“工料机”窗口汇总显示。

单击“造价书界面”左侧的“工料机”图标，进入“工料机”窗口，如图4-65所示。

软件默认工料机的预算单价等于其定额单价，用蓝色表示；当预算单价与定额单价不相等时用白色表示。

预算单价有直接输入、计算、导入单价文件等确定方式。

4.8.1　人工预算单价

对于人工预算单价，查工程所在地省份《编制办法》补充规定即可。可通过纵横公路工程造价管理软件“帮助”菜单中“2018编制办法及定额章节说明”选项下的“各省编制办法补充规定2018”选项，查看人工预算单价。如江西省《编制办法》补充规定中明确了该省公路工程生产工人人工费单价和项目类别或公路等级与取费等级的对应关系（见表 4-10）。

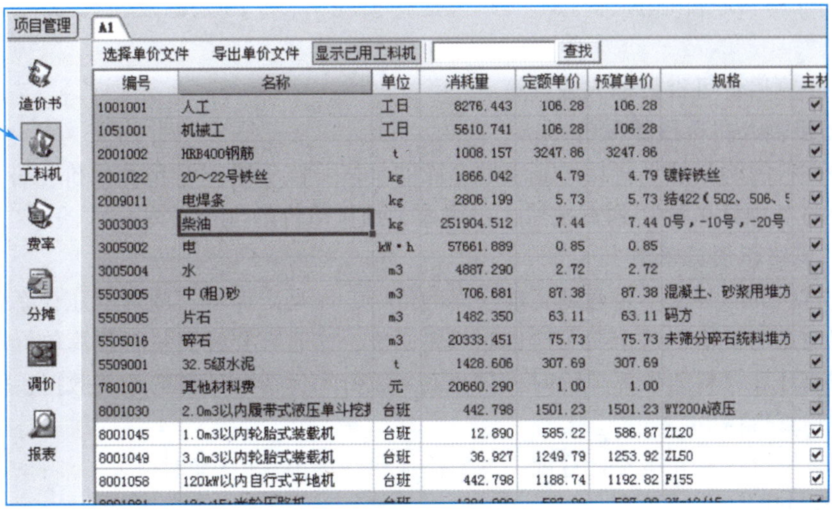

图 4-65　“工料机”窗口

表 4-10　江西省公路工程生产工人人工费单价表

项目类别或公路等级	高速公路、一级公路、独立特大桥、隧道工程、独立技术复杂大桥	二级公路、一般独立大桥	三级公路、四级公路、等外公路
取费等级	一级	二级	三级
人工费单价/(元/工日)	108.02	97.22	86.42

【提示】：人工费单价仅作为编制工程造价的依据，不作为施工企业实发工资的依据，今后应根据国家人工工资政策的变化情况及时测算和发布。

在查询《编制办法》补充规定得知人工预算单价后，直接在“预算单价”列输入即可。

【操作】：在“工料机”窗口的“预算单价”列直接输入人工预算单价并按 Enter 键，如图 4-66 所示。

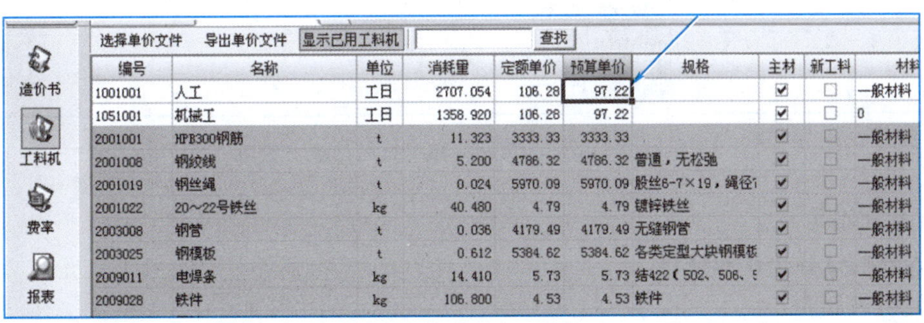

图 4-66　输入人工预算单价

4.8.2　材料预算单价

材料的预算单价，是指材料运达工地仓库的价格，不是材料的出厂价格，而是材料的市场价格。材料预算价格由材料原价、运杂费、场外运输损耗、采购及仓库保管费组成。材料预算价格=(材料原价+运杂费)×(1+场外运输损耗率)×(1+采购及保管费率)-包装品回收价值。

材料预算单价可直接输入或计算。

1. 直接输入材料预算单价

有些材料的购买价是直接运到工地仓库的价格，该价格就是预算单价，可在“工料机”窗口相应的“预算单价”列直接输入，跟人工预算单价的输入一样。

2. 计算材料预算单价

有些材料的购买价不是运到工地仓库的价格，而是出厂价，或离工地仓库有一定距离的某个供应地点的价格，这个购买价也叫材料原价，这时需要计算材料预算单价。

当需要计算材料的预算单价时，只要输入原价和运杂费计算的相关数据，软件会自动计算出材料预算价格。

在进行原价计算和运费计算前，需要添加要计算预算单价的材料。

1）添加计算材料

【操作】：在“工料机”窗口中双击材料名称，或用鼠标右键单击材料名称，选择右键菜单中的“添加计算材料”选项，即可添加计算材料，该材料添加到了“工料机”窗口的下半部分“材料计算”窗口中，如图 4-67 所示。

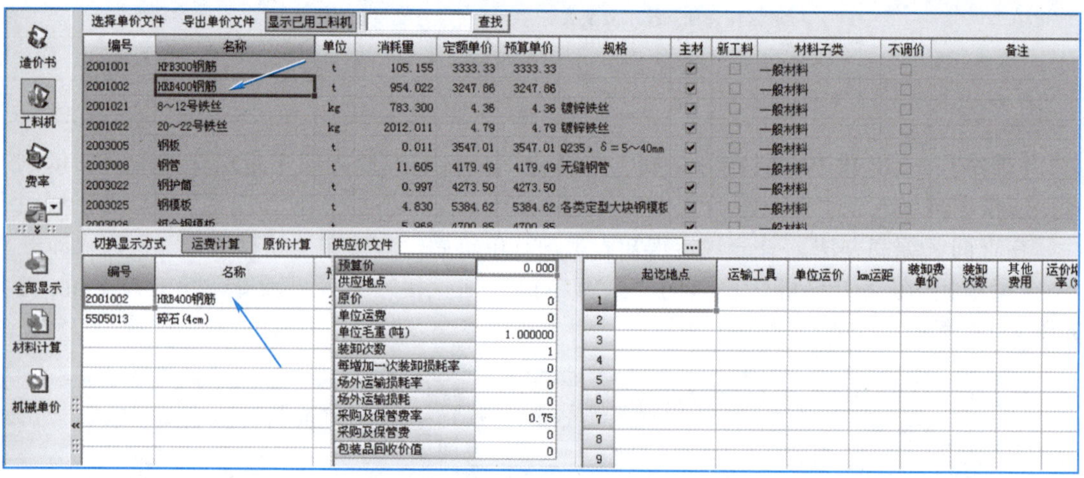

图 4-67　添加计算材料和“材料计算”窗口

2）原价计算

分为外购材料和自采材料。

（1）外购材料。

当材料为外购材料时，其原价为购买价、供应价或出厂价，此时原价已知。可在“材料计算”窗口单击选中需要计算原价的材料，再单击“原价计算”按钮，在“原价计算”窗口输入供应地点和供应价，如图 4-68 所示，也可直接在窗口中间的“原价”栏直接输入材料原价并按 Enter 键。

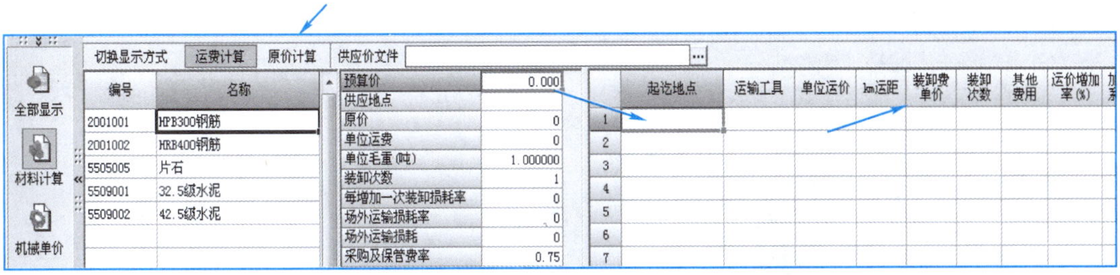

图 4-68　在“原价计算”窗口输入原价数据

（2）自采材料。

自采材料的原价是未知的，需要套相应的定额来计算材料的原价。

【操作】：在“材料计算”窗口，单击需要原价计算的材料名称，再单击“原价计算”按钮，出现“原价计算”窗口，在“供应地点”列输入供应地点，然后在如图 4-69 所示的“定额编号”列双击，出现定额菜单，不断双击需要查找定额的章节名称（在公路工程预算定额的第八章材料采集及加工中选择定额），会显示下一级内容，用鼠标双击需要选择的定额，所选定额会在“定额编号”列显示，如图 4-69 所示，其材料原价也计算出来，为图中所示的供应价。

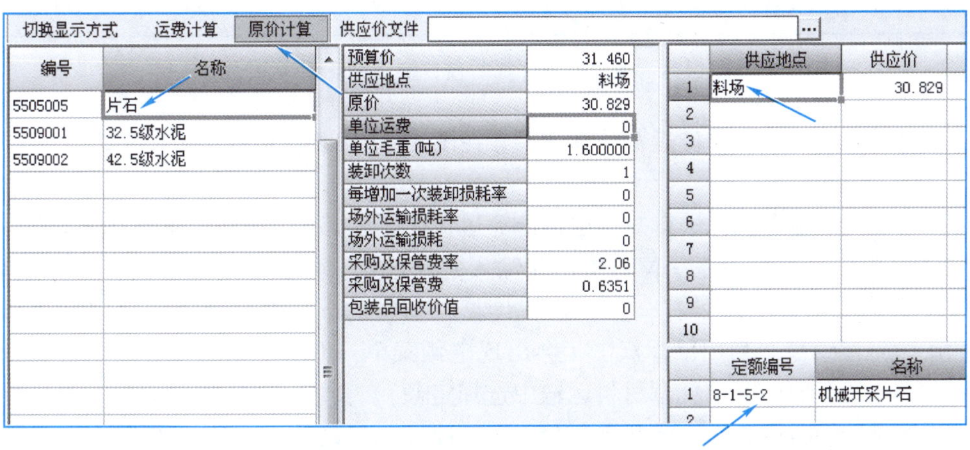

图 4-69　自采材料原价计算

3）运费计算

运费计算跟运输方式有关，有社会力量运输和自办运输两种方式。运输工具又有汽车运输、铁路运输等。运输方式不同，运费计算方法也不同。

（1）社会力量运输。

【操作】：

① 在“材料计算”窗口，单击需要计算运费的材料名称，再单击“运费计算”按钮，出现运费计算窗口，里面包含“起讫地点”“运输工具”“单位运价”“km 运距”“装卸费单价”“装卸次数”“其他费用”等运费计算数据，如图 4-70 所示。

② 社会力量运输的运费计算数据是已知的，依次在“起讫地点”“运输工具”“单位运

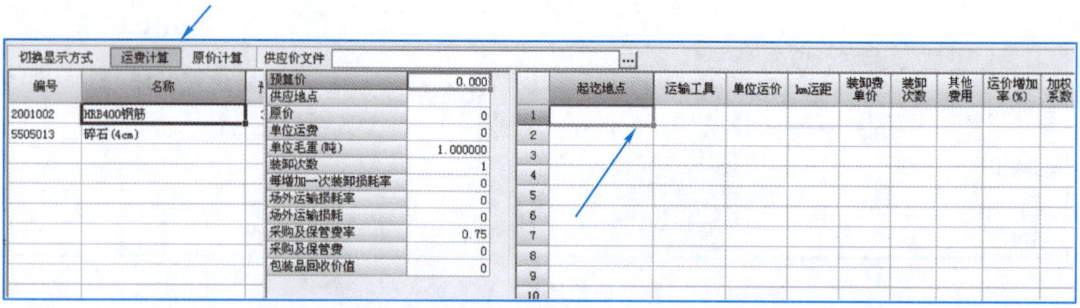

图 4-70 “运费计算”按钮和“运费计算”窗口

价”“km 运距”“装卸费单价”“装卸次数”“其他费用”栏输入运费计算数据，如图 4-71 所示。

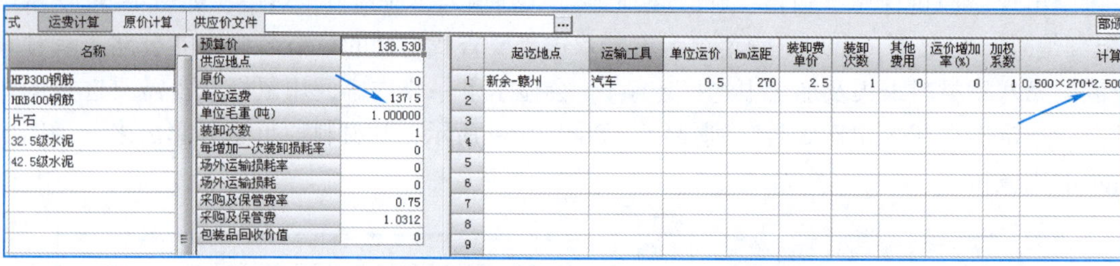

图 4-71 在“运费计算”窗口输入运费计算数据

运费计算的计算式、单位运费计算结果会在图 4-71 中相应位置显示出来。

(2) 自办运输。

如果是自办运输，则无法得知单位运价等运费计算数据，需要查定额来计算运费。

【操作】：在“运费计算”窗口中，先输入起讫地点，再在“运输工具”列单击鼠标，在下拉菜单中选择“自办运输”，在“运费计算”窗口的下半部分会出现“定额选择”小窗口，在“定额编号”列用鼠标双击，会出现定额菜单，不断双击需要查找定额的章节名称（在公路工程预算定额第九章材料运输中选择定额），会显示下一级的内容，最后用鼠标双击想要选择定额，所选择的定额将会在“定额编号”列显示，如图 4-72 所示，单位运费会计算出来并显示在图中的“单位运价”栏。

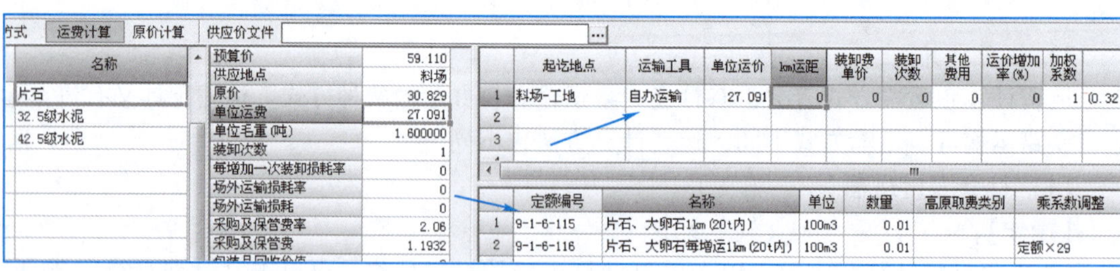

图 4-72 自办运输运费计算

通过原价计算和运费计算，可计算出材料的预算单价。

▶ 任务实施

【实操练习 4-18】 公路工程建设项目“赣州××一级公路新建工程”A1 标段清单预算中需要使用到的材料有中（粗）砂、32.5 级水泥，请计算中（粗）砂、32.5 级水泥的材料预算价。中（粗）砂从料场购买，购买价 50 元/m^3，单位运价 0.8 元，运距 20 km，装卸费 5 元/t，装卸 1 次。32.5 级水泥从水泥厂购买，购买价 384 元/t，单位运价 0.5 元，运距 40km，装卸费 5 元/t，装卸 1 次，均为汽车运输。

实操练习 4-18 操作视频

【分析】：根据材料预算价的概念和计算公式，中（粗）砂、32.5 级水泥的预算价计算数据如表 4-11 所示。

表 4-11　材料预算价计算数据表

名称	起讫地点	原价	运价	运距	装卸费	装卸次数
中（粗）砂	料场—工地	50 元/m^3	0.8 元/(t・km)	20 km	5 元/t	1 次
32.5 级水泥	水泥厂—工地	384 元/t	0.5 元/(t・km)	40 km	5 元/t	1 次

【操作】：在“工料机”窗口双击中（粗）砂、32.5 级水泥名称，添加这两种计算材料。在“材料计算”窗口选中中（粗）砂，分别在“原价计算”和“运费计算”窗口输入表 4-11 中（粗）砂的数据。在材料计算窗口选中 32.5 级水泥，分别在“原价计算”和“运费计算”窗口输入表 4-11 中 32.5 级水泥的数据。计算结果为：中（粗）砂预算单价是 85.26 元，32.5 级水泥预算单价为 421.86 元。

【提示】：如果材料的预算单价是在软件的“材料计算”窗口中计算的，则不能直接在“工料机”窗口的“预算单价”列中修改材料预算单价，否则软件会提示“当前材料单价已进行计算，不允许直接编辑预算价。如需修改，请进入左下方‘材料计算窗口’进行编辑或者删除”，这时应修改原计算数据来重新计算预算单价。有时出现这个提示，是因为无意中双击了该材料（软件默认双击为添加计算材料的快捷键），使该材料成为计算预算单价的材料而无法在“工料机”窗口中直接输入预算单价。这时可在左下角的“材料计算”窗口中，用鼠标右键单击要删除的计算材料名称，单击“删除”按钮，把该材料删除出计算材料列表，便可在“工料机”窗口的“预算单价”列输入预算单价。

4.8.3　施工机械台班预算单价

施工机械台班预算单价和工程仪器仪表台班预算价格应按现行《公路工程机械台班费用定额》（JTG/T 3833—2018）计算。其中涉及的台班人工费工日单价同生产工人人工费单价。动力燃料费用则按材料费的计算方法计算。对于车船使用税标准，考虑到各省不同，软件已把各省车船税标准整理进来，只要选择工程所在地的“车船税标准”即可。

【操作】：

（1）单击“工料机”窗口下半部分左下角的“机械单价”图标，则下半窗口切换到“机械单价”窗口，如图 4-73 所示。

（2）单击“车船税标准”按钮或“车船税标准”按钮所在行的三个点图标，会出现“打开”窗口，如图 4-74 所示，单击选择工程所在地“车船税标准”，再单击“打开”按钮即可。

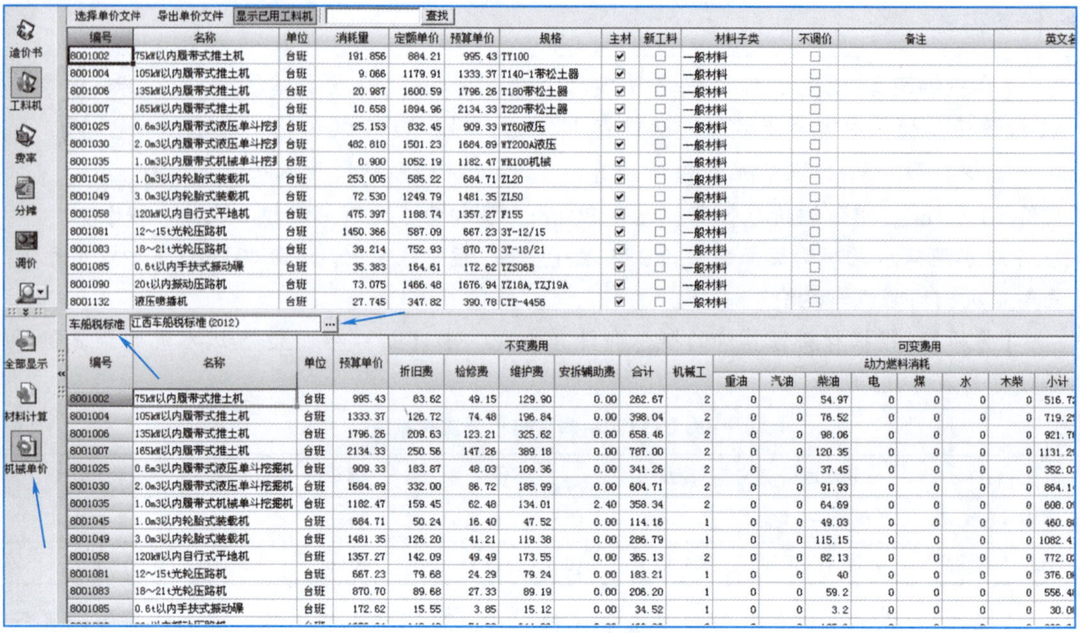

图 4-73 “机械单价”窗口

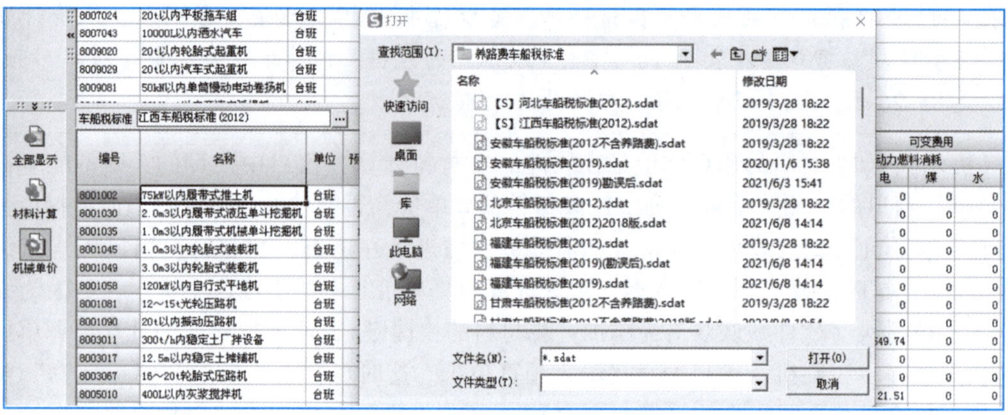

图 4-74 “打开”窗口

【注意】

（1）可导入单价文件中的工料机预算单价。当某个单价文件中的工料机预算单价可用于当前造价文件的工料机预算单价时，可导入该单价文件中的工料机预算单价。

【操作】：在“工料机”窗口，单击如图 4-75 所示的“选择单价文件”按钮，出现“选择单价文件”窗口。然后按提示选择或导入单价文件。

（2）可导出“工料机”窗口的工料机预算单价到单价文件。“工料机”窗口的工料机预算单价若想用于其他项目，可导出到单价文件。

【操作】：在“工料机”窗口，单击“导出单价文件”按钮，出现如图 4-76 所示的“导出文件”窗口，在该窗口中的“文件名”栏输入文件名，在“保存”栏中选择保存的位置，单击“保存”按钮，则以单价文件形式保存工料机预算单价数据。在其他项目中要使用时，选择“导入单价文件”导入该单价文件即可。

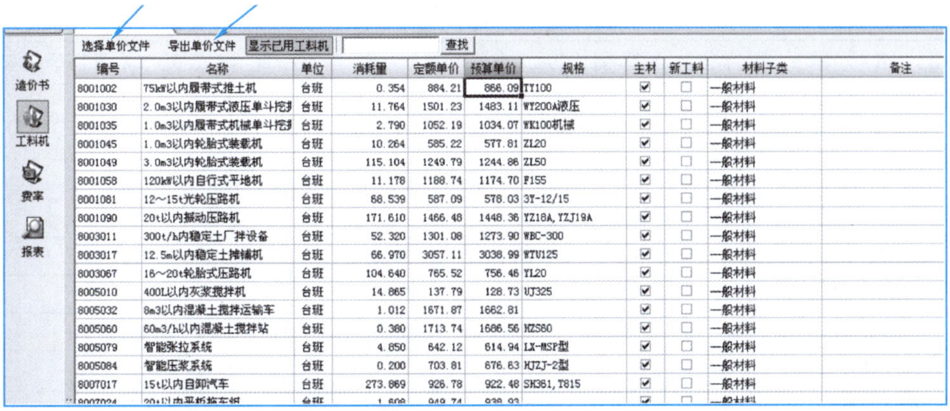

图 4-75　“选择单价文件”按钮和“导出单价文件”按钮

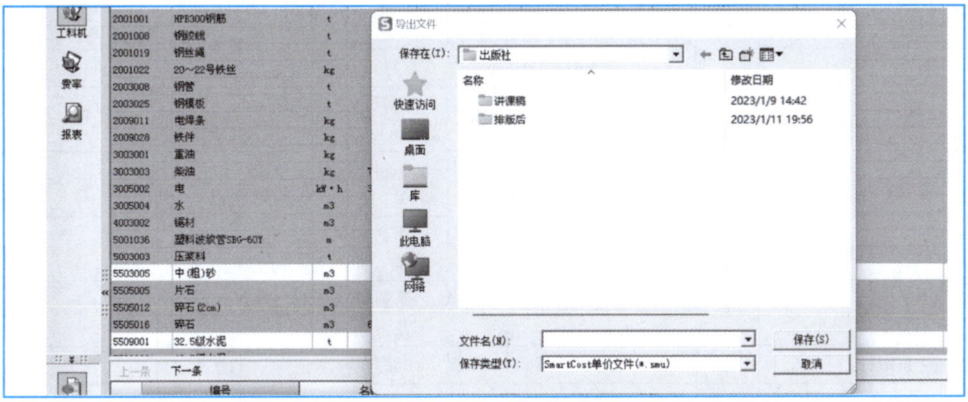

图 4-76　“导出文件”窗口

常见问题解析

在“材料计算”窗口的材料不能直接在“预算单价”栏修改预算单价，而要通过修改原价计算和运费计算数据的方式进行，或在“材料计算窗口删除流”材料，再在“预算单价”输入预算单价。

任务 4.8 考核与评价操作视频

考核与评价

<table>
<tr><td rowspan="3">确定工、料、机预算单价</td><td colspan="2">姓名：</td></tr>
<tr><td colspan="2">班级：</td></tr>
<tr><td>自评</td><td>师评</td></tr>
<tr><td>考核评价内容</td><td>掌握：
未掌握：</td><td>合格：
不合格：</td></tr>
<tr><td>1. 建立并打开建设项目“江西××一级公路改建工程”的造价文件“A1”，完成任务 4.5 的考核与评价后，根据表 4-12 所示内容输入工料机预算单价。
2. 试计算两个材料的预算单价：中（粗）砂、32.5 级水泥。其中中（粗）砂购买地点为砂料厂，原价 85 元，运距 25 km，运价 0.8 元/t/km，装卸费 5 元/t，装卸 1 次；32.5 级水泥的购买地点为水泥厂，原价 405 元，运距 35 km，运价 0.5 元/t/km，装卸费 5 元/t，装卸 1 次，均为汽车运输。
3. 选择车船税标准为：江西车船税标准（2012）。</td><td></td><td></td></tr>
</table>

表 4-12　工料机预算单价表

序号	名　　称	单位	预算单价（元）	序号	名　　称	单位	预算单价（元）
1	人工	工日	108.02	22	铁钉	kg	6.99
2	机械工	工日	108.02	23	石油沥青	t	5 711.00
3	预制构件	m^3	0.00	24	重油	kg	5.80
4	HPB300 钢筋	t	4 291.00	25	汽油	kg	11.12
5	HRB400 钢筋	t	4 047.00	26	柴油	kg	9.40
6	钢绞线	t	5 937.00	27	煤	t	561.95
7	钢丝绳	t	6 910.00	28	电	kW · h	0.85
8	8~12 号铁丝	kg	5.75	29	水	m^3	2.72
9	20~22 号铁丝	kg	5.75	30	原木	m^3	1 133.00
10	型钢	t	4 477.00	31	锯材	m3	1 501.00
11	钢板	t	4 696.00	32	枕木	m3	1 442.48
12	钢管	t	5 614.00	33	草籽	kg	90.00
13	钢护筒	t	5 384.00	34	塑料波纹管 90 mm×25 mm	m	4.87
14	钢模板	t	5 827.00	35	塑料波纹管 SBG-50Y	m	4.87
15	组合钢模板	t	5 561.00	36	塑料波纹管 SBG-60Y	m	5.75
16	安全爬梯	t	8 076.92	37	塑料波纹管 SBG-72B	m	4.61
17	空心钢钎	kg	7.84	38	压浆料	t	1 709.40
18	ϕ50 mm 以内合金钻头	个	30.97	39	硝铵炸药	kg	13.01
19	电焊条	kg	5.73	40	非电毫秒雷管	个	3.16
20	螺栓	kg	15.31	41	导爆索	m	2.05
21	铁件	kg	5.04	42	油漆	kg	13.27

任务 4.9　分　　摊

▶ 任务引入

公路工程建设项目“赣州××一级公路新建工程”A1 标段工程量清单有陆上钻孔灌注桩三种不同直径的子目，分别是 ϕ2.2 m 的共 1 454 m，ϕ2 m 的共 500 m，ϕ1.8 m 的共 100 m。集中拌和混凝土，建设一座搅拌站，假设搅拌站的费用为 50 万元，需要计算利润和税金，试把搅拌站的建设费用分摊到这三个子目的综合单价中。

▶ 任务分析

当某项费用的发生与两项及两项以上的清单子目相关，应该把该费用分摊到这些相关的清单子目中。将搅拌站的费用分摊到三个不同直径的钻孔灌注桩子目中。

相关知识

4.9.1 分摊的概念

有一些费用，在工程量清单中没有单独开列，而实际施工过程中必须发生，且与两项及两项以上的清单子目相关。这类费用一般不单独计入哪一个清单细目，而应该分摊到所有会产生该费用的清单子目内。

常见的分摊项目有：拌和站建设费、弃土场建设费等。

4.9.2 分摊操作

具体有进入“分摊”界面、建立分摊项、计算分摊费用、执行分摊等操作。下面结合实操练习来讲具体操作。

▶ 任务实施

【实操练习4-19】公路工程建设项目“赣州××一级公路新建工程”A1标段工程量清单有陆上钻孔灌注桩三种不同直径的子目，分别是 ϕ2.2 m 的共 1 454 m，ϕ2 m 的共 500 m，ϕ1.8 m 的共 100 m。集中拌和混凝土，建设一座搅拌站，假设搅拌站的费用为 50 万元，需要计算利润和税金，试把搅拌站的建设费用分摊到这三个子目的综合单价中。

实操练习4-19
操作视频

【操作】：

(1) 单击造价文件A1的“造价书”界面左侧工具栏上的“分摊”图标，切换到“分摊”界面，界面有三个窗口，如图4-77所示。

(2) 在图4-77所示的窗口1建立分摊项目。输入分摊项目名称为“混凝土拌和站”，单位为总额，数量为1。

(3) 在窗口2中计算分摊项目的费用，输入分摊项目的名称为混凝土搅拌站，选择单位为座，输入工程量为1，输入单价为500 000，因为要计算利润和税金，则在“利润”和“税金”前的方框打勾。如果需要选定额来计算分摊项目的费用，则在“编号”列输入定额编号。

(4) 单击窗口1左上方的“执行分摊”按钮。

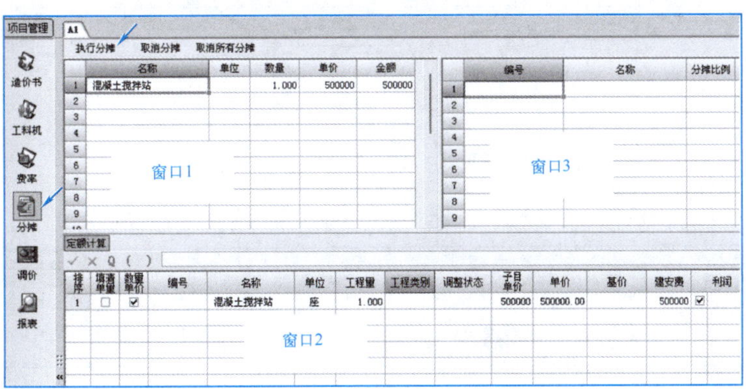

图4-77 “分摊”窗口

(5) 在弹出的“执行分摊”窗口（见图 4-78）中，在“选择”列的方框中打勾选择需要分摊费用的清单子目，即三种陆上钻孔灌注桩 ϕ2.2 m、ϕ2 m、ϕ1.8 m，再在下方“分摊方式”中选择分摊方式，如“按混凝土用量分摊”，单击“确定”按钮。

(6) 可在如图 4-79 所示的窗口 3 看到分摊结果。

也可在造价书界面“定额计算”窗口看到分摊结果，如图 4-80、图 4-81、图 4-82 所示。

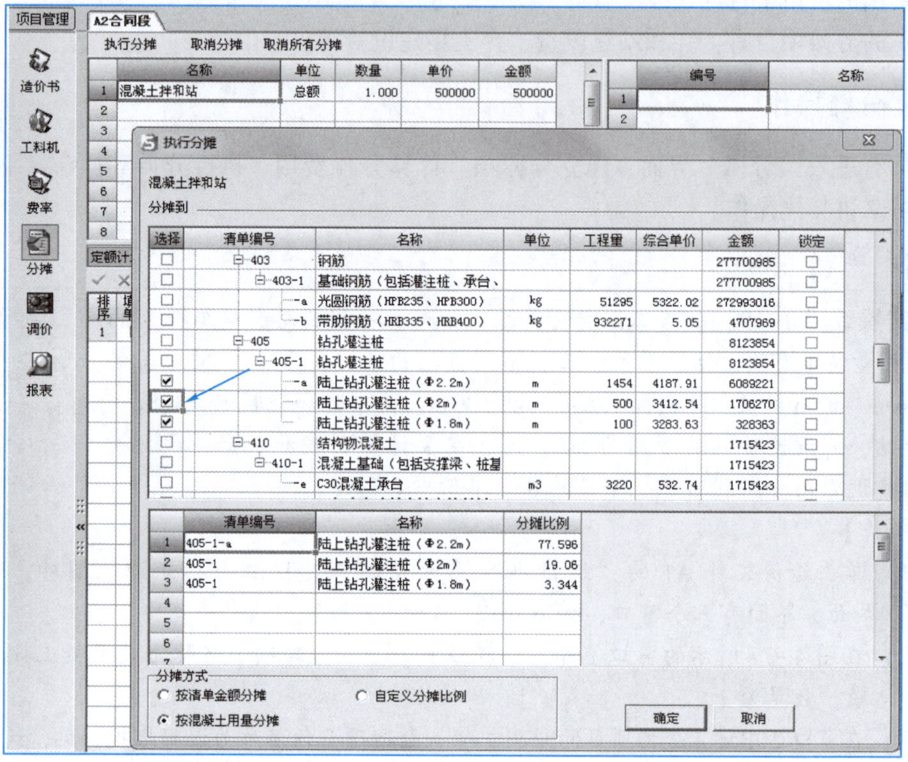

图 4-78 “执行分摊”窗口

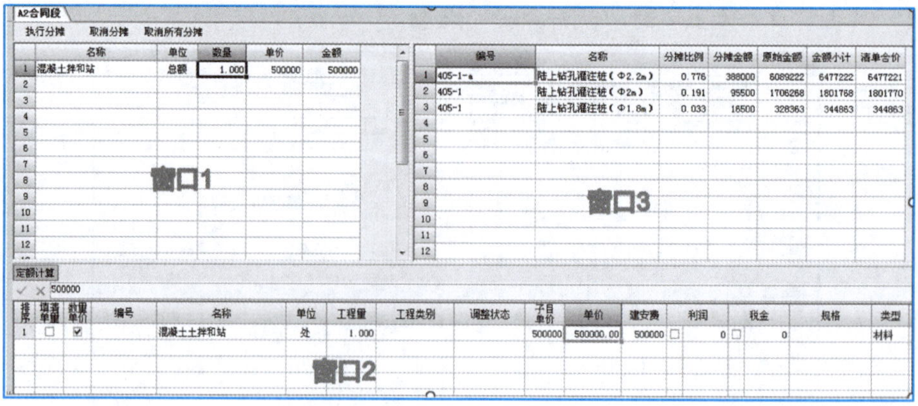

图 4-79 分摊结果

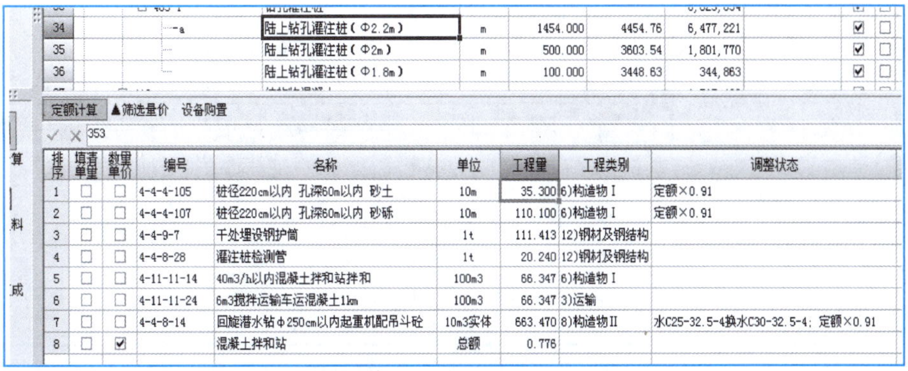

排序	填清单量	数量单价	编号	名称	单位	工程量	工程类别	调整状态
1	☐	☐	4-4-4-105	桩径220cm以内 孔深60m以内 砂土	10m	35.300	6)构造物 I	定额×0.91
2	☐	☐	4-4-4-107	桩径220cm以内 孔深60m以内 砂砾	10m	110.100	6)构造物 I	定额×0.91
3	☐	☐	4-4-9-7	干处埋设钢护筒	1t	111.413	12)钢材及钢结构	
4	☐	☐	4-4-8-28	灌注桩检测管	1t	20.240	12)钢材及钢结构	
5	☐	☐	4-11-11-14	40m3/h以内混凝土拌和站拌和	100m3	66.347	6)构造物 I	
6	☐	☐	4-11-11-24	6m3搅拌运输车运混凝土1km	100m3	66.347	3)运输	
7	☐	☐	4-4-8-14	回旋潜水钻 φ250cm以内起重机配吊斗砼	10m3实体	663.470	8)构造物 II	水C25-32.5-4换水C30-32.5-4；定额×0.91
8	☐	☑		混凝土拌和站	总额	0.776		

图 4-80　分摊结果 1

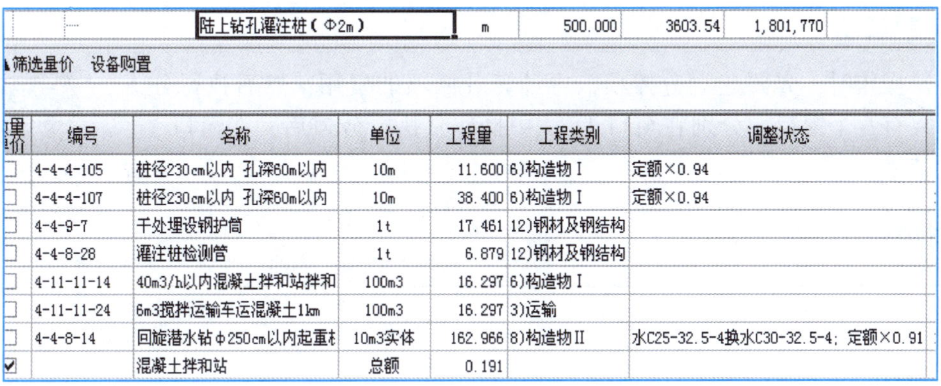

编号	名称	单位	工程量	工程类别	调整状态
4-4-4-105	桩径230cm以内 孔深60m以内	10m	11.600	6)构造物 I	定额×0.94
4-4-4-107	桩径230cm以内 孔深60m以内	10m	38.400	6)构造物 I	定额×0.94
4-4-9-7	干处埋设钢护筒	1t	17.461	12)钢材及钢结构	
4-4-8-28	灌注桩检测管	1t	6.879	12)钢材及钢结构	
4-11-11-14	40m3/h以内混凝土拌和站拌和	100m3	16.297	6)构造物 I	
4-11-11-24	6m3搅拌运输车运混凝土1km	100m3	16.297	3)运输	
4-4-8-14	回旋潜水钻 φ250cm以内起重	10m3实体	162.966	8)构造物 II	水C25-32.5-4换水C30-32.5-4；定额×0.91
	混凝土拌和站	总额	0.191		

图 4-81　分摊结果 2

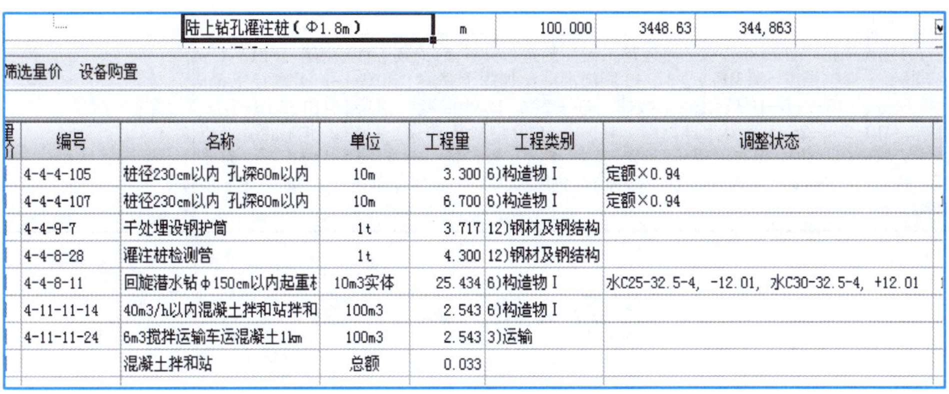

编号	名称	单位	工程量	工程类别	调整状态
4-4-4-105	桩径230cm以内 孔深60m以内	10m	3.300	6)构造物 I	定额×0.94
4-4-4-107	桩径230cm以内 孔深60m以内	10m	6.700	6)构造物 I	定额×0.94
4-4-9-7	干处埋设钢护筒	1t	3.717	12)钢材及钢结构	
4-4-8-28	灌注桩检测管	1t	4.300	12)钢材及钢结构	
4-4-8-11	回旋潜水钻 φ150cm以内起重	10m3实体	25.434	6)构造物 I	水C25-32.5-4，-12.01，水C30-32.5-4，+12.01
4-11-11-14	40m3/h以内混凝土拌和站拌和	100m3	2.543	6)构造物 I	
4-11-11-24	6m3搅拌运输车运混凝土1km	100m3	2.543	3)运输	
	混凝土拌和站	总额	0.033		

图 4-82　分摊结果 3

4.9.3　取消分摊

分摊后可取消分摊，在“计算”主菜单下单击“取消分摊”或“取消所有分摊”，如图 4-83 所示。

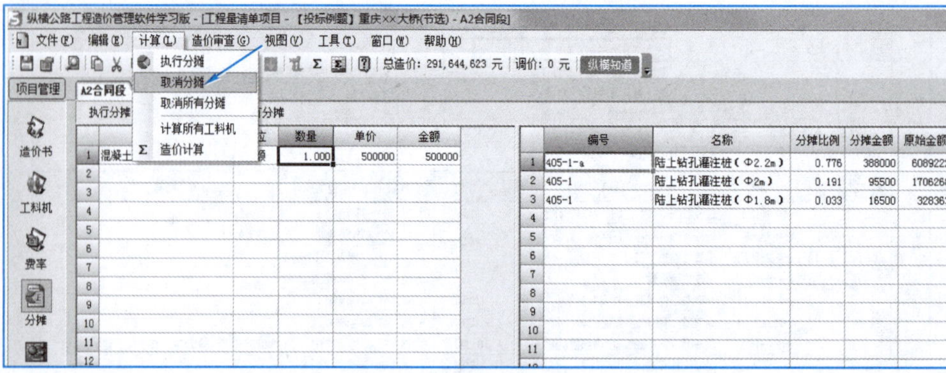

图 4-83 “取消分摊”菜单选项

常见问题解析

分摊操作时，先要建立分摊项，再计算分摊项的费用，然后执行分摊。一共有 3 个窗口，分别在窗口 1、2 中操作，执行分摊后，在窗口 3 中查看结果。

任务 4.9 考核与评价操作视频

考核与评价

<table>
<tr><td rowspan="3">分摊</td><td colspan="2">姓名：</td></tr>
<tr><td colspan="2">班级：</td></tr>
<tr><td>自评</td><td>师评</td></tr>
<tr><td>考核评价内容</td><td>掌握：
未掌握：</td><td>合格：
不合格：</td></tr>
<tr><td>建立并打开建设项目“江西××一级公路改建工程”的造价文件 A1，其工程量清单有 312-1-a 厚 280 m（混凝土弯拉强度 5.0 MPa）、313-3 则浇混凝土加固土路肩、405-1-a-1 直径 1.5 m 陆上钻孔灌注桩、410-2-b-1C35 混凝土墩柱、410-2-c-1C35 混凝土盖梁、410-2-d-1C35 混凝土台帽、410-2-d-2C35 混凝土耳背墙、411-8-aC50 混凝土箱梁、415-2 水泥混凝土桥面铺装这些清单子相，集中拌和混凝土，建一座搅拌站，假设搅拌站的费用为 50 万，需要计算利润和税金。试把搅拌站的建设费用分摊到这些清单子目的综合单价中，按混凝土用量方式分摊。</td><td></td><td></td></tr>
</table>

任务 4.10 调　　价

▶ 任务引入

假设已计算出公路工程建设项目“赣州××一级公路新建工程”A1 标段的总报价为 43 578 160 元，试将总报价调整到 39 220 000 元。

▶ 任务分析

将总报价调整，从 43 578 160 元调低到 39 220 000 元，涉及调价操作。

相关知识

当计算出一个项目的初始投标总报价后，往往需要根据投标策略进行调价，使总报价为目标价格。

4.10.1　正向调价

【操作】：

（1）单击“造价书”界面屏幕左侧的“调价”图标进入“调价”窗口，如图 4-84 所示。

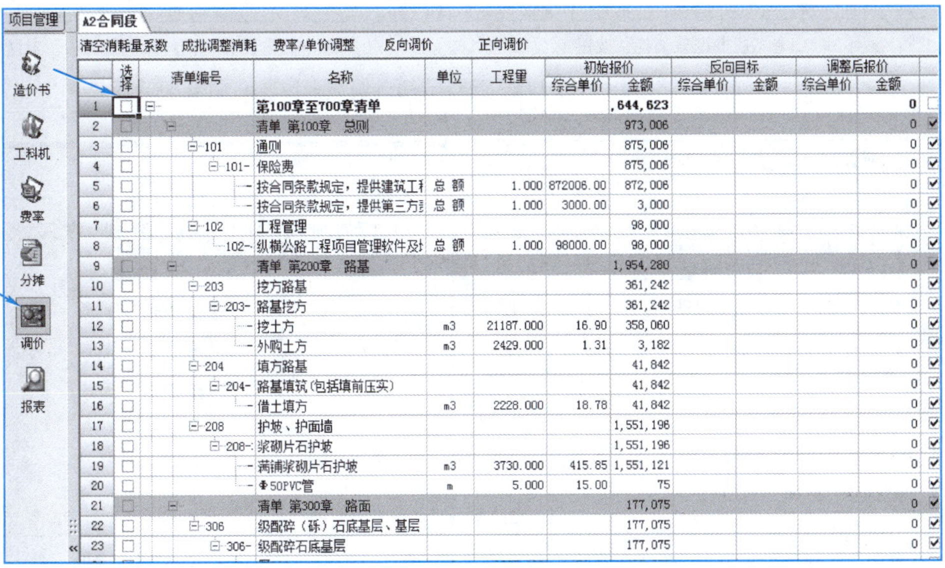

图 4-84　“调价”窗口

可自由选择调价范围，确定哪些清单子目参与调价。还可自由选择调价方式，有调工料机消耗量、调费率、调单价等方式。

（2）选择参与调价的清单子目。图 4-84 中，在“选择”列复选框中选择参与调价的清单子目。

（3）选择调价方式。

① 如果选择调整工料机消耗量及直接调整综合单价的方式，单击图 4-85（a）中“成批调整消耗”按钮，出现如图 4-85（b）所示的“设置工料机消耗量调整系数”对话框。在“人工”“材料”“机械”方框内分别输入系数，可以同时或单独输入工、料、机的调整系数，也可直接输入综合单价调整系数，分别如图 4-85（b）、图 4-86（a）、图 4-86（b）所示，单击“确定”按钮（如果所有清单项目参于调价，则在“选项”中勾选所有清单项目）。

② 如果通过调整费率和工料机预算单价方式来调价，则单击图 4-87（a）中的“费率/单价调整”按钮，出现如图 4-87（b）所示的对话框。

可以同时在“费率调整系数”栏和“工料机单价调整系数”栏输入调整系数，同时选择费率、工料机预算单价与工料机消耗量调价调价方式。也可只输入一种调价系数选择其中一种调价方式。如果调整利润则在其前的方框打勾选择。输入后单击“确定”按钮。

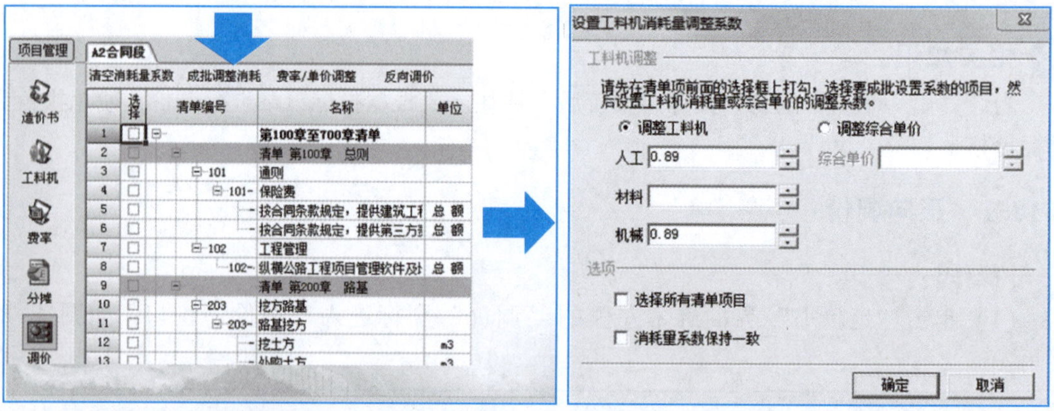

（a）“成批调整消耗”按钮　　（b）“设置工料机消耗量调整系数”对话框

图 4-85　调出“设置工料机消耗量调整系数”对话框

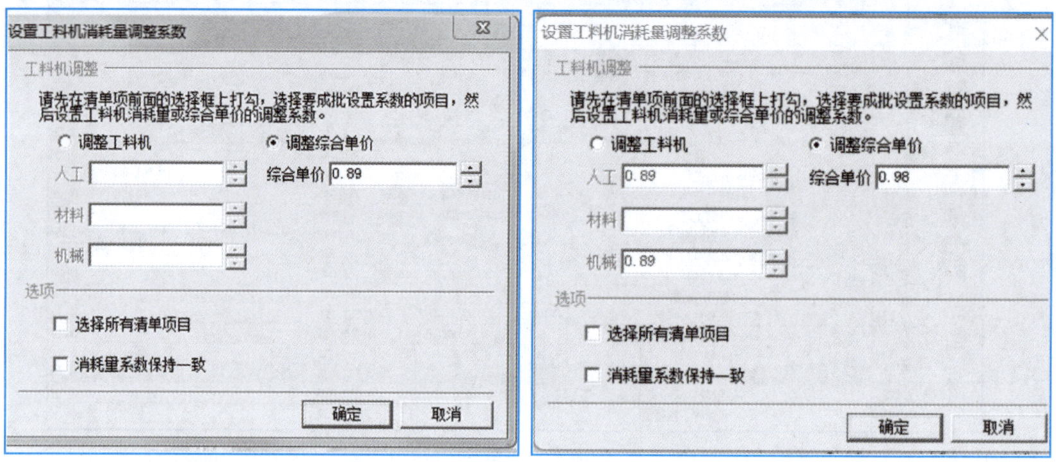

（a）输入综合单价调整系数0.89　　（b）输入综合单价调整系数0.98

图 4-86　输入综合单价调整系数

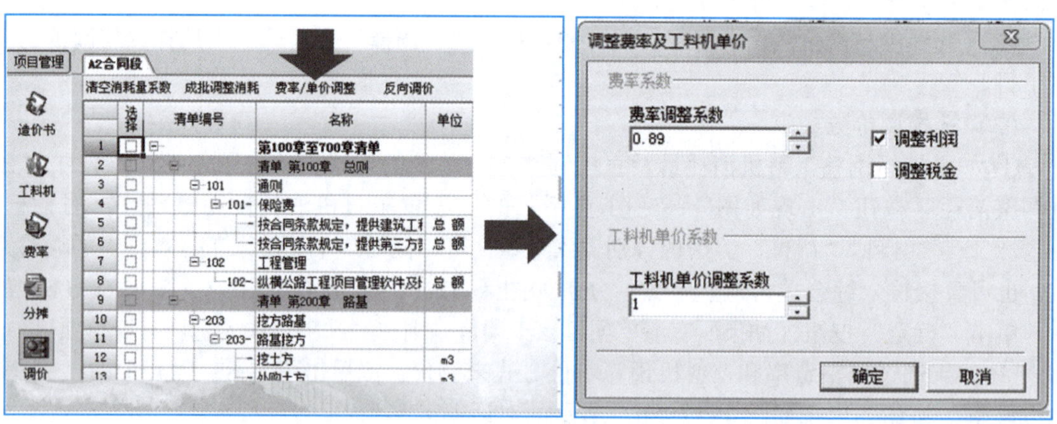

（a）“费率/单价调整”按钮　　（b）输入费率调整系数

图 4-87　输入费率调整系数

（4）单击“正向调价”按钮。无论采用一种还是多种调价方式。设置好系数后都需单击“正向调价”按钮，计算调整后的报价，如图 4-88 所示。

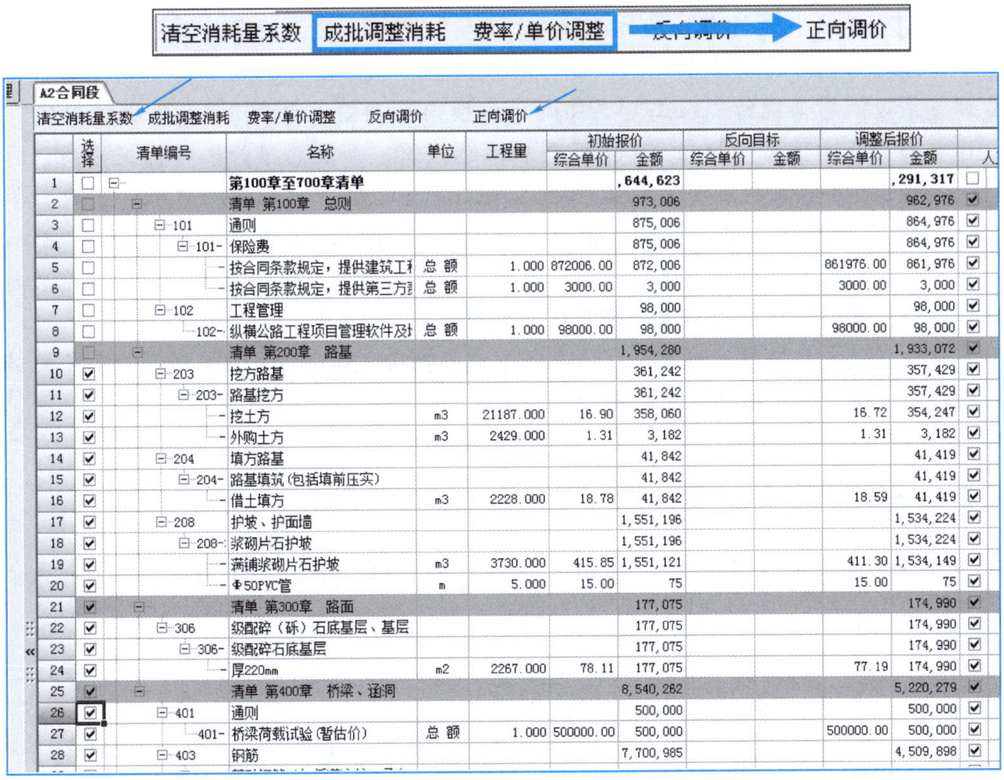

	选择	清单编号	名称	单位	工程量	初始报价		反向目标		调整后报价		人
						综合单价	金额	综合单价	金额	综合单价	金额	
1	☐		第100章至700章清单				,644,623				,291,317	☐
2	☐		清单 第100章 总则				973,006				962,976	☑
3	☐	101	通则				875,006				864,976	☑
4	☐	101-	保险费				875,006				864,976	☑
5	☐	-	按合同条款规定，提供建筑工程	总额	1.000	872006.00	872,006			861976.00	861,976	☑
6	☐	-	按合同条款规定，提供第三方	总额	1.000	3000.00	3,000			3000.00	3,000	☑
7	☐	102	工程管理				98,000				98,000	☑
8	☐	102-	纵横公路工程项目管理软件及	总额	1.000	98000.00	98,000			98000.00	98,000	☑
9	☐		清单 第200章 路基				1,954,280				1,933,072	☑
10	☑	203	挖方路基				361,242				357,429	☑
11	☑	203-	路基挖方				361,242				357,429	☑
12	☑	-	挖土方	m3	21187.000	16.90	358,060			16.72	354,247	☑
13	☑	-	外购土方	m3	2429.000	1.31	3,182			1.31	3,182	☑
14	☑	204	填方路基				41,842				41,419	☑
15	☑	204-	路基填筑（包括填前压实）				41,842				41,419	☑
16	☑	-	借土填方	m3	2228.000	18.78	41,842			18.59	41,419	☑
17	☑	208	护坡、护面墙				1,551,196				1,534,224	☑
18	☑	208-	浆砌片石护坡				1,551,196				1,534,224	☑
19	☑	-	满铺浆砌片石护坡	m3	3730.000	415.85	1,551,121			411.30	1,534,149	☑
20	☑	-	Φ50PVC管	m	5.000	15.00	75			15.00	75	☑
21	☑		清单 第300章 路面				177,075				174,990	☑
22	☑	306	级配碎（砾）石底基层、基层				177,075				174,990	☑
23	☑	306-	级配碎石底基层				177,075				174,990	☑
24	☑	-	厚220mm	m2	2267.000	78.11	177,075			77.19	174,990	☑
25	☑		清单 第400章 桥梁、涵洞				8,540,262				5,220,279	☑
26	☑	401	通则				500,000				500,000	☑
27	☑	401-	桥梁荷载试验（暂估价）	总额	1.000	500000.00	500,000			500000.00	500,000	☑
28	☑	403	钢筋				7,700,985				4,509,898	☑

图 4-88　“正向调价”按钮和调价后的报价数据

在调价时，费率、单价与工料机消耗量调价可同时进行。也可设置某些清单子目不参与调价，还可设置清单中的人工、材料、机械不参与调价。

在输入调整材料系数时应慎重，以免出现不合理的现象，如混凝土的定额消耗单位为 10 m^3，定额消耗量一般为 10.2 m^3，若材料统一乘系数 0.9 后，则出现“每 10 m^3混凝土定额”只使用“9.18 m^3混凝土材料”的问题。特别是在要求提供单价分析表的情况下，明显不合理（若不要求提供单价分析表，不罗列清单的材料组成，则不存在问题）。若必须调整材料消耗量，建议对不同的定额分批调价。

（5）调价后，应观察调价前后的清单单价、总额的变化。

（6）清空消耗量系数。如需删除已有的消耗量系数，可单击图 4-88 中“清空消耗量系数”按钮进行清空，以便重新设置。

▶ 任务实施

【实操练习 4-20】假设已计算出公路工程建设项目“赣州××一级公路新建工程”A1 标段的总报价为 43 578 160 元，试将总报价调整到 39 220 000 元。

实操练习 4-20
操作视频

【分析】：如果将报价 43 578 160 元调整到 39 220 000 元，需将 43 578 160 乘以 0.9 左右的系数。可将 0.9 作为初始调价系数来调价操作，直到调整后的报价为目标报价。

【操作】：单击“造价书”界面左侧的“调价”图标，进入“调价”界面。在工程量清单中选择参与调价的清单子目，单击“成批调整消耗”按钮，然后在“设置工料机消耗量调整系数”对话框的“人工”“机械”方框内分别输入系数 0.9，单击“确定”按钮，再单击“正向调价”按钮，查看调整后的总报价。如果总报价比目标报价高，再在“设置工料机消耗量调整系数”对话框的“人工”“机械”方框输入更低的系数，单击“确定”按钮，再单击“正向调价”按钮。如果调整后的总报价仍比目标报价高，则输入更低的系数；如果总报价比目标报价低，则输入稍高一点的系数，通过多次操作越来越逼近目标报价，直到调整后的总报价等于目标报价。

也可以通过直接调整综合单价、输入费率调整系数或组合方式来进行调价，使用调整后的报价多次逼近直到等于目标报价。

4.10.2 反向调价

输入“反向目标”列的“综合单价”或“金额”值，单击“反向调价”，如图 4-89 所示。

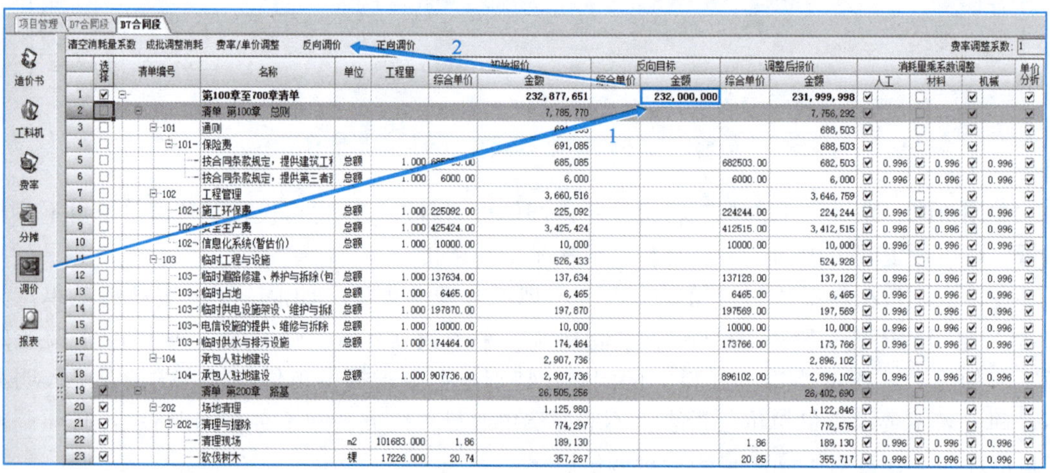

图 4-89 “反向调价”按钮

（1）反向调价是根据设置的目标综合单价/金额快速计算出调整后的报价/金额，计算过程中可能存在小数位数的误差。

（2）建议“反向调价”不与“费率/单价调整”同时进行，以减少精度误差。

（3）若已进行消耗量调整，单击“反向调价”前需要清空原始的消耗量调整系数。

常见问题解析

正向调价时，每次输入系数后，要单击“正向调价”，计算调整后的报价。

任务 4.10 考核与评价操作视频

考核与评价

调价	姓名：	
	班级：	
	自评	师评
考核评价内容	掌握： 未掌握：	合格： 不合格：
完成任务 4.1 到任务 4.9 的考核与评价后，对初始总价进行调价，使之下降 10%。		

任务 4.11　报 表 输 出

▶ 任务引入

请打印公路工程建设项目“赣州××一级公路新建工程”A1 标段的工程量清单，并导出到 Excel 格式文件。

▶ 任务分析

打印和导出属于报表输出操作。

相关知识

4.11.1　进入报表界面

单击当前造价文件“造价书”界面左侧的“报表”图标，进入“报表”界面，如图 4-90 所示。

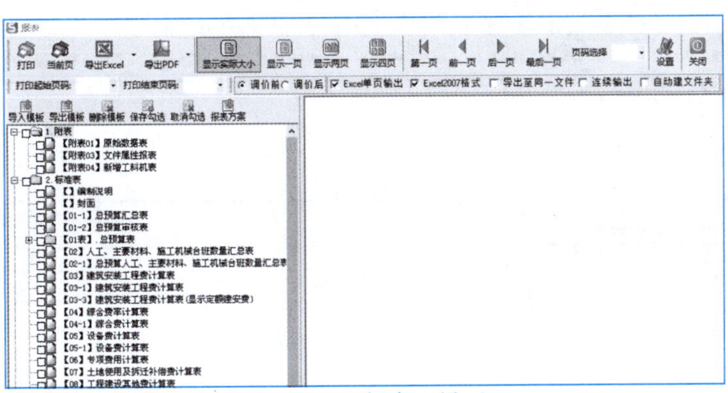

图 4-90　“报表”界面

4.11.2 预览、打印、导出报表

可以在“报表”界面预览、打印、导出PDF/Excel格式，也可自由切换报表A3、A4格式，还可对报表进行设置。

1. 预览报表

【操作】：在“报表”界面左侧的报表列表中单击报表名称，界面右侧会显示该报表的具体内容。如单击“5.1工程量清单表”，可预览到该报表的内容，如图4-91所示。

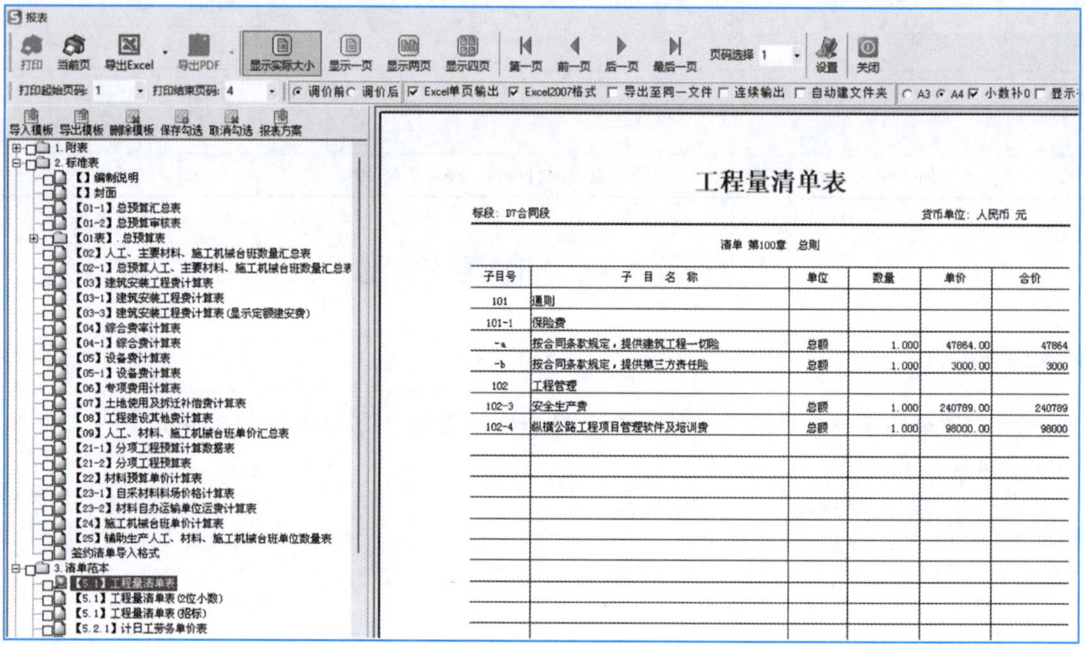

图4-91 工程量清单预览

2. 打印报表

【操作】：在“报表”界面左侧的报表列表中单击需要打印的报表名称，再单击“报表”界面左上角的“打印”按钮，如图4-92所示。

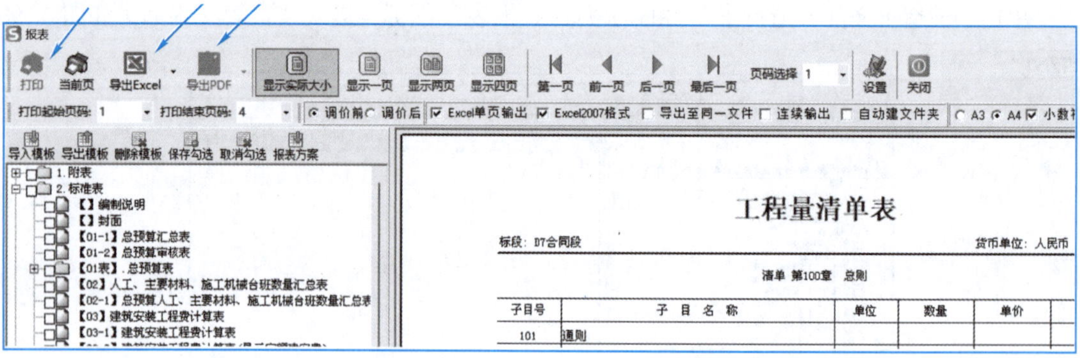

图4-92 “打印”按钮、“导出Excel”按钮和“导出PDF”按钮

3. 导出报表

【操作】：在“报表”界面左侧的报表列表中单击需要导出的报表名称，再单击“报表”界面左上角的“导出 Excel”或“导出 PDF”按钮，可把该报表导出到 Excel 文档或者 PDF 文档，如图 4-92 所示。

▶ 任务实施

【实操练习 4-21】请打印公路工程建设项目“赣州××一级公路新建工程”A1 标段的工程量清单，并导出到 Excel 格式文件。

实操练习 4-21 操作视频

【操作】：在造价文件“A1”的“报表”界面左侧的报表列表中，单击工程量清单，再单击“报表”界面左上角的“打印”图标，打印工程量清单；单击“报表”界面左上角的“导出 Excel”图标，选择导出的文件夹，导出工程量清单到 Excel 文档。

4.11.3 报表设置

【操作】：单击“报表”界面右上角的“设置”按钮，进入到如图 4-93 所示的“报表调整”对话框，可在此对话框中进行报表设置。

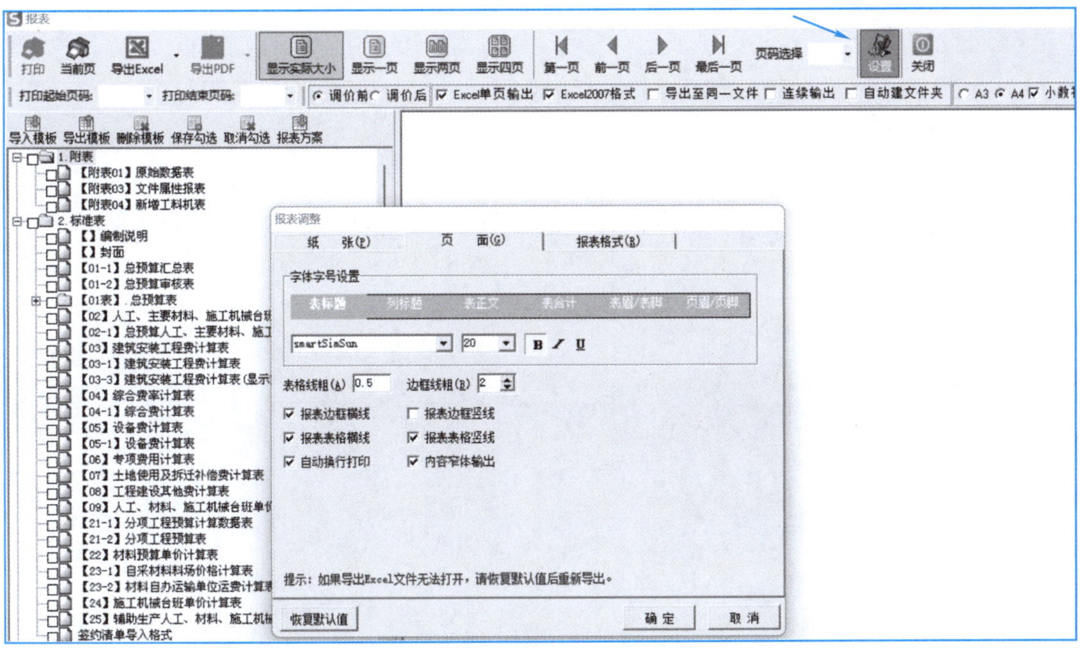

图 4-93　“设置”按钮和“报表调整”对话框

常见问题解析

高校教学版没有打印和导出功能，不能打印和导出。

任务 4.11 考核与评价
操作视频

考核与评价

<table>
<tr><td rowspan="2">报表输出</td><td colspan="2">姓名：</td></tr>
<tr><td colspan="2">班级：</td></tr>
<tr><td rowspan="2">考核评价内容</td><td>自评</td><td>师评</td></tr>
<tr><td>掌握：
未掌握：</td><td>合格：
不合格：</td></tr>
<tr><td>完成任务 4.1 到任务 4.10 的考核与评价后，请将工程量清单打印，并导出到 Excel 和 PDF 文档。</td><td></td><td></td></tr>
</table>

项目 5

纵横公路工程造价管理软件高级功能介绍

项目目标

知识目标：了解纵横公路工程造价管理软件的高级功能，掌握高级功能操作知识。

技能目标：会使用纵横公路工程造价管理软件的高级功能解决实际问题。

素质目标：通过使用纵横公路工程造价软件的高级功能解决实际中的问题，培养创新意识，养成钻研、协同合作的精神。

任务脉络

纵横公路工程造价管理软件的高级功能如图 5-1 所示。

图 5-1　纵横公路工程造价管理软件的高级功能

【小贴士】 软件助力“胜算多一点，加班少一点”

2021 年 3 月 11 日，十三届全国人大四次会议之后，数字经济成为国家“十四五”规划的重点发展方向之一，其中产业数字化和数字产业化成为了重中之重，而软件是数字经济发展的关键。

“十四五”规划提出，要培育壮大新兴数字产业，提升关键软件等产业水平。2021 年，工信部发布《“十四五”软件和信息技术服务业发展规划》，围绕软件产业链、产业基础、创新能力、需求牵引、产业生态五个方面，提出了“十四五”的主要任务，为未来五年我国软件产业发展指明了方向和路径。软件和信息技术服务业更是成为经济增长新引擎。在这些政策的东风下，我国的软件产业得到不断发展，产业链日益完善，加上软件市场需求巨大，为我国软件产业的发展注入了强大动力。

【学后谨记】

从国家角度了解中国软件的发展，从“十四五”规划看软件的发展方向，从而切入到针对纵横公路工程造价管理软件特色功能的讲解，提升学生对于各个特色功能学习的兴趣，培养学生的钻研精神，实现“胜算多一点，加班少一点”的愿景使命。

任务 5.1　软件高级功能操作

▶ 任务引入

需要编制公路工程项目“赣州××一级公路新建工程”A1 标段的工程量清单预算，因时间紧，由小张和小李两人协同编制，小张计算第 200 章费用，其他章费用由小李计算，两人在不同的计算机上操作。请将小张计算的第 200 章导出，给小李进行章节合并。

▶ 任务分析

涉及软件的高级功能“导入导出块”，通过小张“导出块”和小李“导入块”操作，可实现章节导出和导入合并。

相关知识

5.1.1　与 Excel 表良好兼容

可在软件与 Excel 间相互复制任意数据，交叉复制定额号、工程量、材料预算单价等。选中定额内容或清单内容可直接复制到 Excel 中。

【操作】：

(1) 单击软件窗口左上角的“文件”菜单，在菜单栏中选择“导入”选项，在“导入”菜单栏中查看导入示例，双击 Excel 清单示例进行查看。

(2) 打开 Excel 清单示例后，按快捷键 Ctrl+A 将表格内容全选，然后选择“复制”选项，如图 5-2 所示。

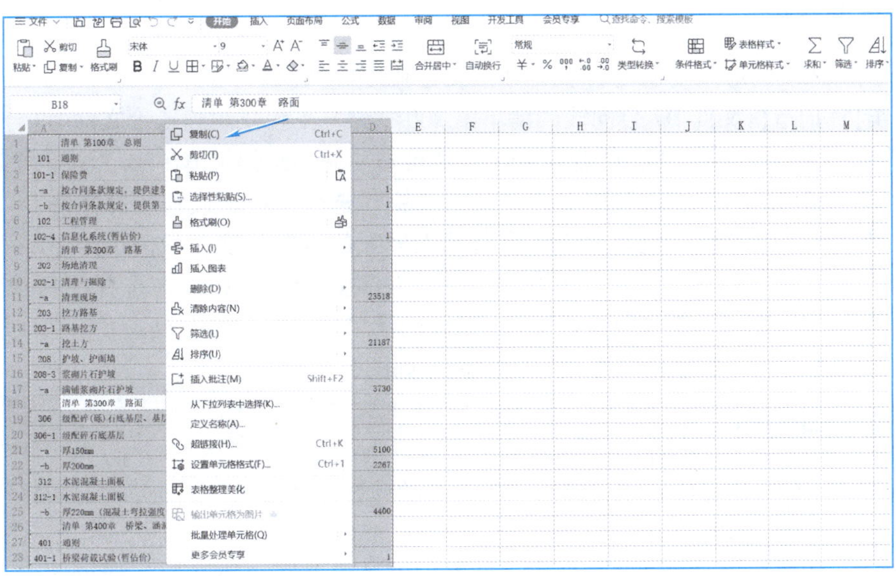

图 5-2　复制清单示例

(3) 切换到纵横公路工程造价管理软件中，新建一个造价文件，并打开造价文件到“造价书”界面，在“造价书”界面用鼠标的右键单击需复制清单示例的位置，如清单第100章总则的左侧“清单编号”列，选择右键菜单中的“粘贴”选项，弹出如图5-3所示的“位置选择”对话框，选择“后项”，单击“确定”按钮。这样就把清单示例中的工程量清单复制到了新建的造价文件中，完成与Excel清单表格的数据兼容。

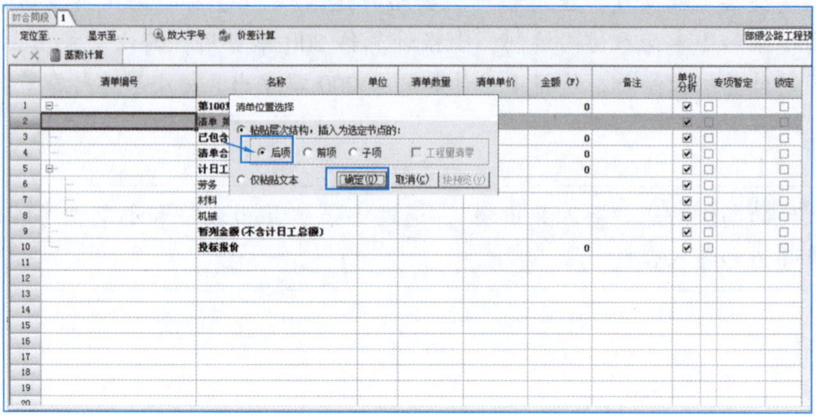

图5-3 在需要复制的位置粘贴清单

5.1.2 定额排序

【操作】：在“造价书”界面的工程量清单中，选中需要对所套定额进行排序的清单子目，如清单子目“陆上钻孔灌注桩（ϕ1.8 m）”，在其“定额计算”窗口，在需要调整排序的定额前的“排序”列下的方框双击，如在定额4-4-8-15前的方框双击，再在方框中输入调整后的定额排序序号，如定额4-4-8-15原排序序号为5，调整后的排序序号为2，则在方框中输入2，再按Enter键，即可把原定额排序从第5调整到排序第2，如图5-4所示。

5.1.3 复制整块

在不同的标段间可以使用复制整块功能来复制工程量清单。

【操作】：把造价文件D7合同段的清单第200章路基工程复制到造价文件D8合同段。

用鼠标右键单击造价文件D7合同段的“造价书”界面工程量清单中“清单第200章路基工程”清单子目，选择右键菜单中的“复制整块”选项，再切换到造价文件D8合同段，用鼠标右键单击需要复制“清单第200章路基工程”的位置前项即“清单第100章总则”，选择右键菜单中的“粘贴”选项，再在弹出的“位置选择”对话框中选择“后项”，再单击“确定”按钮，就可以把造价文件D7合同段的清单第200章复制到造价文件D8合同段的工程量清单中“清单第100章总则”的后面，如图5-5所示。

5.1.4 导入导出块

如果同事间分工协作编制项目预算，在各自的计算机里做了不同的章节，可以通过导入导出块，相互传递，进行合并。

【操作】：用鼠标单击选中清单节点，在右键菜单中选择“块文件”即可导出、导入块文件。如图5-6所示。

图 5-4　定额排序

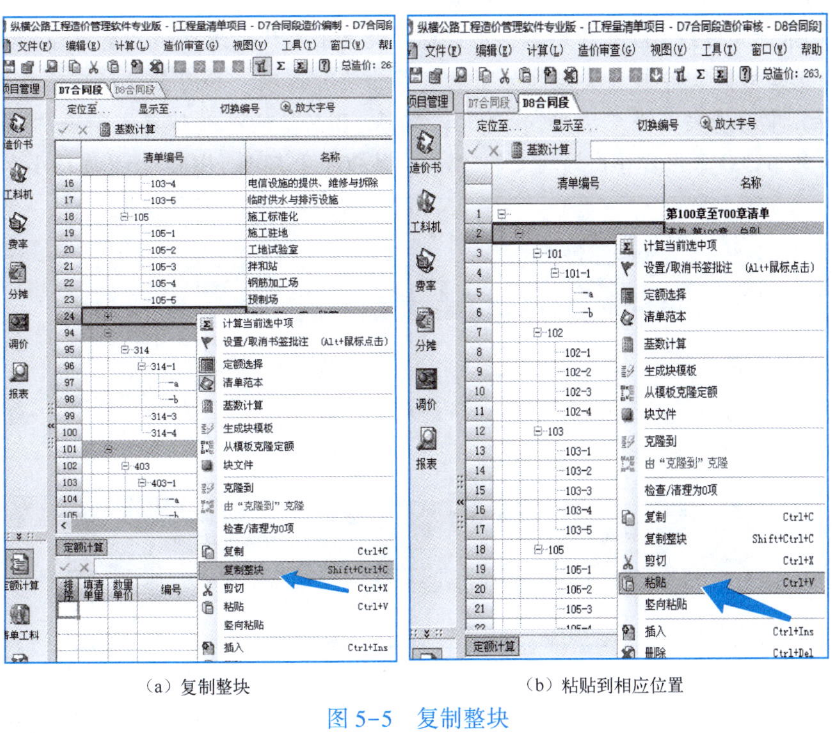

（a）复制整块　　（b）粘贴到相应位置

图 5-5　复制整块

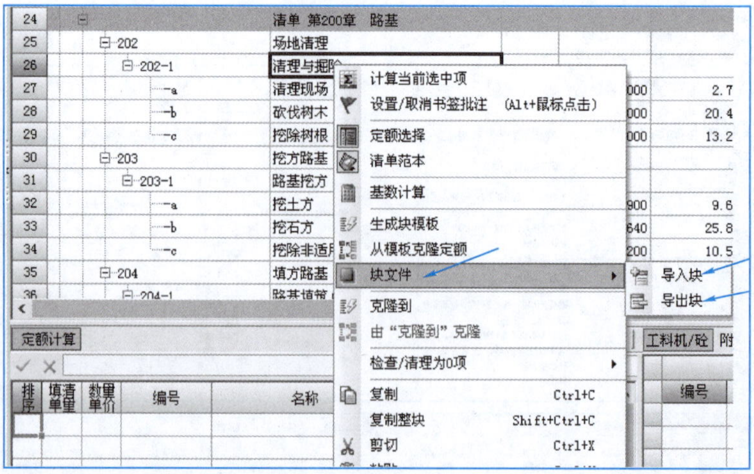

图 5-6　导入、导出块

▶ 任务实施

【实操练习 5-1】 需要编制公路工程项目“赣州××一级公路新建工程”A1标段的工程量清单预算，因时间紧，由小张和小李两人协同编制，小张计算第200章费用，其他章费用由小李计算，两人在不同的计算机上操作。请将小张计算的第200章导出，给小李进行章节合并。

实操练习 5-1
操作视频

【分析】：涉及软件的高级功能“导入导出块”，将小张计算的第200章通过“导出块”功能导出，再发给小李，通过“导入块”功能导入，实现章节合并。

【操作】：

(1) 小张计算好第200章费用后，用鼠标右键单击工程量清单的“清单 第200章 路基”子目名称，选择右键菜单中“块文件”下的“导出块”选项，如图5-7所示。在弹出的“另存为”对话框中选择块文件“清单 第200章 路基.BLK”的存放位置，单击“确定”按钮，将小张计算的第200章内容导出到块文件“清单 第200章 路基.BLK”，并发给小李。

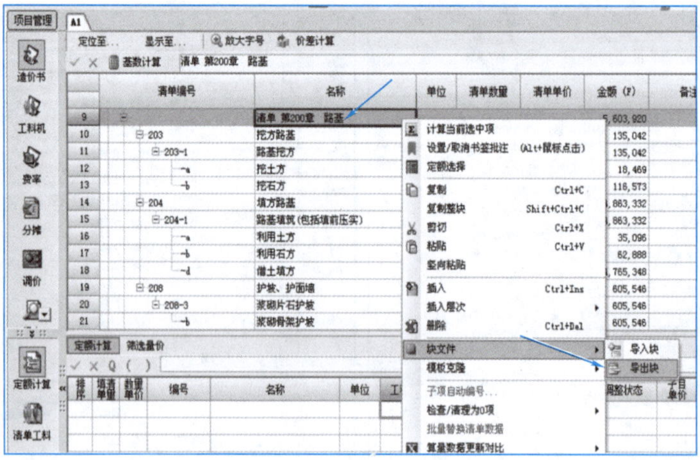

图 5-7　“导出块”菜单选项

(2) 小李用鼠标右键单击自己当前造价文件工程量清单的“清单 第 100 章 总则”子目名称，选择右键菜单中“块文件”下的“导入块”选项，如图 5-8 所示。在弹出的“打开”文件对话框中找到小张发过来的块文件“清单 第 200 章 路基.BLK”，单击“打开”按钮，出现如图 5-9 所示的提示，选择“后项”，再单击“确定”按钮，把“清单 第 200 章 路基”导入到自己的工程量清单“清单 第 100 章 总则”的后面，完成了合并。

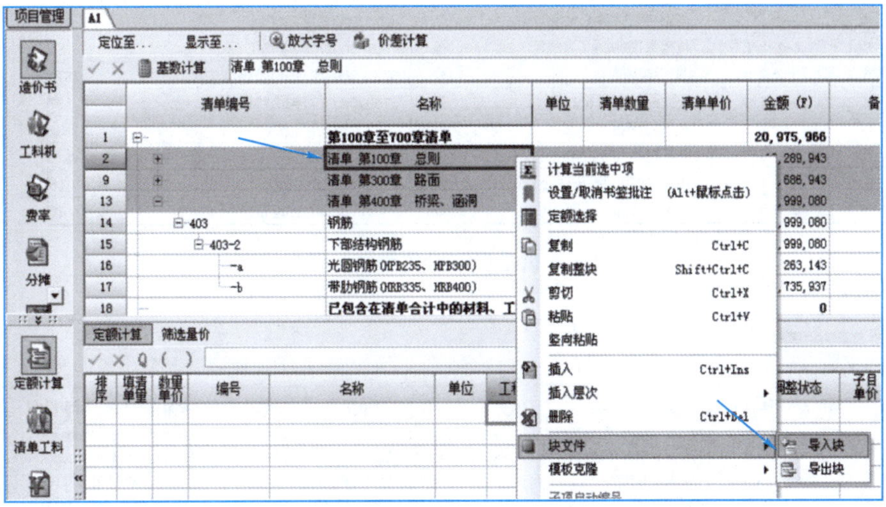

图 5-8　“导入块”菜单选项

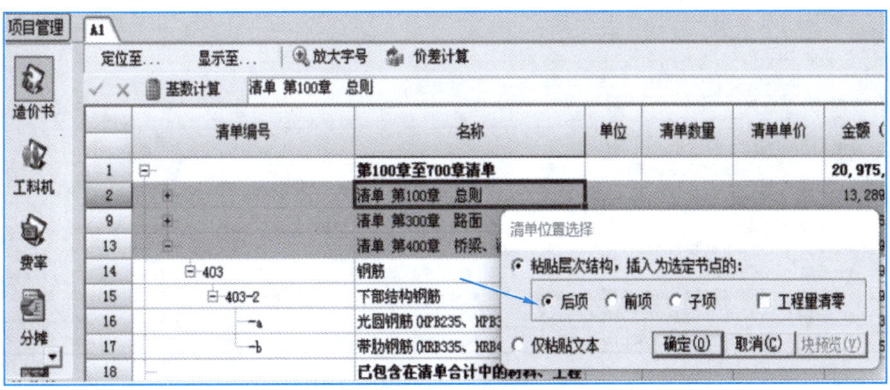

图 5-9　在相应位置导入块

5.1.5　成批修改取费类别

在做技术复杂大桥或者隧道时，会涉及修改定额中的工程类别，特别是针对多条定额进行修改，如何能做到成批调整呢？

【操作】：如图 5-10 所示，在“定额计算”窗口任意选择一条定额单击鼠标右键，选择右键菜单中的“批量修改取费类别”，会弹出“批量修改定额取费类别”窗口。选择需要调整的定额号或选择“全选”，然后在修改取费类别栏的下拉框中选择所需要的取费类别即可，如图 5-11 所示。

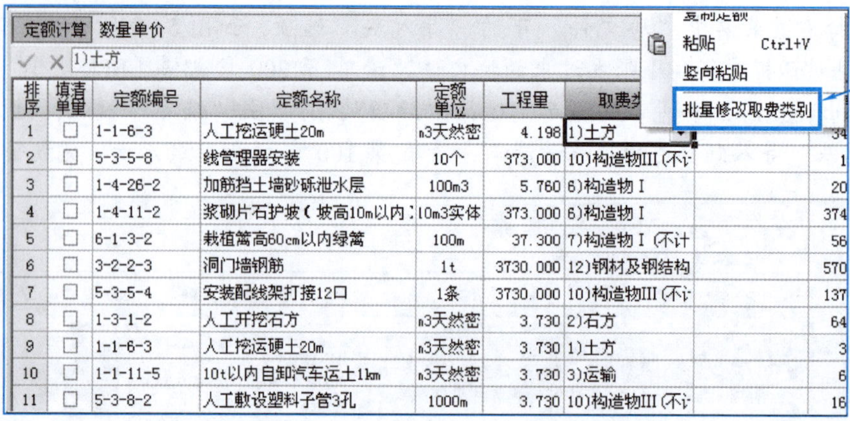

图 5-10 “批量修改取费类别”菜单选项

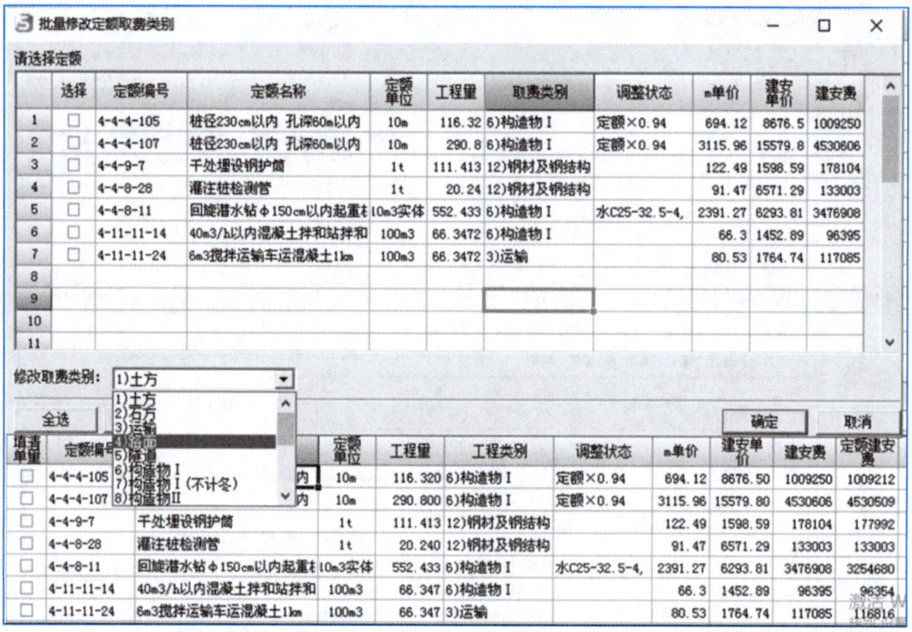

图 5-11 “修改取费类别”下拉列表

5.1.6 批量替换定额

【操作】：

（1）用鼠标右键单击需要进行批量替换的定额，在右键菜单中选择“批量替换定额”选项，如图 5-12 所示。

（2）弹出“批量替换定额”窗口，默认自动选择项目中所有的同号定额，在右下角的“替换为”窗口中输入新的定额编号。

（3）单击“确定”按钮即可完成同号定额的批量替换，如图 5-13 所示。

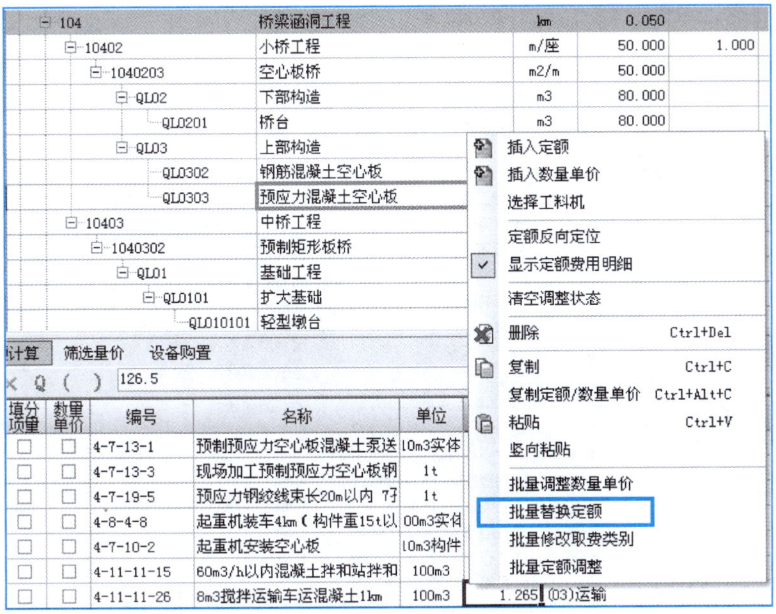

图 5-12　“批量替换定额”菜单选项

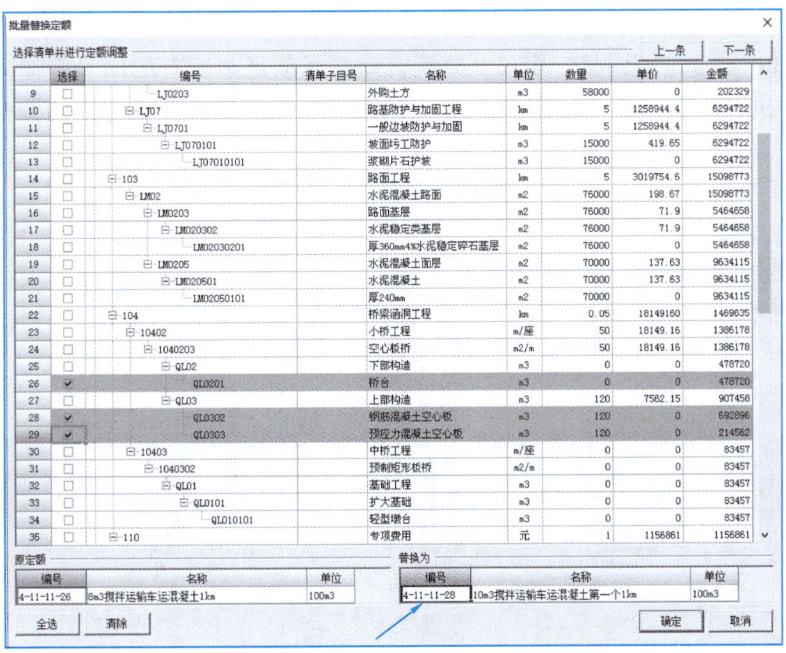

图 5-13　输入新定额编号

5.1.7　批量定额调整

【操作】：

(1) 用鼠标右键单击需要进行批量调整的定额，在右键菜单中选择“批量定额调整”按钮，如图 5-14 所示。

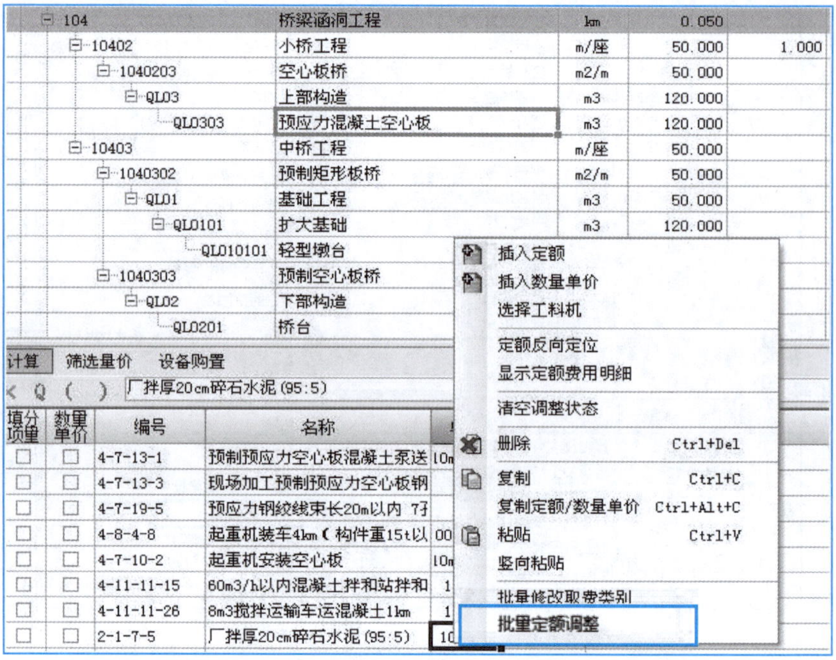

图 5-14 “批量定额调整”菜单选项

（2）弹出“批量定额调整”窗口，默认自动选择项目中所有的同号定额，在窗口中可批量进行工料机/砼的增/换/删、消耗量、附注条件、辅助定额及稳定土的调整，功能与定额调整完全一致。

（3）单击“确定”按钮即可完成同号定额的批量调整，如图 5-15 所示。

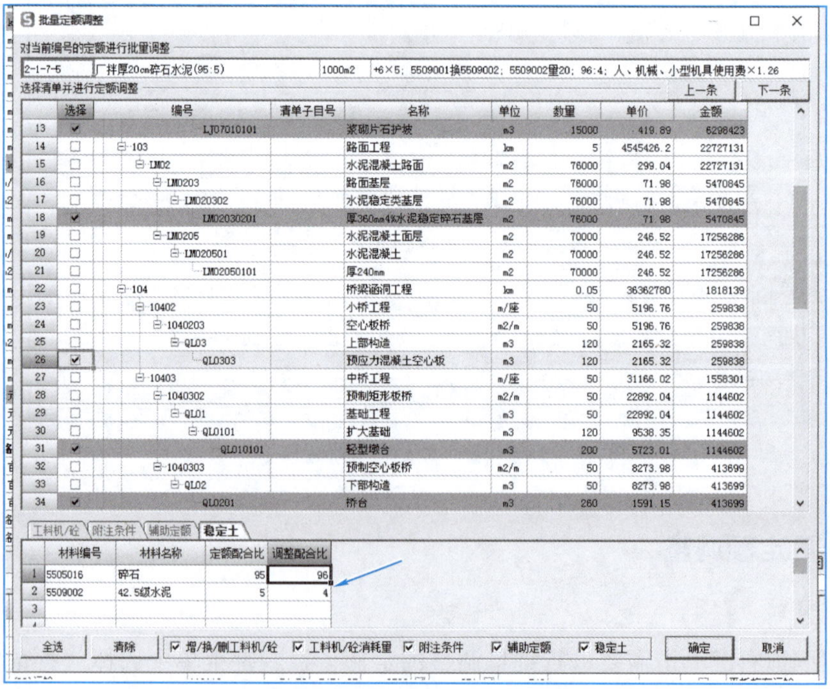

图 5-15 “批量定额调整”窗口

该功能方便快捷，减少了工作量。

5.1.8　查找定位

【操作】：如果想要查找，可通过搜索清单编号、清单名称、数量单价、工料机编号、定额名称、工料机名称等关键词进行快速定位，如图 5-16 所示。

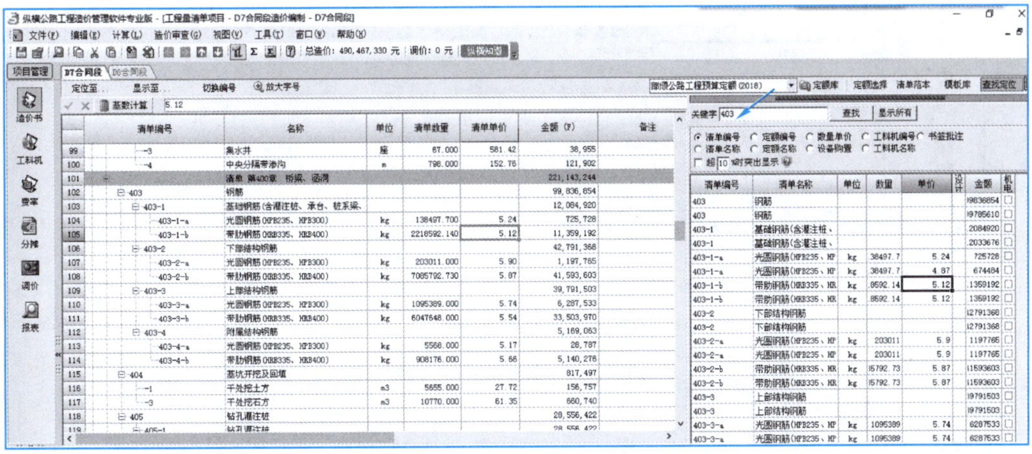

图 5-16　输入关键词查找定位

在“造价书”界面，单击右上角的“查找定位”按钮，弹出“查找定位”窗口，在“关键字”栏输入查找的关键字，再选择“查找类型”即可。

5.1.9　节点回收站

如果不小心进行了误删除或误操作，可利用软件的节点回收站功能进行修复。

【操作】：

(1) 在造价书工程量清单窗口的任意位置单击鼠标右键，在右键菜单中选择“节点回收站”选项。如图 5-17 所示。

(2) 在弹出的“节点回收站”对话框中选择误删除的 205 节，单击左边“项目清单列表”中需要还原的位置，然后单击中间下部的“还原节点”按钮，在弹出的“位置选择”对话框中选择相应的还原位置，最后单击“确定”按钮即可，如图 5-17 和图 5-18 所示。

5.1.10　计算当前选中项

当编制一个大型的概算预算时，整个项目造价计算需要等待较长时间，如果有了计算当前选中项这个功能，问题就迎刃而解了。

【操作】：在造价书界面，在需要计算的工程量清单项目名称上面单击鼠标右键，在右键菜单中选择“计算当前选中项”即可，如图 5-19 所示。

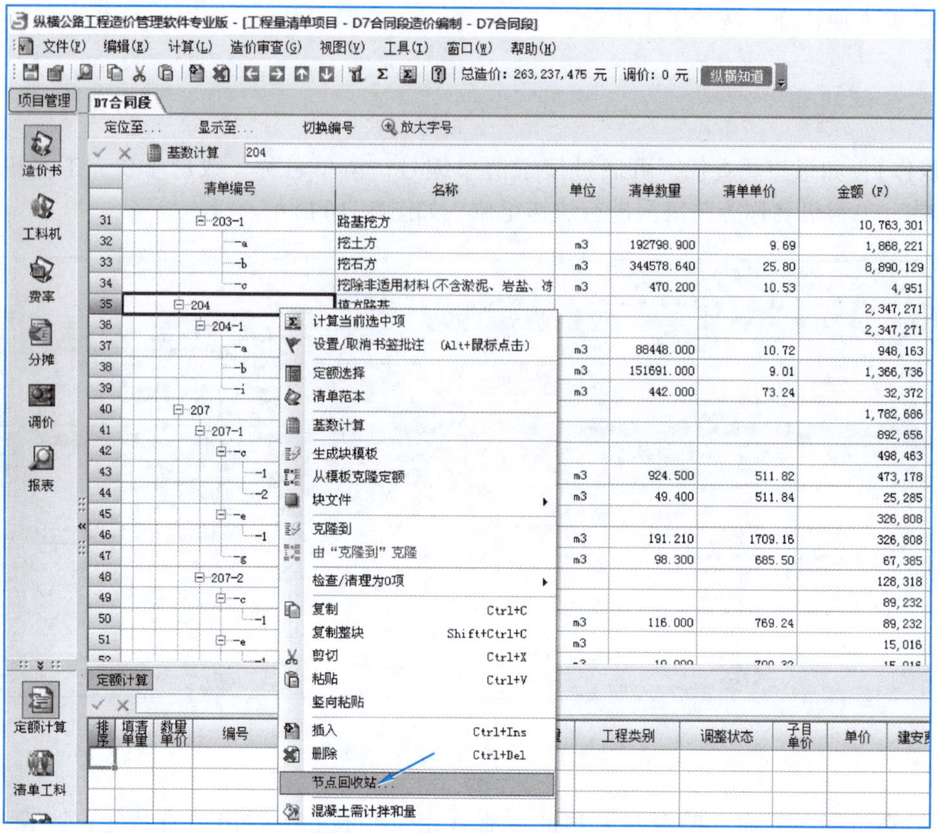

图 5-17 “节点回收站”菜单选项

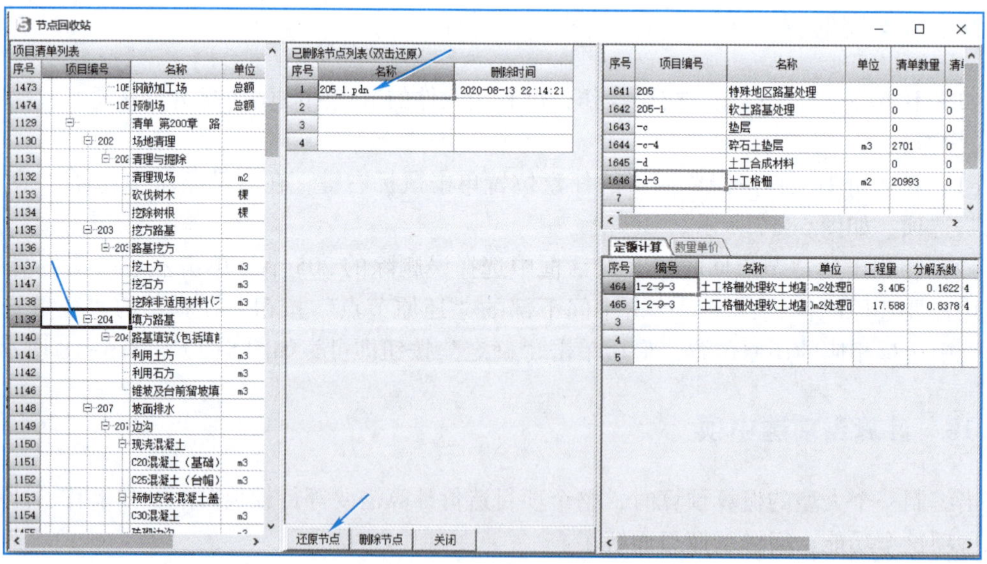

图 5-18 在需要的位置还原节点

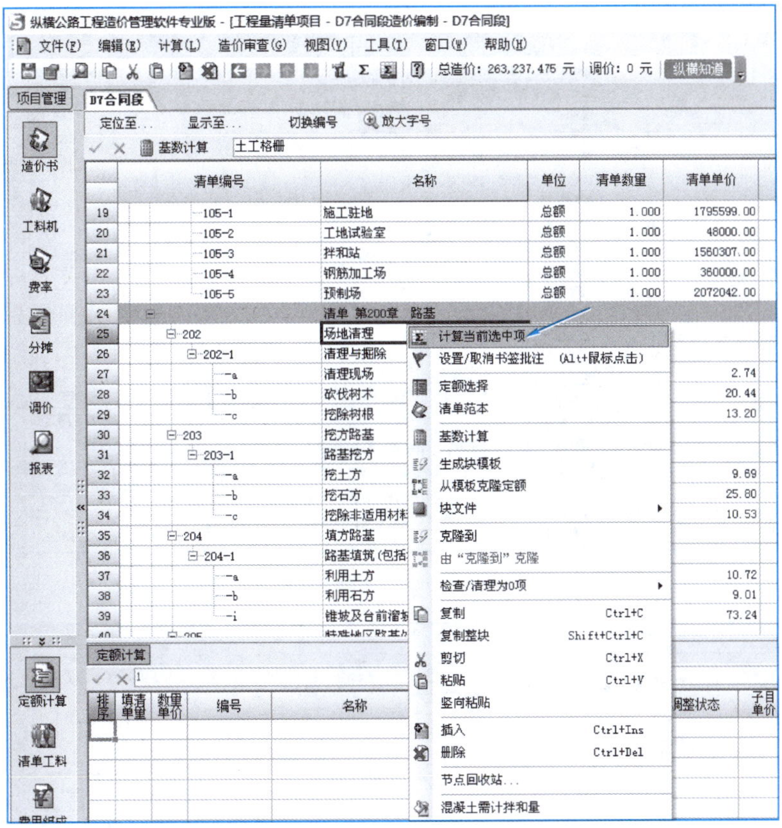

图 5-19 “计算当前选中项”菜单选项

5.1.11　模板克隆

当投标单位参与多个标段的投标报价时，通过模板克隆功能可快速完成同类标段或同类构造物的预算。

【操作】：首先将已编制完成的标段生成块模板，方法是：用鼠标选中已编制完成标段的工程量清单“第 100 章至 700 章合计”这一清单子目，单击鼠标右键，在右键菜单中选择“模板克隆”选项下的“生成块模板”选项，弹出“位置选择”对话框；在“块模板库”选项下选择块存放在模板库，也可以在“块分类”选项中选择块的分类，再单击“确定”按钮；然后切换到需要克隆的标段，选中需克隆处的相应章节位置，单击右上角的“模板库”按钮，再单击出现的窗口中左上角的下拉箭头，在下拉菜单中选择之前生成块模板时保存的模板库名称，再用鼠标右键单击所保存在模板库中的块的分类，选择右键菜单中的“多对多克隆”选项，这时会弹出“克隆块”对话框，选择相应选项后，单击“确定”按钮。可以从之前生成的模板库中进行多对多克隆定额，把之前保存在块模板中的所套定额，克隆到需要克隆的标段，如图 5-20 和图 5-21 所示。

5.1.12　批量造价计算

使用批量造价计算功能，可以在项目分段文件（造价文件）没有打开的情况下，实现建设项目文件下所有分段造价金额的自动重算。

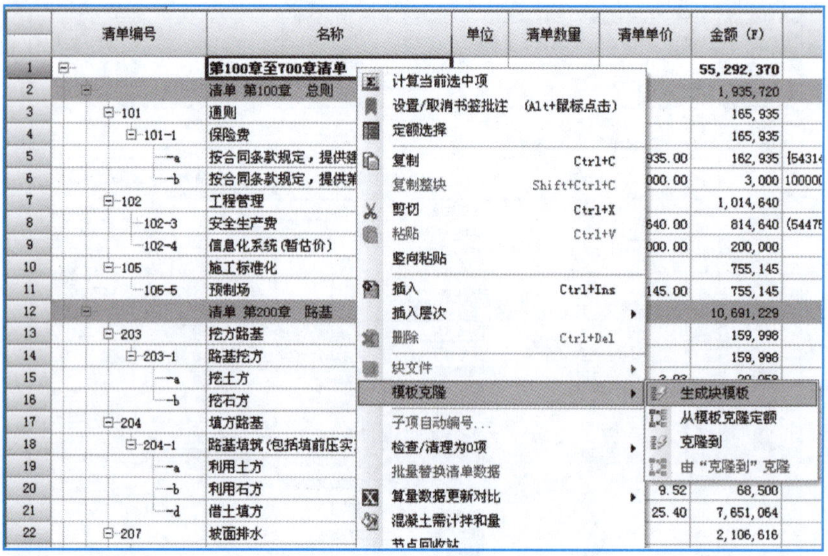

图 5-20 生成块模板

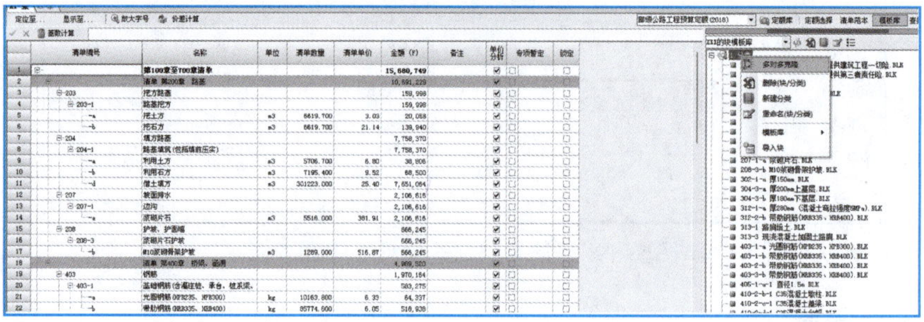

图 5-21 从模板克隆定额

【操作】：在“项目管理”界面，用鼠标右键单击要进行批量造价计算的建设项目，在右键菜单中选择“造价计算”选项即可，如图 5-22 所示。

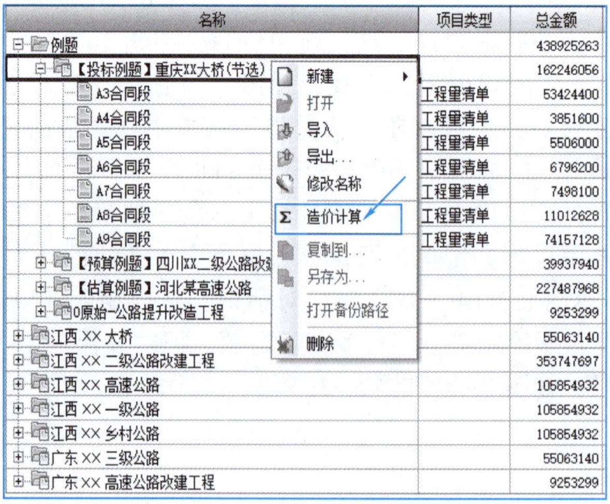

图 5-22 “造价计算”菜单选项

5.1.13　造价审查

审核单位在对原报项目和审核项目进行对比时，可使用此项功能进行全方位的审核及比较。

【操作】：单击“造价审查”菜单中的“原报数据审核表”选项，分别单击“浏览”按钮，选择“原报项目”与“审核项目”，再单击“审核”按钮，“原报项目”与“审核项目”的审核结果便显示出来，如图 5-23 所示。

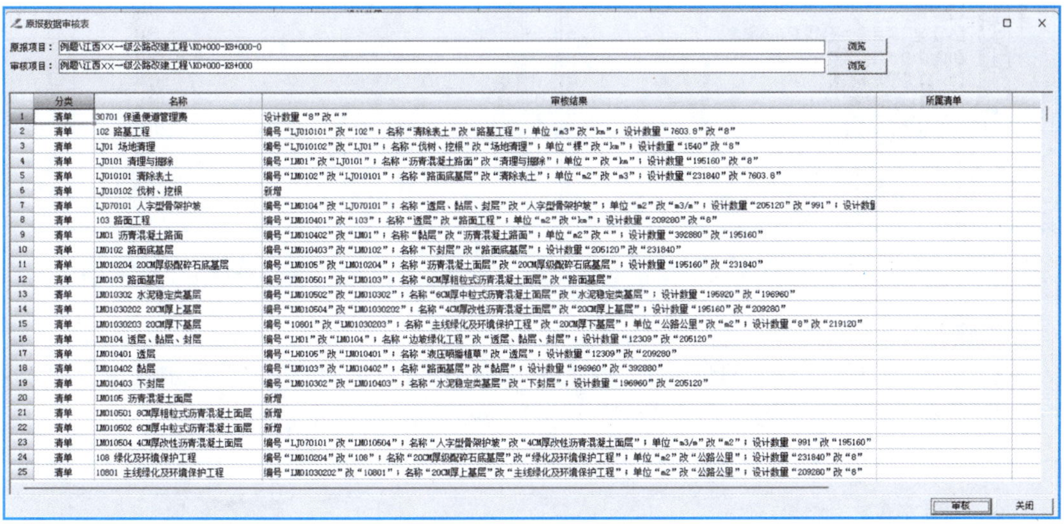

图 5-23　“审核/比较”表

5.1.14　批量导出多标段报表

假如需要将近百条公路标段导出报表，使用该功能，只需一键批量导出多标段报表，即可同时导出报表，免除反复操作，提高工作效率。

【操作】：如图 5-24 所示，在“报表”界面，勾选要导出的报表，并且单击“导出 Excel”或“导出 PDF”按钮旁的倒三角，在下拉列表中选择“导出多个标段”，在弹出的“标段选择”对话框中选择需要导出的标段，单击“确定”按钮即可完成，如图 5-25 所示。

5.1.15　新增补充定额

在日常工作中，有时软件中的定额库中没有用户所需要的定额，此时则需要借用其他定额库中的定额来完成组价。

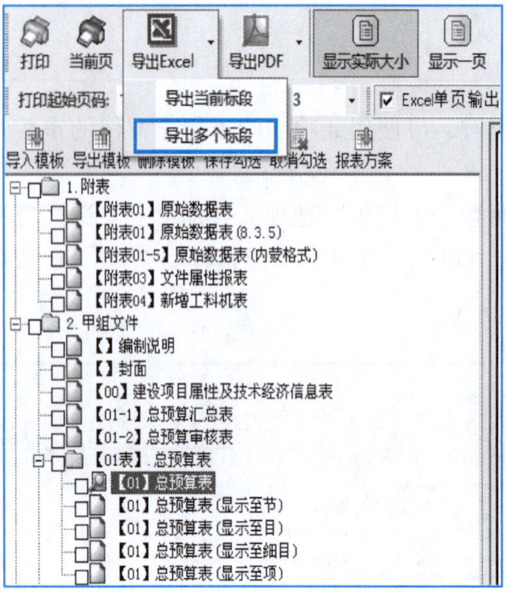

图 5-24 “导出多个标段”下拉列表

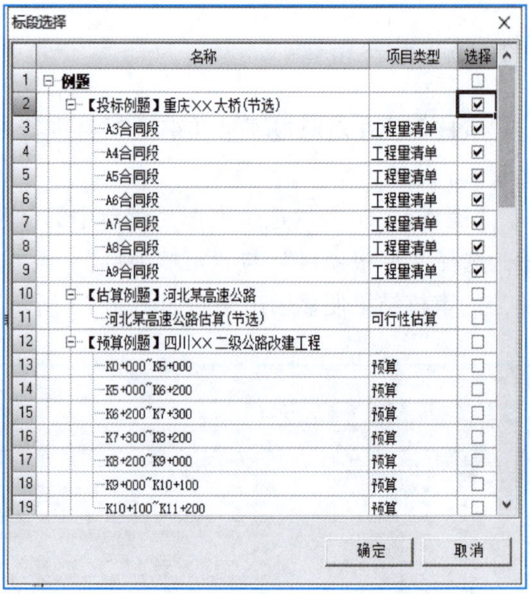

图 5-25 “标段选择”对话框

【操作】:

（1）打开浏览器，输入网址 https://zhzdwk. com/dingeku，可进入纵横定额库，搜索用户需要的定额。找到后下载定额库文件保存至计算机，如图 5-26 所示。

图 5-26 下载定额库文件

（2）在“造价书”界面，单击右上角的“定额库”按钮，在弹出的窗口中单击左下角的“增加定额库”按钮，如图 5-27 所示。

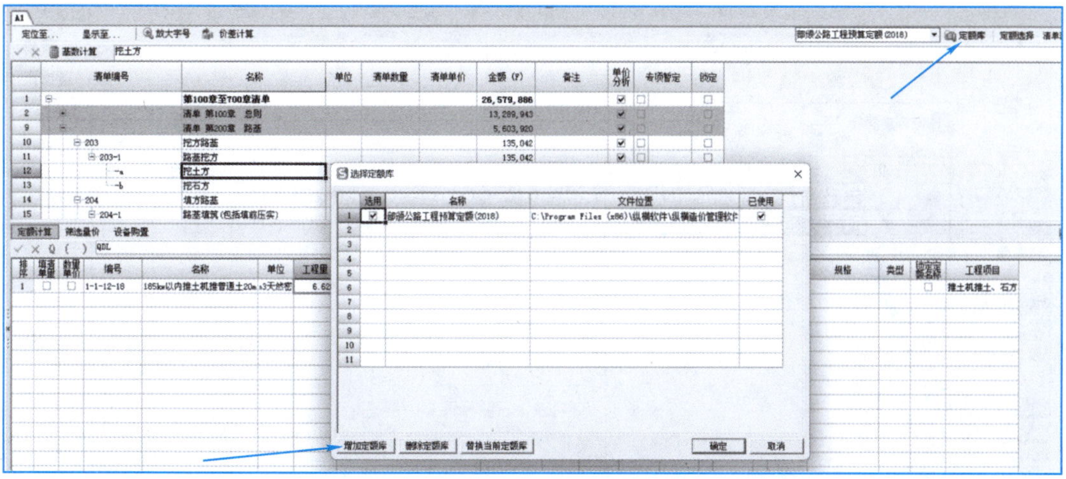

图 5-27　“定额库”按钮和“增加定额库”按钮

（3）选中刚刚下载的定额库文件，单击“打开”按钮，再单击“确定”按钮，如图 5-28 所示。

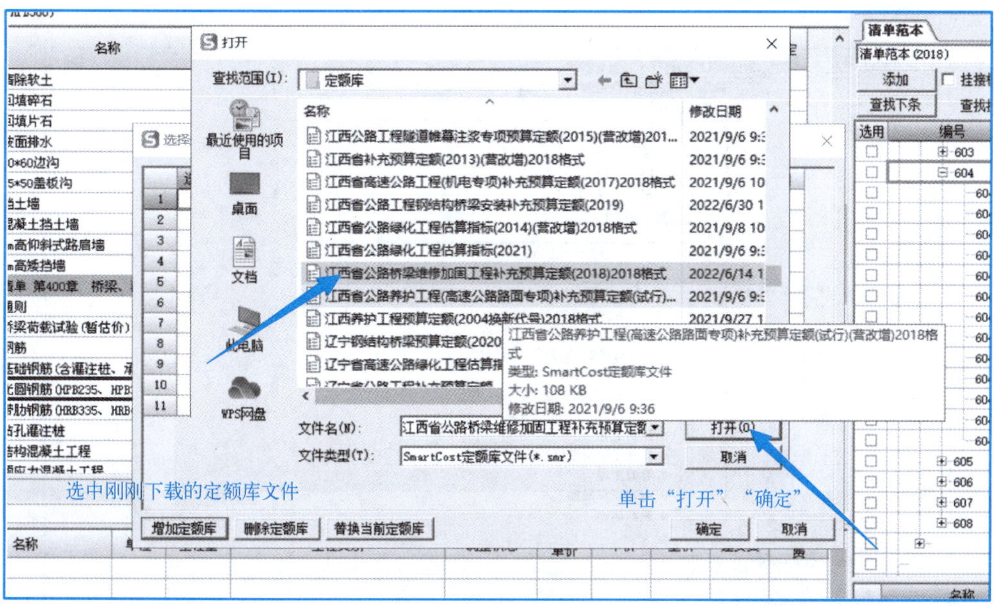

图 5-28　打开定额库文件

（4）勾选新增的定额库文件，单击“确定”按钮，新增的定额库就设置成了当前库，即可在定额窗口选择所需要的定额，如图 5-29 和图 5-30 所示。

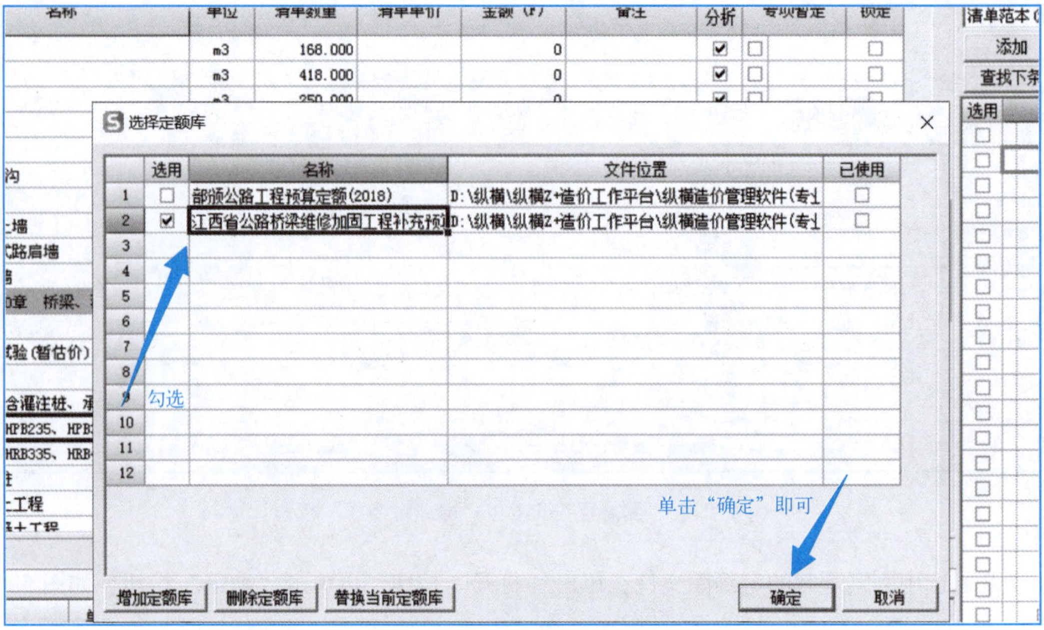

图 5-29　勾选定额库文件

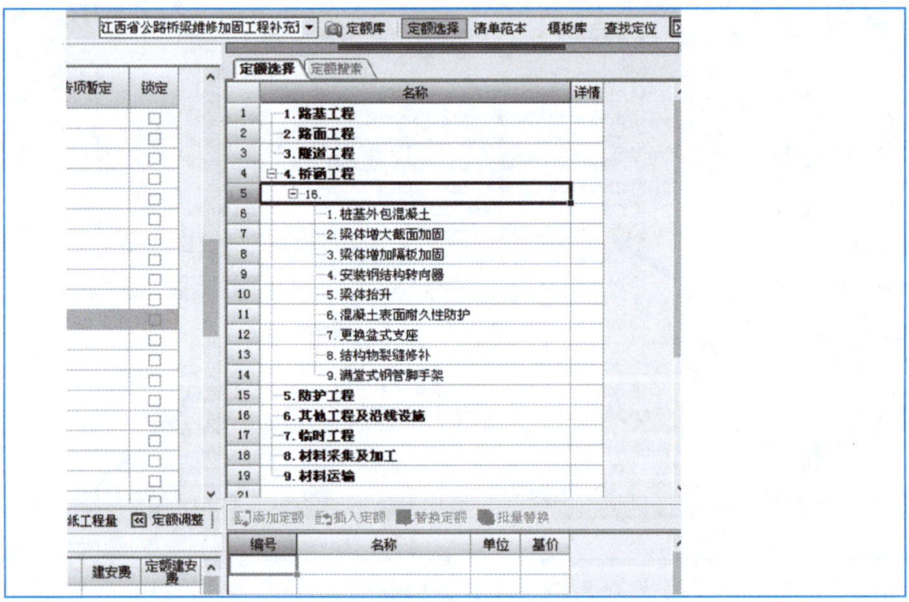

图 5-30　选中的定额库为当前定额库

常见问题解析

软件的高级功能非常实用，使数据交换、协同合作等工作更为方便，应该熟练掌握。

考核与评价

任务 5.1 考核与评价操作视频

<table>
<tr><td rowspan="3">软件高级功能</td><td colspan="2">姓名：</td></tr>
<tr><td colspan="2">班级：</td></tr>
<tr><td>自评</td><td>师评</td></tr>
<tr><td>考核评价内容</td><td>掌握：
未掌握：</td><td>合格：
不合格：</td></tr>
<tr><td>1. 到纵横文库（网址为 https://zhzdwk.com/dingeku）中，在纵横定额库中下载一个名称为“桩基外包混凝土干处非泵送”的定额，并下载包含该条定额的定额库文件。
2. 把下载的定额库文件增加进当前定额库列表中。
3. 把下载的定额库文件设置为当前定额库。</td><td></td><td></td></tr>
</table>

项目 6

公路工程施工图预算编制实例

项目目标

知识目标：掌握编制公路工程施工图预算的流程和知识。

技能目标：会根据公路工程项目的施工图纸，并利用相关资料，编制施工图预算。

素质目标：通过编制施工图预算，养成细致认真、诚信的品质，建立创新意识，培养钻研、积极进取精神。

任务脉络

施工图预算编制实例有关过程如图 6-1 所示。

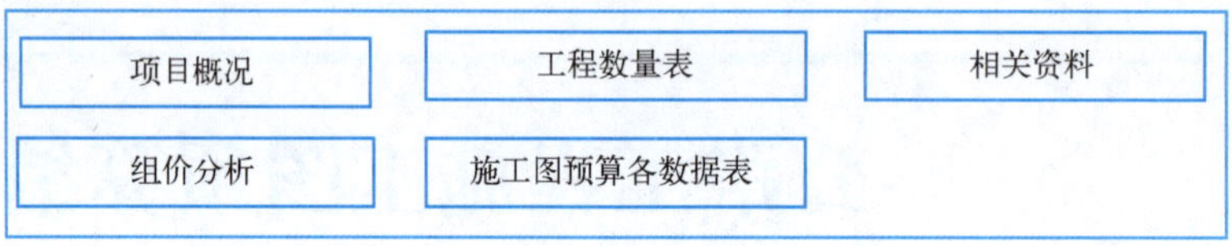

图 6-1　施工图预算编制实例有关过程

【小贴士】“概算—计量—决算”全过程动态管理

公路工程全过程造价管理一直是工程建设项目主管单位、建设单位、咨询单位等各参与方的关注对象，“概算—计量—决算”全过程动态管理更是投资控制的重点。为了进一步规范公路工程全过程造价管理，2017 年，中华人民共和国交通运输部发布了《公路工程建设项目造价文件管理导则》，其作为交通运输部颁布的《公路工程造价管理暂行办法》配套行业标准，是公路工程造价文件编制与管理的总领性准则，是公路工程造价类标准制度修订及规范造价文件管理时应依照的基础性标准。该导则通过规范公路工程各阶段造价文件编制的基本内容和基本要求，明确了公路工程全过程各阶段造价文件编制应采用的通用的要素费用项目，并制定了相关规则，建立了前期阶段造价费用项目和实施阶段工程量清单费用项目之间的衔接关系，构建了全过程造价文件的体系构架，实现了全过程造价文件的标准化管理。

【学后谨记】

规范公路工程全过程各阶段造价文件是公路工程造价数字化、智慧化、标准化、规范化、精细化、信息化的重要基础，“概算—计量—决算”全过程动态管理更是工程投资控制的核心思路与重点内容。作为造价人员更要有全过程造价的理念。

任务 6.1　编制一条公路的施工图预算

▶ 任务引入

请用公路工程造价软件编制江西省××公路改建工程的施工图预算。

▶ 任务分析

根据相关资料编制施工图预算。

相关资料

6.1.1　项目概况

江西省××公路改建工程，起点位于南昌市罗亭镇，终点位于福银高速连接线路口，原道路地势平坦。本项目按设计标准为双向四车道一级公路，设计速度为 80 km/h，路基宽度为 26 m。

6.1.2　工程数量表

以下节选了江西省××公路改建工程路基、路面、征地拆迁等部分工程数量表，作为本实例的工程数量表，如表 6-1～表 6-7 所示。

表 6-1　砍树挖根数量表

起讫桩号	长度/m	所属乡镇	除草 1 000 m²	砍灌木林树直径在 10 cm 以下 1 000 m²		砍灌木林树直径在 10 cm 以上/千棵
				稀	密	
K0+000—K8+000	8 000	新建区罗亭镇	8.004	22.011	10.005	1.54

表 6-2　清表回填数量表

清除及回填桩号	清表面积/m²		清表厚度/m	清除表土/m³	借土回填/m³
	林地	草地			
K0+000—K8+000	30 015	8 004	0.2	7 603.8	7 603.8

表 6-3　土石方数量表

起讫桩号	长度/m	挖方		填方				废方	
		土方	石方	本桩利用		远运利用			
		普通土	软石	普通土	软石	普通土	软石	普通土	软石
K0+000—K8+000	8 000	134 785	87 945	55 887	32 986	34 221	33 684	30 260	26 609

注：① 本表使用的压实系数为：普通土 1.16 和石方 0.92。
② 本表除填方、本桩利用和远运利用为压实方外，其余为天然方。
③ 平衡公式：
土方：挖方 = 填方 * 1.16+废方；
石方：挖方 = 填方 * 0.92+废方。
④ 远运利用运距 1 km，废方运距 3 km。

表 6-4　路基排水工程数量表

起讫桩号	工程名称	长度/m	M7.5 浆砌片石/m³	开挖土方/m³	M12.5 砂浆抹面/m²
K2+000—K5+000	排水沟	3 000	2 551.5	2 551.5	2 400

表 6–5　路基防护工程数量表

起讫桩号	防护形式（H=4.5）	长度/m	M7.5 浆砌片石/m^3	开挖基坑土方/m^3	M12.5 砂浆抹面/m^2	喷播植草/m^2
K5+000—K7+000	人字型骨架护坡	2 000	991	1 049	4 892	12 309

表 6–6　路面工程数量表

起讫桩号	长度/m	结构类型	机动车道（1 000 m^2）				
			20 cm 上基层	20 cm 下基层	20 cm 底基层	黏层	1 cm 下封层
K0+000—K2+000	2 000	沥青路面	52.32	54.78	57.96	49.24	49.24
K2+000—K4+000	2 000	沥青路面	52.32	54.78	57.96	49.24	49.24
K4+000—K6+000	2 000	沥青路面	52.32	54.78	57.96	49.24	49.24
K6+000—K8+000	2 000	沥青路面	52.32	54.78	57.96	49.24	49.24
合计	8 000		209.28	219.12	231.84	196.96	196.96
起讫桩号	长度/m	结构类型	机动车道/1 000 m^2				
			4 cm 改性沥青砼面层	6 cm 沥青砼中面层	8 cm 沥青砼下面层	黏层	透层
K0+000—K2+000	2 000	沥青路面	48.79	48.98	49.24	48.98	52.32
K2+000—K4+000	2 000	沥青路面	48.79	48.98	49.24	48.98	52.32
K4+000—K6+000	2 000	沥青路面	48.79	48.98	49.24	48.98	52.32
K6+000—K8+000	2 000	沥青路面	48.79	48.98	49.24	48.98	52.32
合计	8 000		195.16	195.92	196.96	195.92	209.28

表 6–7　征地拆迁工程数量表

公路用地数量表

起讫桩号	长度/m	所属乡镇	征地总数量	水田/亩	林地/亩	草地/亩	竹林/亩
K0+000—K8+000	8 000	新建区罗亭镇	129.9	45.6	55	12	17.3

赔偿树木及青苗补偿表

起讫桩号	长度/m	所属乡镇	补偿总数量	水田/亩	林地/亩	竹林/亩	
K0+000—K8+000	8 000	新建区罗亭镇	117.9	45.6	55	17.3	

拆迁建筑物及电力电讯

起讫桩号	位置（线路）		砖砼房		电力设施		电讯线路	
			套数	面积	电杆	电线	电杆	电线
K0+000—K8+000	左		3	357	44	1 100		
		右	7	1 034	12	300	21	630

6.1.3　相关资料

专项费用包括施工场地建设费、安全生产费。具体取费依据参考现行《公路工程建设项目概算预算编制办法》(JTG 3830—2018)。

根据江西省《编制办法补充规定》，江西省公路工程生产工人人工费单价如表6-8所示。

表6-8　江西省公路工程生产工人人工费单价表

项目类别 或 公路等级	高速公路、一级公路、 独立特大桥、隧道工程、 独立技术复杂大桥	二级公路、 一般独立大桥	三级公路、 四级公路、 等外公路
取费等级	一级	二级	三级
人工费单价/ (元/工日)	108.02	97.22	86.42
利润	7.42%	6.68%	5.94%

材料预算价格结合《江西工程造价信息》和实际调查的运到工地仓库的价格确定，详见【09】人工、材料、施工机械台班单价汇总表、【22】材料预算单价计算表。

参考《江西省人民政府关于公布全省征地区片综合地价的通知》(赣府字〔2020〕9号文)、《概预算编制办法》和南昌市其他征地有关文件中的土地使用及拆迁补偿费标准确定土地使用及拆迁补偿费，详见【07】土地使用及拆迁补偿费计算表。

工程建设其他费包括建设项目管理费、研究试验费、前期工作费、专项评价（估）费、联合运转费、生产准备费、工程保通管理费、工程保险费及其他相关费用。预备费由基本预备费和价差预备费两部分组成。具体取费依据参考现行《公路工程建设项目概算预算编制办法》(JTG 3830—2018)。

▶ 任务实施

请用公路工程造价软件编制江西省××公路改建工程的施工图预算。

【操作】：根据相关资料制定施工方案，进行组价分析，用软件编制出施工图预算，详见6.1.4~6.1.8节内容。

6.1.4　根据工程数量表编制施工图预算

为了便于理解，把各分项单独选取项目节进行组价分析。

1. 路基工程

步骤1　根据路基工程数量表和《概算预算项目表》选取预算项目节，见图6-2。

	编号	名称	单位	设计数量	
				数量1	数量2
2	⊟ 102	路基工程	km	8.000	
3	⊟ LJ01	场地清理	km	8.000	
4	⊟ LJ0101	清理与掘除	km	8.000	
5	LJ010101	清除表土	m³	7603.800	
6	LJ010102	伐树、挖根	棵	1540.000	
7	⊟ LJ02	路基挖方	m³	222730.000	
8	LJ0201	挖土方	m³	134785.000	
9	LJ0202	挖石方	m³	87945.000	
10	⊟ LJ03	路基填方	m³	164381.800	
11	LJ0301	利用土方填筑	m³	90108.000	
12	LJ0302	借土方填筑	m³	7603.800	
13	LJ0303	利用石方填筑	m³	66670.000	
14	⊟ LJ06	排水工程	km	3.000	
15	⊟ LJ0602	排水沟	m³/m	2551.500	3000.000
16	LJ060203	浆砌片石排水沟	m³/m	2551.500	3000.000
17	⊟ LJ07	路基防护与加固工程	km	2.000	
18	⊟ LJ0701	一般边坡防护与加固	km	2.000	
19	LJ070101	人字型骨架护坡	m³/m	991.000	2000.000
36	⊟ 108	绿化及环境保护工程	公路公里	8.000	
37	⊟ 10801	主线绿化及环境保护工程	公路公里	8.000	
38	⊟ LH01	边坡绿化工程	m²	12309.000	
39	LH0105	液压喷播植草	m²	12309.000	

图 6-2 路基工程项目表（节选）

步骤 2 根据工程数量表及施工工艺进行组价。

（1）LJ010101 清除表土组价如图 6-3 所示。

排序	填分项量	数量单价	编号	名称	单位	工程量	工程类别	调整状态
1	□	□	1-1-1-4	砍挖灌木林(直径10cm以下)稀	1000m2	22.011	(06)构造物Ⅰ	
2	□	□	1-1-1-5	砍挖灌木林(直径10cm以下)密	1000m2	10.005	(06)构造物Ⅰ	
3	□	□	1-1-1-12	135kW以内推土机清除表土	100m3	76.038	(01)土方	
4	□	□	1-1-10-3	3m3以内装载机装土	1000m3天然密实方	7.604	(01)土方	
5	□	□	1-1-11-11	20t以内自卸汽车运土3km	1000m3天然密实方	7.604	(03)运输	+12×4

图 6-3 清除表土组价

注意事项：清除的表土需要远运 3 km，进行运距的调整。

（2）LJ010102 伐树、挖根组价如图 6-4 所示。

排序	填分项量	数量单价	编号	名称	单位	工程量	工程类别	调整状态
1	□	□	1-1-1-2	人工伐树挖掘机挖树根(1.0m3以[illegible]	10棵	154.000	(06)构造物Ⅰ	

图 6-4 伐树、挖根组价

（3）LJ0201 挖土方组价如图 6-5 所示。

注意事项：① 弃土需要远运 3 km，进行运距的调整。

② 天然密实方与压实方之间需要进行系数换算。

排序	填分项量	数量单价	编号	名称	单位	工程量	工程类别	调整状态
1	□	□	1-1-12-14	135kw以内推土机推普通土20m（本桩利用）	1000m3天然密实方	64.829	(01)土方	
2	□	□	1-1-9-8	2.0m3以内挖掘机挖装普通土	1000m3天然密实方	69.956	(01)土方	
3	□	□	1-1-11-11	20t以内自卸汽车运土1km（远运利用）	1000m3天然密实方	39.696	(03)运输	
4	□	□	1-1-11-11	20t以内自卸汽车运土3km（弃方）	1000m3天然密实方	30.260	(03)运输	+12×4

图 6-5　挖土方组价

（4）LJ0202　挖石方组价如图 6-6 所示。

排序	填分项量	数量单价	编号	名称	单位	工程量	工程类别	调整状态
1	□	□	1-1-14-4	机械打眼开炸软石	1000m3天然密实方	87.945	(02)石方	
2	□	□	1-1-12-37	165kw以内推土机推软石20m	1000m3天然密实方	30.347	(02)石方	
3	□	□	1-1-10-6	3m3以内装载机装软石（远运利用）	1000m3天然密实方	30.989	(02)石方	
4	□	□	1-1-11-25	20t以内自卸汽车运石1km（远运利用）	1000m3天然密实方	30.989	(03)运输	
5	□	□	1-1-10-6	3m3以内装载机装软石（废方）	1000m3天然密实方	26.609	(02)石方	
6	□	□	1-1-11-25	20t以内自卸汽车运石3km（废方）	1000m3天然密实方	26.609	(03)运输	+26×4

图 6-6　挖石方组价

注意事项：① 弃土需要远运 3 km，进行运距的调整。

② 天然密实方与压实方之间需要进行系数换算。

（5）LJ0301　利用土方填筑组价如图 6-7 所示。

排序	填分项量	数量单价	编号	名称	单位	工程量	工程类别	调整状态
1	□	□	1-1-18-4	高速、一级公路填方路基15t以内振动压路	1000m3压实方	90.108	(01)土方	

图 6-7　利用土方填筑组价

（6）LJ0302　借土方填筑组价如图 6-8 所示。

排序	填分项量	数量单价	编号	名称	单位	工程量	工程类别	调整状态
1	□	□	1-1-18-4	高速、一级公路填方路基15t以内振动压路	1000m3压实方	7.604	(01)土方	
2	□	□	1-1-9-8	2.0m3以内挖掘机挖装普通土	1000m3天然密实方	9.049	(01)土方	
3	□	□	1-1-11-11	20t以内自卸汽车运土3km	1000m3天然密实方	9.049	(03)运输	+12×4

图 6-8　借土方填筑组价

注意事项：

① 借土需要远运 3 km，进行运距的调整。

② 天然密实方与压实方之间需要进行系数换算。

③ 损耗系数需要计取。

（7）LJ0303　利用石方填筑组价如图 6-9 所示。

排序	填分项量	数量单价	编号	名称	单位	工程量	工程类别	调整状态
1	□	□	1-1-18-13	高速、一级公路填方路基20t以内振动压路	1000m3压实方	66.670	(02)石方	

图 6-9　利用石方填筑组价

（8）LJ060203　浆砌片石排水沟组价如图 6-10 所示。

排序	填分项量	数量单价	编号	名称	单位	工程量	工程类别	调整状态
1	□	□	1-3-1-3	机械开挖土方	1000m3天然密实方	2.552	(01)土方	
2	□	□	1-3-3-1	浆砌片石边沟、排水沟	10m3实体	255.150	(06)构造物Ⅰ	
3	□	□	4-11-6-17	水泥砂浆抹面2cm厚	100m2	24.000	(06)构造物Ⅰ	M10换M12.5

图 6-10　浆砌片石排水沟组价

注意事项：水泥砂浆抹面需要抽换砂浆。

（9）LJ070101　人字型骨架护坡组价如图 6-11 所示。

排序	填分项量	数量单价	编号	名称	单位	工程量	工程类别	调整状态
1	□	□	4-1-3-3	1.0m3以内挖掘机挖基坑≤1500m3土方	1000m3	1.049	(01)土方	
2	□	□	1-4-11-2	浆砌片石护坡（坡高10m以内）	10m3实体	99.100	(06)构造物Ⅰ	人工×1.3
3	□	□	4-11-6-17	水泥砂浆抹面2cm厚	100m2	48.920	(06)构造物Ⅰ	M10换M12.5

图 6-11　人字型骨架护坡组价

注意事项：

① 浆砌片石护坡采用骨架护坡，需要调整人工消耗。

② 水泥砂浆抹面需要抽换砂浆。

（10）LH0105　液压喷播植草组价如图 6-12 所示。

排序	填分项量	数量单价	编号	名称	单位	工程量	工程类别	调整状态
1	□	□	1-4-2-7	机械液压喷播植草（填方边坡）	1000m2	3.693	(06)构造物Ⅰ	
2	□	□	1-4-2-8	机械液压喷播植草（挖方边坡）	1000m2	8.616	(06)构造物Ⅰ	

图 6-12　液压喷播植草组价

2. 路面工程

步骤 1　根据路面工程数量表和《概算预算项目表》选取预算项目节，见图 6-13。

	编号	名称	单位	设计数量	
				数量1	数量2
20	⊟103	路面工程	km	8.000	
21	⊟LM01	沥青混凝土路面	m2	195160.000	
22	⊟LM0102	路面底基层	m2	231840.000	
23	LM010204	20cm厚级配碎石底基层	m2	231840.000	
24	⊟LM0103	路面基层	m2	196960.000	
25	⊟LM010302	水泥稳定类基层	m2	196960.000	
26	LM01030202	20cm厚上基层	m2	209280.000	
27	LM01030203	20cm厚下基层	m2	219120.000	
28	⊟LM0104	透层、黏层、封层	m2	205120.000	
29	LM010401	透层	m2	209280.000	
30	LM010402	黏层	m2	392880.000	
31	LM010403	下封层	m2	205120.000	
32	⊟LM0105	沥青混凝土面层	m2	195160.000	
33	LM010501	8cm厚粗粒式沥青混凝土面层	m2	196960.000	
34	LM010502	6cm厚中粒式沥青混凝土面层	m2	195920.000	
35	LM010504	4cm厚改性沥青混凝土面层	m2	195160.000	

图 6-13　路面工程项目表（节选）

步骤 2　根据工程数量表及施工工艺进行组价。

（1）LM010204　20 cm 厚级配碎石底基层组价如图 6-14 所示。

注意事项：

① 调整底基层定额厚度 20 cm。

② 根据定额说明需要进行分层摊铺，在定额调整中进行调整。

排序	填分项量	数量单价	编号	名称	单位	工程量	工程类别	调整状态
1	□	□	2-2-2-15	平地机机拌机铺底基层厚20cm（级配碎石	1000m2	231.840	(04)路面	+18×12；拖平摊压机×2，人工+1.5

图 6-14　20 cm 厚级配碎石底基层组价

（2）LM01030202　20 cm 厚上基层组价如图 6-15 所示。

排序	填分项量	数量单价	编号	名称	单位	工程量	工程类别	调整状态
1	□	□	2-1-7-5	厂拌厚20cm碎石水泥(95:5)	1000m2	209.280	(04)路面	
2	□	□	2-1-8-7	15t以内自卸车运1km	1000m3	41.856	(03)运输	
3	□	□	2-1-9-11	12.5m以内摊铺机铺筑基层	1000m2	209.280	(04)路面	

图 6-15　20 cm 厚上基层组价

注意事项：

① 当实际厚度与定额厚度不同时需要调整。

② 当实际运距需要增加时，根据实际运距进行调整。

（3）LM01030203　20 cm 厚下基层组价如图 6-16 所示。

排序	填分项量	数量单价	编号	名称	单位	工程量	工程类别	调整状态
1	□	□	2-1-7-5	厂拌厚20cm碎石水泥(96:4)	1000m2	219.120	(04)路面	96:4
2	□	□	2-1-8-7	15t以内自卸车运1km	1000m3	43.824	(03)运输	
3	□	□	2-1-9-11	12.5m以内摊铺机铺筑基层	1000m2	219.120	(04)路面	

图 6-16　20 cm 厚下基层组价

注意事项：调整水泥碎石的配合比。

（4）LM010401　透层组价如图 6-17 所示。

排序	填分项量	数量单价	编号	名称	单位	工程量	工程类别	调整状态
1	□	□	2-2-16-3	石油沥青半刚性基层透层	1000m2	209.280	(04)路面	

图 6-17　透层组价

（5）LM010402　黏层组价如图 6-18 所示。

排序	填分项量	数量单价	编号	名称	单位	工程量	工程类别	调整状态
1	□	□	2-2-16-7	改性乳化沥青沥青层黏层	1000m2	392.880	(04)路面	

图 6-18　黏层组价

（6）LM010403　下封层组价如图 6-19 所示。

排序	填分项量	数量单价	编号	名称	单位	工程量	工程类别	调整状态
1	□	□	2-2-16-15	乳化沥青稀浆封层ES-1型	1000m2	205.120	(04)路面	

图 6-19　下封层组价

（7）LM010501　8 cm 厚粗粒式沥青混凝土面层组价如图 6-20 所示。

注意事项：

① 定额单位与项目单位需要进行换算。

② 当实际运距需要增加时，根据实际运距进行调整。

③ 拌和设备的型号应该前后对应。

排序	填分项量	数量单价	编号	名称	单位	工程量	工程类别	调整状态
1	□	□	2-2-11-5	240t/h以内拌和粗粒式沥青混凝土混合料	1000m3路面实体	15.757	(04)路面	
2	□	□	2-2-13-9	20t以内自卸车运输沥青混合料1km	1000m3	15.757	(03)运输	
3	□	□	2-2-14-46	机械摊铺粗粒式沥青混凝土混合料(240t/h以内)	1000m3路面实体	15.757	(04)路面	

图 6-20　8 cm 厚粗粒式沥青混凝土面层组价

（8）LM010502　6 cm 厚中粒式沥青混凝土面层组价如图 6-21 所示。

排序	填分项量	数量单价	编号	名称	单位	工程量	工程类别	调整状态
1	□	□	2-2-11-12	240t/h以内拌和中粒式沥青混凝土混合料	1000m3路面实体	11.755	(04)路面	
2	□	□	2-2-13-9	20t以内自卸车运输沥青混合料1km	1000m3	11.755	(03)运输	
3	□	□	2-2-14-47	机械摊铺中粒式沥青混凝土混合料(240t/h以内)	1000m3路面实体	11.755	(04)路面	

图 6-21　6 cm 厚中粒式沥青混凝土面层组价

注意事项：

① 定额单位与项目单位需要进行换算。

② 当实际运距需要增加时，根据实际运距进行调整。

③ 拌和设备的型号应该前后对应。

（9）LM010504　4 cm 厚改性沥青混凝土面层组价如图 6-22 所示。

排序	填分项量	数量单价	编号	名称	单位	工程量	工程类别	调整状态
1	□	□	2-2-11-36	240t/h以内拌和细粒式改性沥青混凝土混合料	1000m3路面实体	7.806	(04)路面	
2	□	□	2-2-13-9	20t以内自卸车运输沥青混合料1km	1000m3	7.806	(03)运输	
3	□	□	2-2-14-48	机械摊铺细粒式沥青混凝土混合料(240t/h以内)	1000m3路面实体	7.806	(04)路面	

图 6-22　4 cm 厚改性沥青混凝土面层组价

注意事项：

① 定额单位与项目单位需要进行换算。

② 当实际运距需要增加时，根据实际运距进行调整。

③ 拌和设备的型号应该前后对应。

3. 专项费用

步骤 1　根据《概算预算项目表》选取预算项目节，如图 6-23 所示。

	编号	名称	单位	设计数量		经济指标	金额（F）	备注	锁定
				数量1	数量2				
16	⊟ 110	专项费用	元				0		□
17	11001	施工场地建设费	元				0	0	□
18	11002	安全生产费	元				0		□

图 6-23　专项费用项目表

步骤 2　根据《公路工程建设项目概预算编制办法》规定进行取费。

单击金额列如图 6-24 所示。

	编号	名称	单位	设计数量		经济指标	金额（F）	备注
				数量1	数量2			
40	⊟ 110	专项费用	元				3,440,265	
41	11001	施工场地建设费	元				1,985,51 …	1985511
42	11002	安全生产费	元				1,454,754	96983593*1.5%

图 6-24　单击施工场地建设费“金额”列

施工场地建设费：出现“表达式编辑器”对话框后双击选择“施工场地建设费”，单击“确定”按钮即可，如图 6-25 所示。

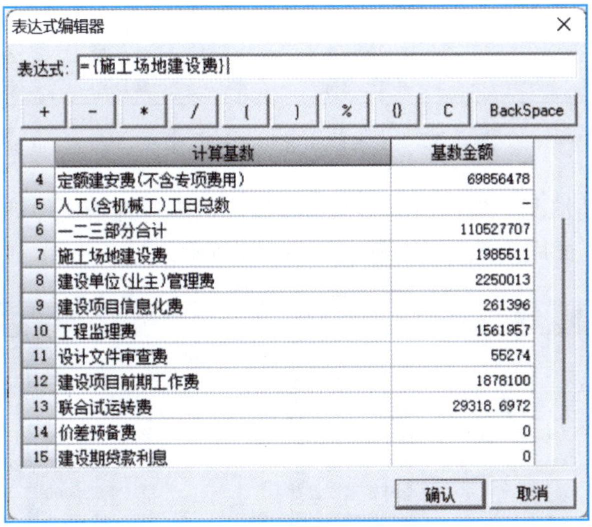

图 6-25　在“表达式编辑器”对话框输入施工场地建设费表达式

安全生产费：单击安全生产费“金额”列，出现“表达式编辑器”对话框后双击选择“建安费（安全生产费专用，含施工场地建设费）”，单击“确定”按钮即可，如图 6-26 所示。

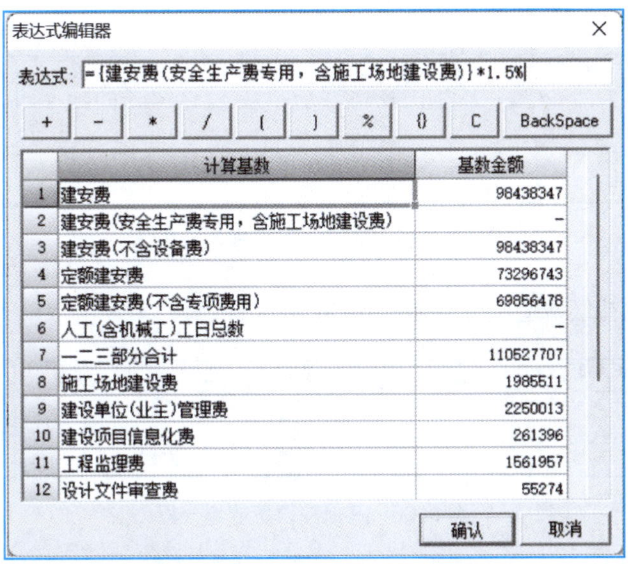

图 6-26　在“表达式编辑器”对话框输入安全生产费表达式

4. 征地拆迁工程费

步骤 1　根据征地拆迁工程数量表和《概算预算项目表》选取预算项目节，见图 6-27。

	编号	名称	单位	设计数量	
				数量1	数量2
43	⊟2	**第二部分 土地使用及拆迁补**	**公路公里**	**8.000**	
44	⊟201	土地使用费	亩	129.900	
45	20101	永久征用土地	亩	129.900	
46	202	拆迁补偿费	公路公里	8.000	
47	203	其他补偿费	公路公里	8.000	

图 6-27　土地使用及拆迁补偿费项目表

步骤 2　根据用地情况、拆迁情况并结合各地征地拆迁补偿文件进行造价分析。

（1）20101　永久征用土地造价分析如图 6-28 所示。

排序	填分项量	数量单价	编号	名称	单位	工程量	单价
1	☐	☑		水田征地补偿费	亩	45.600	39900.00
2	☐	☑		林地征地补偿费	亩	55.000	15960.00
3	☐	☑		草地征地补偿费	亩	12.000	15960.00
4	☐	☑		竹林征地补偿费	亩	17.300	15960.00
5	☐	☑		耕地开垦费	亩	45.600	26000.00
6	☐	☑		森林植被恢复费	亩	55.000	5000.00
7	☐	☑		失地农民养老保险费	亩	129.900	6000.00
8	☐	☑		水土保持补偿费	亩	129.900	350.00
9	☐	☑		耕地占用税	亩	45.600	1333.00
10	☐	☑		其他用地占用税	亩	84.300	933.00
11	☐	☑		防洪保安资金		129.900	500.00

图 6-28　永久征用土地造价分析

（2）202　拆迁补偿费造价分析如图 6-29 所示。

排序	填分项量	数量单价	编号	名称	单位	工程量	单价
1	☐	☑		砖砼房	m2	1391.000	810.00
2	☐	☑		电杆	根	77.000	460.00
3	☐	☑		电力电线	m	2030.000	50.00
4	☐	☑		装修补助费	m2	1391.000	120.00
5	☐	☑		搬迁过渡费	m2	1391.000	50.00

图 6-29　拆迁补偿费造价分析

（3）203　其他补偿费造价分析如图 6-30 所示。

排序	填分项量	数量单价	编号	名称	单位	工程量	单价
1	☐	☑		青苗补偿	亩	117.900	1500.00
2	☐	☑		拆迁工作经费	项	1.000	50000.00
3	☐	☑		征地拆迁调剂费	项	1.000	50000.00

图 6-30　其他补偿费造价分析

注意事项：① 在单价列直接输入补偿价格即可。

② 本实例只列取部分补偿费用，如有其他费用还需增加。

6.1.5　工程建设其他费

工程建设其他费包括建设项目管理费、研究试验费、前期工作费、专项评价（估）费、联合试运转费、生产准备费、工程保通管理费、工程保险费及其他相关费用。具体取费依据参考《公路工程建设项目概算预算编制办法》(JTG 3830—2018)。

按照实际发生费用列取项目，并在标准项目表中选取，如图 6-31 所示。

	编号	名称	单位	设计数量	
				数量1	数量2
48	⊟ 3	**第三部分 工程建设其他费**	**公路公里**	**8.000**	
49	⊟ 301	建设项目管理费	公路公里	8.000	
50	30101	建设单位（业主）管理费	公路公里	8.000	
51	30102	建设项目信息化费	公路公里	8.000	
52	30103	工程监理费	公路公里	8.000	
53	30104	设计文件审查费	公路公里	8.000	
54	30105	竣（交）工验收试验检测费	公路公里	8.000	
55	303	建设项目前期工作费	公路公里	8.000	
56	⊟ 304	专项评价（估）费	公路公里	8.000	
57	30401	环境影响评价费	公路公里	8.000	
58	30402	水土保持评估费	公路公里	8.000	
59	30403	使用林地可行性研究报告编制	公路公里	8.000	
60	305	联合试运转费	公路公里	8.000	
61	⊟ 306	生产准备费	公路公里	8.000	
62	30602	办公和生活用家具购置费	公路公里	8.000	
63	30603	生产人员培训费	公路公里	8.000	
64	⊟ 307	工程保通管理费	公路公里	8.000	
65	30701	保通便道管理费	km	8.000	
66	308	工程保险费	公路公里	8.000	

图 6-31　工程建设其他费项目表

取费依据见表 6-9。

表 6-9　工程建设其他费取费依据

编号	名　称	计 取 依 据	软件操作方法
30101	建设单位（业主）管理费	定额建安费 * 累进费率	直接在表达式编辑器选择 ={建设单位（业主）管理费}
30102	建设项目信息化费	定额建安费 * 累进费率	直接在表达式编辑器选择 ={建设项目信息化费}
30103	工程监理费	定额建安费 * 累进费率	直接在表达式编辑器选择 ={工程监理费}
30104	设计文件审查费	定额建安费 * 累进费率	直接在表达式编辑器选择 ={设计文件审查费}
30105	竣（交）工验收试验检测费	按《编制办法》规定计算	11 500 * 公里长度
303	建设项目前期工作费	定额建安费 * 累进费率	直接在表达式编辑器选择
30401	环境影响评价费	按相关文件规定计算	15 000 * 公里长度
30402	水土保持评估费	按相关文件规定计算	10 000 * 公里长度
30403	使用林地可行性研究报告编制费	按相关文件规定计算	5 000 * 公里长度
305	联合试运转费	定额建安费 * 费率	直接在表达式编辑器选择 ={定额建安费} * 0.04%
30602	办公和生活用家具购置费	按《编制办法》规定计算	5 800 * 公里长度
30603	生产人员培训费	按《编制办法》规定计算	3 000 元/人次 * 50 人
30701	保通便道管理费	按相关文件规定计算	直接在表达式编辑器选择 ={建安费} * 0.6%
308	工程保险费	按《编制办法》规定计算	直接在表达式编辑器选择 ={建安费(不含设备费)} * 0.4%

6.1.6 预备费

预备费由基本预备费和价差预备费两部分组成。

基本预备费指在初步设计和概算、施工图设计和施工图预算中难以预料的工程费用。

基本预备费以建筑安装工程费、土地使用及拆迁补偿费、工程建设其他费之和为基数，按下列费率计算：

（1）设计概算按5%计列；

（2）修正概算按4%计列；

（3）施工图预算按3%计列。

因此，施工图预算基本预备费=（建筑安装工程费+土地使用及拆迁补偿费+工程建设其他费）×3%，其表达式编辑窗口如图6-32所示。

图6-32 基本预备费表达式编辑器窗口

价差预备费指设计文件编制年至工程交工年期间，建筑安装工程费用的人工费、材料费、设备费、施工机械使用费、措施费、企业管理费等由于政策、价格变化可能发生上浮而预留的费用，以及外资贷款汇率变动部分的费用。

对于年工程造价增涨率，因为从2009年开始有关部门就未公布工程投资价格指数，本项费用暂时不计。

6.1.7 项目属性及费率参数

项目属性及费率参数见表6-10。

表 6-10　项目属性及费率参数表

所属建设项目	江西省××公路改建工程
项目属性地区	江西南昌
编制范围	K0+000—K8+000
单价文件名称	K0+000—K8+000
不变费用系数	1
辅助生产间接费率	0. 03
养路费车船税标准	江西车船税标准（2012）
费率文件名称	江西省××公路改建工程
工程所在地	江西
费率标准	江西一级公路估概预算-赣交建管字〔2019〕23 号
冬季施工	不计
雨季施工	Ⅱ区 6 个月
夜间施工	计
高原施工	不计
风沙施工	不计
沿海地区	不计
行车干扰	次数 101～500
施工辅助	计
工地转移/km	50. 000
养老保险/%	16. 000
失业保险/%	0. 500
医疗保险/%	6. 500
住房公积金/%	8. 000
工伤保险/%	1. 300
基本费用	计
综合里程/km	3. 000
职工探亲	计
职工取暖	不计
财务费用	计

6. 1. 8　施工图预算各数据表

施工图预算的“总预算表”“人工、主要材料、施工机械台班数量汇总表”“建筑安装工程费计算表”“综合费率计算表”“专项费用计算表”“土地使用及拆迁补偿费计算表”“工程建设其他费计算表”“人工、材料、施工机械台班单价汇总表”如下所示。

表 A. 0. 2-5　总预算表

建设项目名称：江西省××公路改建工程

编 制 范 围：K0+000—K8+000　　第 1 页　　共 5 页　　01 表

分项编号	工程或费用名称	单位	数量	金额（元）	技术经济指标	各项费用比例（%）	备　注
LJ070101	第一部分 建筑安装工程费	公路公里	8. 000	89 334 100	11 166 762. 50	83. 17	
102	路基工程	km	8. 000	6 171 139	771 392. 38	5. 75	
LJ01	场地清理	km	8. 000	211 177	26 397. 13	0. 20	
LJ0101	清理与掘除	km	8. 000	211 177	26 397. 13	0. 20	
LJ010101	清除表土	m^3	7 603. 800	156 622	20. 60	0. 15	
LJ010102	伐树、挖根	棵	1 540. 000	54 555	35. 43	0. 05	
LJ02	路基挖方	m^3	222 730. 000	3 055 936	13. 72	2. 85	
LJ0201	挖土方	m^3	134 785. 000	956 589	7. 10	0. 89	
LJ0202	挖石方	m^3	87 945. 000	2 099 347	23. 87	1. 95	
LJ03	路基填方	m^3	164 381. 800	1 433 516	8. 72	1. 33	
LJ0301	利用土方填筑	m^3	90 108. 000	621 913	6. 90	0. 58	
LJ0302	借土方填筑	m^3	7 603. 800	163 143	21. 46	0. 15	
LJ0303	利用石方填筑	m^3	66 670. 000	648 460	9. 73	0. 60	
LJ06	排水工程	km	3. 000	969 596	323 198. 67	0. 90	
LJ0602	排水沟	m^3/m	2 551. 500/3 000. 000	969 596	380. 01/323. 20	0. 90	
LJ060203	浆砌片石排水沟	m^3/m	2 551. 500/3 000. 000	969 596	380. 01/323. 20	0. 90	
LJ07	路基防护与加固工程	km	2. 000	500 914	250 457. 00	0. 47	
LJ0701	一般边坡防护与加固	km	2. 000	500 914	250 457. 00	0. 47	

编制：　　　　　　复核：

表 A. 0. 2-5 总预算表

建设项目名称：江西省××公路改建工程

编 制 范 围：K0+000—K8+000

第 2 页 共 5 页 01 表

分项编号	工程或费用名称	单位	数量	金额（元）	技术经济指标	各项费用比例（%）	备 注
LJ070101	人字型骨架护坡	m^3/m	991. 000/2 000. 000	500 914	505. 46/250. 46	0. 47	
103	路面工程	km	8. 000	79 657 533	9 957 191. 63	74. 16	
LM01	沥青混凝土路面	m^2	195 160. 000	79 657 533	408. 17	74. 16	
LM0102	路面底基层	m^2	231 840. 000	10 269 951	44. 30	9. 56	
LM010204	20 cm 厚级配碎石底基层	m^2	231 840. 000	10 269 951	44. 30	9. 56	
LM0103	路面基层	m^2	196 960. 000	23 708 051	120. 37	22. 07	
LM010302	水泥稳定类基层	m^2	196 960. 000	23 708 051	120. 37	22. 07	
LM01030202	20 cm 厚上基层	m^2	209 280. 000	11 791 822	56. 34	10. 98	
LM01030203	20 cm 厚下基层	m^2	219 120. 000	11 916 229	54. 38	11. 09	
LM0104	透层、黏层、封层	m^2	205 120. 000	3 773 545	18. 40	3. 51	
LM010401	透层	m^2	209 280. 000	1 312 449	6. 27	1. 22	
LM010402	黏层	m^2	392 880. 000	1 184 248	3. 01	1. 10	
LM010403	下封层	m^2	205 120. 000	1 276 848	6. 22	1. 19	
LM0105	沥青混凝土面层	m^2	195 160. 000	41 905 986	214. 73	39. 01	
LM010501	8 cm 厚粗粒式沥青混凝土面层	m^2	196 960. 000	17 924 575	91. 01	16. 69	
LM010502	6 cm 厚中粒式沥青混凝土面层	m^2	195 920. 000	13 908 255	70. 99	12. 95	
LM010504	4 cm 厚改性沥青混凝土面层	m^2	195 160. 000	10 073 156	51. 61	9. 38	
108	绿化及环境保护工程	公路公里	8. 000	183 897	22 987. 13	0. 17	

编制： 复核：

表 A. 0. 2-5 总预算表

建设项目名称：江西省××公路改建工程

编 制 范 围：K0+000—K8+000 第 3 页 共 5 页 01 表

分项编号	工程或费用名称	单位	数量	金额（元）	技术经济指标	各项费用比例（%）	备 注
10801	主线绿化及环境保护工程	公路公里	8. 000	183 897	22 987. 13	0. 17	
LH01	边坡绿化工程	m^2	12 309. 000	183 897	14. 94	0. 17	
LH0105	液压喷播植草	m^2	12 309. 000	183 897	14. 94	0. 17	
110	专项费用	元		3 321 531		3. 09	
11001	施工场地建设费	元		2 001 323		1. 86	2 001 323
11002	安全生产费	元		1 320 208		1. 23	88 013 892 * 1. 5%
2	第二部分 土地使用及拆迁补偿费	公路公里	8. 000	7 431 670	928 958. 75	6. 92	
201	土地使用费	亩	129. 900	5 654 720	43 531. 33	5. 26	
20101	永久征用土地	亩	129. 900	5 654 720	43 531. 33	5. 26	
202	拆迁补偿费	公路公里	8. 000	1 500 100	187 512. 50	1. 40	
203	其他补偿费	公路公里	8. 000	276 850	34 606. 25	0. 26	
3	第三部分 工程建设其他费	公路公里	8. 000	7 517 430	939 678. 75	7. 00	
301	建设项目管理费	公路公里	8. 000	4 249 448	531 181. 00	3. 96	
30101	建设单位（业主）管理费	公路公里	8. 000	2 265 203	283 150. 38	2. 11	2 265 203
30102	建设项目信息化费	公路公里	8. 000	263 085	32 885. 63	0. 24	263 085
30103	工程监理费	公路公里	8. 000	1 573 459	196 682. 38	1. 46	1 573 459
30104	设计文件审查费	公路公里	8. 000	55 701	6 962. 63	0. 05	55 701
30105	竣（交）工验收试验检测费	公路公里	8. 000	92 000	11 500. 00	0. 09	

编制： 复核：

表 A.0.2-5　总预算表

建设项目名称：江西省××公路改建工程

编 制 范 围：K0+000—K8+000　　　　第 4 页　　共 5 页　　01 表

分项编号	工程或费用名称	单位	数量	金额（元）	技术经济指标	各项费用比例（%）	备　注
303	建设项目前期工作费	公路公里	8.000	1 892 685	236 585.63	1.76	1 892 685
304	专项评价（估）费	公路公里	8.000	256 000	32 000.00	0.24	
30401	环境影响评价费	公路公里	8.000	120 000	15 000.00	0.11	
30402	水土保持评估费	公路公里	8.000	96 000	12 000.00	0.09	
30403	使用林地可行性研究报告编制费	公路公里	8.000	40 000	5 000.00	0.04	
305	联合试运转费	公路公里	8.000	29 556	3 694.50	0.03	73 889 641 * 0.04%
306	生产准备费	公路公里	8.000	196 400	24 550.00	0.18	
30602	办公和生活用家具购置费	公路公里	8.000	46 400	5 800.00	0.04	
30603	生产人员培训费	公路公里	8.000	150 000	18 750.00	0.14	
307	工程保通管理费	公路公里	8.000	536 005	67 000.63	0.50	
30701	保通便道管理费	km	8.000	536 005	67 000.63	0.50	89 334 100 * 0.6%
308	工程保险费	公路公里	8.000	357 336	44 667.00	0.33	89 334 100 * 0.4%
4	第四部分 预备费	公路公里	8.000	3 128 496	391 062.00	2.91	
401	基本预备费	公路公里	8.000	3 128 496	391 062.00	2.91	104 283 200 * 3%
402	价差预备费	公路公里	8.000				
5	第一至四部分合计	公路公里	8.000	107 411 696	13 426 462.00	100.00	89 334 100+7 431 670+7 517 430+3 128 496
6	建设期贷款利息	公路公里	8.000				贷款总额：81 786 534 元。其中×××银行贷款额 81 786 534 元，计息年 0 年
	新增加费用项目	元					

编制：　　　　　　　　复核：

表 A. 0. 2-5 总 预 算 表

建设项目名称：江西省××公路改建工程

编 制 范 围：K0+000—K8+000　　第 5 页　　共 5 页　　01 表

分项编号	工程或费用名称	单位	数量	金额（元）	技术经济指标	各项费用比例（%）	备　注
	＊请在此输入费用项目						
7	公路基本造价	公路公里	8. 000	107 411 696	13 426 462. 00	100. 00	107 411 696+0+0

编制：　　　　　　　　复核：

表 A. 0. 2–6　人工、主要材料、施工机械台班数量汇总表

建设项目名称：江西省××公路改建工程

编　制　范　围：K0+000—K8+000　　　第 1 页　　共 4 页　　02 表

代号	规格名称	单位	单价（元）	总数量	分项统计				辅助生产	场外运输损耗	
					路基工程	路面工程	绿化及环境保护工程			%	数量
1001001	人工	工日	108. 02	13 914. 813	7 990. 673	5 713. 533	210. 606				
1051001	机械工	工日	108. 02	6 810. 769	2 679. 877	4 098. 760	32. 126				
2009003	空心钢钎	kg	7. 84	791. 505	791. 505						
2009004	Φ50 mm 以内合金钻头	个	30. 97	1 495. 065	1 495. 065						
3001001	石油沥青	t	5 711. 00	3 189. 461		3 189. 461					
3001002	改性沥青	t	5 964. 00	962. 613		962. 613					
3001005	乳化沥青	t	2 991. 00	224. 812		224. 812					
3001006	改性乳化沥青	t	5 451. 00	175. 225		175. 224					
3003001	重油	kg	5. 80	589 606. 757		589 602. 104					
3003002	汽油	kg	11. 12	3 143. 281		2 463. 698	679. 541				
3003003	柴油	kg	9. 40	381 954. 441	175 117. 091	205 850. 538	986. 725				
3005001	煤	t	561. 95	33. 820		33. 485				1. 00	0. 335
3005002	电	kW · h	0. 85	282 118. 184	1 142. 988	280 973. 433					
3005004	水	m^3	2. 72	20 461. 270	7 272. 100	11 995. 200	1 193. 970				
4013001	草籽	kg	90. 00	248. 642			246. 180			1. 00	2. 462
5005002	硝铵炸药	kg	13. 01	11 344. 905	11 344. 905						
5005008	非电毫秒雷管	个	3. 16	13 015. 860	13 015. 860						

编制：　　　　　　　　　　复核：

表 A. 0. 2-6　人工、主要材料、施工机械台班数量汇总表

建设项目名称：江西省××公路改建工程

编 制 范 围：K0+000—K8+000　　　　第 2 页　　共 4 页　　02 表

代号	规 格 名 称	单位	单价（元）	总数量	分项统计				辅助生产	场外运输损耗	
					路基工程	路面工程	绿化及环境保护工程			%	数量
5005009	导爆索	m	2. 05	6 947. 655	6 947. 655						
5501007	种植土	m^3	11. 65	905. 229			878. 863			3. 00	26. 366
5503004	砂	m^3	77. 67	79. 895		77. 946				2. 50	1. 949
5503005	中（粗）砂	m^3	146. 46	1 710. 765	1 669. 039					2. 50	41. 726
5503006	路面用机制砂	m^3	87. 38	3 330. 559		3 249. 326				2. 50	81. 233
5503013	矿粉	t	155. 34	4 122. 268		4 002. 202				3. 00	120. 066
5503015	路面用石屑	m^3	106. 80	11 583. 649		11 468. 959				1. 00	114. 690
5505005	片石	m^3	63. 11	4 073. 875	4 073. 875						
5505016	碎石	m^3	110. 00	200 977. 473		198 987. 597				1. 00	1 989. 876
5505017	路面用碎石（1. 5 cm）	m^3	110. 00	24 848. 459		24 602. 435				1. 00	246. 024
5505018	路面用碎石（2. 5 cm）	m^3	110. 00	13 870. 020		13 732. 693				1. 00	137. 327
5505019	路面用碎石（3. 5 cm）	m^3	110. 00	1 172. 108		1 160. 503				1. 00	11. 605
5509001	32. 5 级水泥	t	445. 51	9 200. 923	431. 439	8 678. 386				1. 00	91. 098
7801001	其他材料费	元	1. 00	205 537. 209	2 481. 527	148 332. 460	54 723. 222				
7901001	设备摊销费	元	1. 00	87 314. 628		87 314. 628					
8001004	105 kW 以内履带式推土机	台班	1 333. 37	84. 004	84. 004						
8001006	135 kW 以内履带式推土机	台班	1 796. 26	87. 568	87. 568						

编制：　　　　复核：

表 A. 0. 2-6　人工、主要材料、施工机械台班数量汇总表

建设项目名称：江西省××公路改建工程

编 制 范 围：K0+000—K8+000　　　　第 3 页　　共 4 页　　02 表

代号	规格名称	单位	单价（元）	总数量	分项统计				辅助生产	场外运输损耗	
					路基工程	路面工程	绿化及环境保护工程			%	数量
8001007	165 kW 以内履带式推土机	台班	2 134. 33	43. 093	43. 093						
8001025	0. 6 m^3 以内履带式液压单斗挖掘机	台班	909. 33	11. 637	11. 637						
8001027	1. 0 m^3 以内履带式液压单斗挖掘机	台班	1 345. 31	10. 780	10. 780						
8001030	2. 0 m^3 以内履带式液压单斗挖掘机	台班	1 684. 89	102. 707	102. 707						
8001035	1. 0 m^3 以内履带式机械单斗挖掘机	台班	1 182. 47	2. 790	2. 790						
8001045	1. 0 m^3 以内轮胎式装载机	台班	684. 71	30. 322	30. 322						
8001047	2. 0 m^3 以内轮胎式装载机	台班	1 172. 48	183. 538		183. 538					
8001049	3. 0 m^3 以内轮胎式装载机	台班	1 481. 35	335. 413	99. 793	235. 620					
8001058	120 kW 以内自行式平地机	台班	1 357. 27	375. 477	143. 637	231. 840					
8001081	12～15 t 光轮压路机	台班	667. 23	89. 914		89. 914					
8001083	18～21 t 光轮压路机	台班	870. 70	315. 302		315. 302					
8001089	15 t 以内振动压路机（单钢轮）	台班	1 226. 01	242. 326	242. 326						
8001090	20 t 以内振动压路机	台班	1 676. 94	321. 651	146. 007	175. 644					
8001132	液压喷播机	台班	390. 78	12. 309			12. 309				
8003011	300 t/h 内稳定土厂拌设备	台班	1 306. 30	107. 100		107. 100					
8003017	12. 5 m 以内稳定土摊铺机	台班	3 327. 68	68. 544		68. 544					
8003031	4 000 L 内液态沥青运输车	台班	427. 68	41. 024		41. 024					

编制：　　　　　　　　复核：

表 A. 0. 2-6 人工、主要材料、施工机械台班数量汇总表

建设项目名称：江西省××公路改建工程

编 制 范 围：K0+000—K8+000　　　　第 4 页　　共 4 页　　02 表

代号	规 格 名 称	单位	单价（元）	总数量	分项统计				辅助生产	场外运输损耗	
					路基工程	路面工程	绿化及环境保护工程			%	数量
8003040	8 000 L 以内沥青洒布车	台班	935. 59	20. 158		20. 158					
8003052	240 t/h 内沥青混合料拌和设备	台班	69 621. 31	57. 020		57. 020					
8003060	12. 5 m 内沥青混合料摊铺机	台班	4 072. 65	67. 731		67. 731					
8003062	2. 5~3. 5 m 稀浆封层机	台班	3 168. 65	38. 973		38. 973					
8003065	15 t 以内振动压路机（双钢轮）	台班	1 801. 79	189. 537		189. 537					
8003066	9~16 t 轮胎式压路机	台班	718. 54	25. 114		25. 114					
8003067	16~20 t 轮胎式压路机	台班	850. 36	201. 908		201. 908					
8003068	20~25 t 轮胎式压路机	台班	1 054. 26	90. 961		90. 961					
8005010	400 L 以内灰浆搅拌机	台班	139. 53	53. 138	53. 138						
8007003	4 t 以内载货汽车	台班	570. 11	10. 155			10. 155				
8007012	5 t 以内自卸汽车	台班	696. 42	58. 786		58. 785					
8007017	15 t 以内自卸汽车	台班	1 066. 35	388. 987		388. 987					
8007019	20 t 以内自卸汽车	台班	1 279. 26	929. 062	747. 528	181. 535					
8007041	6 000 L 以内洒水汽车	台班	798. 48	9. 663			9. 663				
8007043	10 000 L 以内洒水汽车	台班	1 212. 95	161. 288		161. 288					
8017049	9 m^3/min 内机动空压机	台班	837. 37	482. 400	470. 338		12. 063				
8099001	小型机具使用费	元	1. 00	33 033. 810	29 728. 640	2 702. 400	602. 770				

编制：　　　　复核：

表 A. 0. 2-7　建筑安装工程费计算表

建设项目名称：江西省××公路改建工程

编　制　范　围：K0+000—K8+000　　　第 1 页　　　共 4 页　　　03 表

序号	分项编号	工程名称	单位	工程量	定额直接费（元）	定额设备购置费（元）	直接费（元）				设备购置费	措施费	企业管理费	规费	利润（元）	税金（元）	金额合计（元）	
							人工费	材料费	施工机械使用费	合计					费率 7.42（%）	税率 9（%）	合计	单价
1	2	3	4	5	6	7	8	9	10	11	12	13	14	15	16	17	18	19
1	102	路基工程	km	8. 000													6 171 139	771 392. 38
2	LJ01	场地清理	km	8. 000													211 177	26 397. 13
3	LJ0101	清理与掘除	km	8. 000													211 177	26 397. 13
4	LJ010101	清除表土	m^3	7 603. 800	104 441		32 724		82 640	115 364		3 966	3 116	12 968	8 275	12 933	156 622	20. 60
5	LJ010102	伐树、挖根	棵	1 540. 000	35 249		19 962		17 228	37 190		1 269	1 565	7 200	2 826	4 505	54 555	35. 43
6	LJ02	路基挖方	m^3	222 730. 000													3 055 936	13. 72
7	LJ0201	挖土方	m^3	134 785. 000	662 370		41 633		704 364	745 997		25 945	16 881	36 457	52 325	78 984	956 589	7. 10
8	LJ0202	挖石方	m^3	87 945. 000	1 451 262		328 734	257 025	1 014 349	1 600 108		44 383	43 281	124 046	114 188	173 341	2 099 347	23. 87
9	LJ03	路基填方	m^3	164 381. 800													1 433 516	8. 72
10	LJ0301	利用土方填筑	m^3	90 108. 000	418 529		20 440		453 756	474 196		17 587	13 945	31 439	33 395	51 351	621 913	6. 90
11	LJ0302	借土方填筑	m^3	7 603. 800	112 336		4 755		122 475	127 230		4 425	2 929	6 208	8 881	13 470	163 143	21. 46
12	LJ0303	利用石方填筑	m^3	66 670. 000	437 947		72 017		418 595	490 612		15 525	14 728	39 312	34 740	53 543	648 460	9. 73
13	LJ06	排水工程	km	3. 000													969 596	323 198. 67
14	LJ0602	排水沟	m^3/m	2 551. 500													969 596	380. 01

编制：　　　　　　　　　　复核：

表 A.0.2-7　建筑安装工程费计算表

建设项目名称：江西省××公路改建工程

编 制 范 围：K0+000—K8+000　　第 2 页　　共 4 页　　03 表

序号	分项编号	工程名称	单位	工程量	定额直接费（元）	定额设备购置费（元）	直接费（元）				设备购置费	措施费	企业管理费	规费	利润（元）	税金（元）	金额合计（元）	
							人工费	材料费	施工机械使用费	合计					费率 7.42（%）	税率 9（%）	合计	单价
1	2	3	4	5	6	7	8	9	10	11	12	13	14	15	16	17	18	19
15	LJ060203	浆砌片石排水沟	m^3/m	2 551.500	617 756		207 920	492 607	29 898	730 425		13 145	27 125	70 018	48 825	80 058	969 596	380.01
16	LJ07	路基防护与加固工程	km	2.000													500 914	250 457.00
17	LJ0701	一般边坡防护与加固	km	2.000													500 914	250 457.00
18	LJ070101	人字型骨架护坡	m^3/m	991.000	313 704		134 967	221 867	12 159	368 993		7 306	13 762	44 653	24 840	41 360	500 914	505.46
19	103	路面工程	km	8.000													79 657 533	9 957 191.63
20	LM01	沥青混凝土路面	m^2	195 160.000													79 657 533	408.17
21	LM0102	路面底基层	m^2	231 840.000													10 269 951	44.30
22	LM010204	20cm 厚级配碎石底基层	m^2	231 840.000	6 096 087		110 191	7 830 257	682 571	8 623 019		74 637	186 296	66 330	471 691	847 978	10 269 951	44.30
23	LM0103	路面基层	m^2	196 960.000													23 708 051	120.37
24	LM010302	水泥稳定类基层	m^2	196 960.000													23 708 051	120.37

编制：　　　　复核：

表 A. 0. 2-7　建筑安装工程费计算表

建设项目名称：江西省××公路改建工程

编 制 范 围：K0+000—K8+000　　　　第 3 页　　共 4 页　　03 表

序号	分项编号	工程名称	单位	工程量	定额直接费（元）	定额设备购置费（元）	直接费（元）				设备购置费	措施费	企业管理费	规费	利润（元）	税金（元）	金额合计（元）	
							人工费	材料费	施工机械使用费	合计					费率 7.42（%）	税率 9（%）	合计	单价
1	2	3	4	5	6	7	8	9	10	11	12	13	14	15	16	17	18	19
25	LM01030202	20 cm 厚上基层	m^2	209 280. 000	7 042 494		106 250	9 013 865	793 082	9 913 197		84 822	213 161	62 343	544 663	973 636	11 791 822	56. 34
26	LM01030203	20 cm 厚下基层	m^2	219 120. 000	7 121 173		111 246	9 072 397	830 372	10 014 015		86 746	215 469	65 275	550 815	983 909	11 916 229	54. 38
27	LM0104	透层、黏层、封层	m^2	205 120. 000													3 773 545	18. 40
28	LM010401	透层	m^2	209 280. 000	890 909		4 521	1 066 306	26 379	1 097 206		8 281	27 226	2 629	68 740	108 367	1 312 449	6. 27
29	LM010402	黏层	m^2	392 880. 000	672 407		21 219	965 639	13 227	1 000 085		6 656	20 549	7 265	51 911	97 782	1 184 248	3. 01
30	LM010403	下封层	m^2	205 120. 000	1 064 894		99 707	725 246	175 868	1 000 821		17 937	32 543	37 358	82 761	105 428	1 276 848	6. 22
31	LM0105	沥青混凝土面层	m^2	195 160. 000													41 905 986	214. 73
32	LM010501	8 cm 厚粗粒式沥青混凝土面层	m^2	196 960. 000	12 010 840		72 678	12 512 869	2 357 534	14 943 081		160 305	365 991	44 932	930 256	1 480 010	17 924 575	91. 01
33	LM010502	6 cm 厚中粒式沥青混凝土面层	m^2	195 920. 000	9 318 568		54 346	9 792 190	1 751 795	11 598 331		122 372	283 984	33 591	721 589	1 148 388	13 908 255	70. 99

编制：　　　　　　　　复核：

表 A. 0. 2-7　建筑安装工程费计算表

建设项目名称：江西省××公路改建工程

编　制　范　围：K0+000—K8+000　　　　第 4 页　　共 4 页　　03 表

序号	分项编号	工程名称	单位	工程量	定额直接费（元）	定额设备购置费（元）	直接费（元）				设备购置费	措施费	企业管理费	规费	利润（元）	税金（元）	金额合计（元）	
							人工费	材料费	施工机械使用费	合计					费率 7.42（%）	税率 9（%）	合计	单价
1	2	3	4	5	6	7	8	9	10	11	12	13	14	15	16	17	18	19
34	LM010504	4 cm 厚改性沥青混凝土面层	m^2	195 160. 000	7 402 537		37 017	7 127 943	1 164 098	8 329 058		91 255	225 696	22 632	572 786	831 729	10 073 156	51. 61
35	108	绿化及环境保护工程	公路公里	8. 000													183 897	22 987. 13
36	10 801	主线绿化及环境保护工程	公路公里	8. 000													183 897	22 987. 13
37	LH01	边坡绿化工程	m^2	12 309. 000													183 897	14. 94
38	LH0105	液压喷播植草	m^2	12 309. 000	133 099		22 749	90 365	29 019	142 133		2 529	5 137	8 468	10 445	15 185	183 897	14. 94
39	110	专项费用	元														3 321 531	
40	11001	施工场地建设费	元														2 001 323	
41	11 002	安全生产费	元														1 320 208	
合　计					55 906 602	0	1 503 076	59 168 576	10 679 409	71 351 061	0	789 091	1 713 384	723 124	4 333 952	7 101 957	89 334 100	0. 00

编制：　　　　复核：

表 A. 0. 2-8 综合费率计算表

建设项目名称：江西省××公路改建工程

编 制 范 围：K0+000—K8+000　　　　第 1 页　　共 2 页　　04 表

序号	工程类别	措施费（%）											企业管理费（%）						规费（%）					
		冬季施工增加费	雨季施工增加费	夜间施工增加费	高原地区施工增加费	风沙地区施工增加费	沿海地区施工增加费	行车干扰施工增加费	施工辅助费	工地转移费	综合费率		基本费用	主副食运费补贴	职工探亲路费	职工取暖补贴	财务费用	综合费率	养老保险费	失业保险费	医疗保险费	工伤保险费	住房公积金	综合费率
											Ⅰ	Ⅱ												
1	2	3	4	5	6	7	8	9	10	11	12	13	14	15	16	17	18	19	20	21	22	23	24	25
1	土方		1. 114					2. 343	0. 521	0. 224	3. 681	0. 521	2. 747	0. 122	0. 192		0. 271	3. 332	16. 000	0. 500	6. 500	1. 300	8. 000	32. 300
2	石方		1. 018					1. 881	0. 470	0. 176	3. 075	0. 470	2. 792	0. 108	0. 204		0. 259	3. 363	16. 000	0. 500	6. 500	1. 300	8. 000	32. 300
3	运输		1. 136					2. 230	0. 154	0. 157	3. 523	0. 154	1. 374	0. 118	0. 132		0. 264	1. 888	16. 000	0. 500	6. 500	1. 300	8. 000	32. 300
4	路面		1. 093					2. 098	0. 818	0. 321	3. 512	0. 818	2. 427	0. 066	0. 159		0. 404	3. 056	16. 000	0. 500	6. 500	1. 300	8. 000	32. 300
5	隧道								1. 195	0. 257	0. 257	1. 195	3. 569	0. 096	0. 266		0. 513	4. 444	16. 000	0. 500	6. 500	1. 300	8. 000	32. 300
6	构造物Ⅰ		0. 753					1. 386	1. 201	0. 262	2. 401	1. 201	3. 587	0. 114	0. 274		0. 466	4. 441	16. 000	0. 500	6. 500	1. 300	8. 000	32. 300
7	构造物Ⅰ（不计冬）		0. 753					1. 386	1. 201	0. 262	2. 401	1. 201	3. 587	0. 114	0. 274		0. 466	4. 441	16. 000	0. 500	6. 500	1. 300	8. 000	32. 300
8	构造物Ⅱ		0. 883	0. 903				1. 516	1. 537	0. 333	3. 635	1. 537	4. 726	0. 126	0. 348		0. 545	5. 745	16. 000	0. 500	6. 500	1. 300	8. 000	32. 300
9	构造物Ⅲ（桥梁）		1. 730	1. 702				1. 417	2. 729	0. 622	5. 471	2. 729	5. 976	0. 225	0. 551		1. 094	7. 846	16. 000	0. 500	6. 500	1. 300	8. 000	32. 300
10	构造物Ⅲ（除桥以外不计雨夜）							1. 417	2. 729	0. 622	2. 039	2. 729	5. 976	0. 225	0. 551		1. 094	7. 846	16. 000	0. 500	6. 500	1. 300	8. 000	32. 300

编制：　　　　复核：

表 A.0.2-8　综合费率计算表

建设项目名称：江西省××公路改建工程

编 制 范 围：K0+000—K8+000　　　　第 2 页　　共 2 页　　04 表

序号	工程类别	措施费（%）											企业管理费（%）						规费（%）					
		冬季施工增加费	雨季施工增加费	夜间施工增加费	高原地区施工增加费	风沙地区施工增加费	沿海地区施工增加费	行车干扰施工增加费	施工辅助费	工地转移费	综合费率		基本费用	主副食运费补贴	职工探亲路费	职工取暖补贴	财务费用	综合费率	养老保险费	失业保险费	医疗保险费	工伤保险费	住房公积金	综合费率
											Ⅰ	Ⅱ												
1	2	3	4	5	6	7	8	9	10	11	12	13	14	15	16	17	18	19	20	21	22	23	24	25
11	技术复杂大桥		1.052	0.928					1.677	0.389	2.369	1.677	4.143	0.101	0.208			5.089	16.000	0.500	6.500	1.300	8.000	32.300
12	钢材及钢结构（桥梁）			0.874					0.564	0.351	1.225	0.564	2.242	0.104	0.164		0.653	3.163	16.000	0.500	6.500	1.300	8.000	32.300
13	钢材及钢结构（除桥以外不计夜）								0.564	0.351	0.351	0.564	2.242	0.104	0.164		0.653	3.163	16.000	0.500	6.500	1.300	8.000	32.300
14	费率为 0																							
15	路面（不计雨）												2.427	0.066	0.159		0.404	3.056	16.000	0.500	6.500	1.300	8.000	32.300
16	构造物Ⅰ（不计雨）												3.587	0.114	0.274		0.466	4.441	16.000	0.500	6.500	1.300	8.000	32.300
17	构造物Ⅲ（除桥以外）		1.730	1.702				1.417	2.729	0.622	5.471	2.729	5.976	0.225	0.551		1.094	7.846	16.000	0.500	6.500	1.300	8.000	32.300
18	钢材及钢结构（除桥以外）			0.874					0.564	0.351	1.225	0.564	2.242	0.104	0.164		0.653	3.163	16.000	0.500	6.500	1.300	8.000	32.300

编制：　　　　　　　　复核：

表 A. 0. 2-11　专项费用计算表

建设项目名称：江西省××公路改建工程

编 制 范 围：K0+000—K8+000　　　　第 1 页　　共 1 页　　06 表

序号	工程或费用名称	说明及计算式	金额（元）	备　注
11001	施工场地建设费	{施工场地建设费}	2 001 323	2 001 323
11002	安全生产费	{建安费（安全生产费专用，含施工场地建设费）} * 1.5%	1 320 208	88 013 892 * 1.5%

编制：　　　　复核：

表 A. 0. 2-12 土地使用及拆迁补偿费计算表

建设项目名称：江西省××公路改建工程

编 制 范 围：K0+000—K8+000 第 1 页 共 2 页 07 表

序号	费用名称	单位	数量	单价（元）	金额（元）	说明及计算式	备 注
201	土地使用费	亩	129. 900	43 531. 33	5 654 720		
20101	永久征用土地	亩	129. 900	43 531. 33	5 654 720		
	水田征地补偿费	亩	45. 600	39 900. 00	1 819 440	45. 6 * 39 900	
	林地征地补偿费	亩	55. 000	15 960. 00	877 800	55 * 15 960	
	草地征地补偿费	亩	12. 000	15 960. 00	191 520	12 * 15 960	
	竹林征地补偿费	亩	17. 300	15 960. 00	276 108	17. 3 * 15 960	
	耕地开垦费	亩	45. 600	26 000. 00	1 185 600	45. 6 * 26 000	
	森林植被恢复费	亩	55. 000	5 000. 00	275 000	55 * 5 000	
	失地农民养老保险费	亩	129. 900	6 000. 00	779 400	129. 9 * 6 000	
	水土保持补偿费	亩	129. 900	350. 00	45 465	129. 9 * 350	
	耕地占用税	亩	45. 600	1 333. 00	60 785	45. 6 * 1 333	
	其他用地占用税	亩	84. 300	933. 00	78 652	84. 3 * 933	
	防洪保安资金	亩	129. 900	500. 00	64 950	129. 9 * 500	
202	拆迁补偿费	公路公里	8. 000	187 512. 50	1 500 100		
	砖砼房	m^2	1 391. 000	810. 00	1 126 710	1 391 * 810	
	电杆	根	77. 000	460. 00	35 420	77 * 460	
	电力电线	m	2 030. 000	50. 00	101 500	2 030 * 50	
	装修补助费	m^2	1 391. 000	120. 00	166 920	1 391 * 120	

编制： 复核：

表 A.0.2-12　土地使用及拆迁补偿费计算表

建设项目名称：江西省××公路改建工程

编 制 范 围：K0+000—K8+000　　　　第 2 页　　共 2 页　　07 表

序号	费用名称	单位	数量	单价（元）	金额（元）	说明及计算式	备　注
	搬迁过渡费	m^2	1 391.000	50.00	69 550	1 391 * 50	
203	其他补偿费	公路公里	8.000	34 606.25	276 850		
	青苗补偿	亩	117.900	1 500.00	176 850	117.9 * 1 500	
	拆迁工作经费	项	1.000	50 000.00	50 000	1 * 50 000	
	征地拆迁调剂费	项	1.000	50 000.00	50 000	1 * 50 000	

编制：　　　　复核：

表 A. 0. 2-13　工程建设其他费计算表

建设项目名称：江西省××公路改建工程

编 制 范 围：K0+000—K8+000　　　　第 1 页　　共 2 页　　08 表

序号	费用名称及项目	说明及计算式	金额（元）	备　注
3	第三部分 工程建设其他费		7 517 430	
301	建设项目管理费		4 249 448	
30101	建设单位（业主）管理费	{建设单位（业主）管理费}	2 265 203	2 265 203
30102	建设项目信息化费	{建设项目信息化费}	263 085	263 085
30103	工程监理费	{工程监理费}	1 573 459	1 573 459
30104	设计文件审查费	{设计文件审查费}	55 701	55 701
30105	竣（交）工验收试验检测费	8. 000（公路公里）×11 500. 00（元/公路公里）	92 000	
303	建设项目前期工作费	{建设项目前期工作费}	1 892 685	1 892 685
304	专项评价（估）费		256 000	
30401	环境影响评价费	8. 000（公路公里）×15 000. 00（元/公路公里）	120 000	
30402	水土保持评估费	8. 000（公路公里）×12 000. 00（元/公路公里）	96 000	
30403	使用林地可行性研究报告编制费	8. 000（公路公里）×5 000. 00（元/公路公里）	40 000	
305	联合试运转费	{定额建安费} * 0. 04%	29 556	73 889 641 * 0. 04%
306	生产准备费		196 400	
30602	办公和生活用家具购置费	8. 000（公路公里）×5 800. 00（元/公路公里）	46 400	
30603	生产人员培训费		150 000	
	生产人员培训费	50. 000（个）×3 000（元/个）	150 000	
307	工程保通管理费		536 005	

编制：　　　　　　　　复核：

表 A. 0. 2-13 工程建设其他费计算表

建设项目名称：江西省××公路改建工程

编 制 范 围：K0+000—K8+000　　　第 2 页　　共 2 页　　08 表

序号	费用名称及项目	说明及计算式	金额（元）	备　注
30701	保通便道管理费	{建安费} * 0. 6%	536 005	89 334 100 * 0. 6%
308	工程保险费	{建安费（不含设备费）} * 0. 4%	357 336	89 334 100 * 0. 4%
401	基本预备费	{一二三部分合计} * 3%	3 128 496	104 283 200 * 3%
402	价差预备费	{价差预备费}		
6	建设期贷款利息			贷款总额：81 786 534 元。其中×××银行贷款额 81 786 534 元，计息年 0 年

编制：　　　　复核：

表 A. 0. 2-14 人工、材料、施工机械台班单价汇总表

建设项目名称：江西省××公路改建工程

编 制 范 围：K0+000—K8+000　　第 1 页　　共 2 页　　09 表

序号	名称	单位	代号	预算单价（元）	备注	序号	名称	单位	代号	预算单价（元）	备注
1	人工	工日	1001001	108. 02		19	种植土	m^3	5501007	11. 65	
2	机械工	工日	1051001	108. 02		20	砂	m^3	5503004	77. 67	
3	空心钢钎	kg	2009003	7. 84		21	中（粗）砂	m^3	5503005	146. 46	
4	Φ50 mm 以内合金钻头	个	2009004	30. 97		22	路面用机制砂	m^3	5503006	87. 38	
5	石油沥青	t	3001001	5 711. 00		23	矿粉	t	5503013	155. 34	
6	改性沥青	t	3001002	5 964. 00		24	路面用石屑	m^3	5503015	106. 80	
7	乳化沥青	t	3001005	2 991. 00		25	片石	m^3	5505005	63. 11	
8	改性乳化沥青	t	3001006	5 451. 00		26	碎石	m^3	5505016	110. 00	
9	重油	kg	3003001	5. 80		27	路面用碎石（1. 5 cm）	m^3	5505017	110. 00	
10	汽油	kg	3003002	11. 12		28	路面用碎石（2. 5 cm）	m^3	5505018	110. 00	
11	柴油	kg	3003003	9. 40		29	路面用碎石（3. 5 cm）	m^3	5505019	110. 00	
12	煤	t	3005001	561. 95		30	32. 5 级水泥	t	5509001	445. 51	
13	电	kW · h	3005002	0. 85		31	其他材料费	元	7801001	1. 00	
14	水	m^3	3005004	2. 72		32	设备摊销费	元	7901001	1. 00	
15	草籽	kg	4013001	90. 00		33	105 kW 以内履带式推土机	台班	8001004	1 333. 37	
16	硝铵炸药	kg	5005002	13. 01		34	135 kW 以内履带式推土机	台班	8001006	1 796. 26	
17	非电毫秒雷管	个	5005008	3. 16		35	165 kW 以内履带式推土机	台班	8001007	2 134. 33	
18	导爆索	m	5005009	2. 05		36	0. 6 m^3 以内履带式液压单斗挖掘机	台班	8001025	909. 33	

编制：　　　　复核：

表 A.0.2-14　人工、材料、施工机械台班单价汇总表

建设项目名称：江西省××公路改建工程

编　制　范　围：K0+000—K8+000　　　　第 2 页　　　共 2 页　　　09 表

序号	名称	单位	代号	预算单价（元）	备注	序号	名称	单位	代号	预算单价（元）	备注
37	1.0 m^3以内履带式液压单斗挖掘机	台班	8001027	1 345.31		55	2.5~3.5 m 稀浆封层机	台班	8003062	3 168.65	
38	2.0 m^3以内履带式液压单斗挖掘机	台班	8001030	1 684.89		56	15 t 以内振动压路机（双钢轮）	台班	8003065	1 801.79	
39	1.0 m^3以内履带式机械单斗挖掘机	台班	8001035	1 182.47		57	9~16 t 轮胎式压路机	台班	8003066	718.54	
40	1.0 m^3以内轮胎式装载机	台班	8001045	684.71		58	16~20 t 轮胎式压路机	台班	8003067	850.36	
41	2.0 m^3以内轮胎式装载机	台班	8001047	1 172.48		59	20~25 t 轮胎式压路机	台班	8003068	1 054.26	
42	3.0 m^3以内轮胎式装载机	台班	8001049	1 481.35		60	400 L 以内灰浆搅拌机	台班	8005010	139.53	
43	120 kW 以内自行式平地机	台班	8001058	1 357.27		61	4 t 以内载货汽车	台班	8007003	570.11	
44	12~15 t 光轮压路机	台班	8001081	667.23		62	5 t 以内自卸汽车	台班	8007012	696.42	
45	18~21 t 光轮压路机	台班	8001083	870.70		63	15 t 以内自卸汽车	台班	8007017	1 066.35	
46	15 t 以内振动压路机（单钢轮）	台班	8001089	1 226.01		64	20 t 以内自卸汽车	台班	8007019	1 279.26	
47	20 t 以内振动压路机	台班	8001090	1 676.94		65	6 000 L 以内洒水汽车	台班	8007041	798.48	
48	液压喷播机	台班	8001132	390.78		66	10 000 L 以内洒水汽车	台班	8007043	1 212.95	
49	300 t/h 内稳定土厂拌设备	台班	8003011	1 306.30		67	9 m^3/min 内机动空压机	台班	8017049	837.37	
50	12.5 m 以内稳定土摊铺机	台班	8003017	3 327.68		68	小型机具使用费	元	8099001	1.00	
51	4 000 L 内液态沥青运输车	台班	8003031	427.68							
52	8 000 L 以内沥青洒布车	台班	8003040	935.59							
53	240 t/h 内沥青混合料拌和设备	台班	8003052	69 621.31							
54	12.5 m 内沥青混合料摊铺机	台班	8003060	4 072.65							

编制：　　　　　　　　　　　　　　　　　　复核：

图 6-32　施工图预算各数据表实例

项目 7

工程量清单预算编制实例

项目目标

知识目标：掌握编制公路工程工程量清单预算的流程和知识。

技能目标：会根据相关资料编制工程量清单预算。

素质目标：通过编制工程量清单预算，养成细致认真、诚信的品质，建立创新意识，培养钻研、积极进取精神。

任务脉络

工程量清单预算编制实例有关过程如图 7-1 所示。

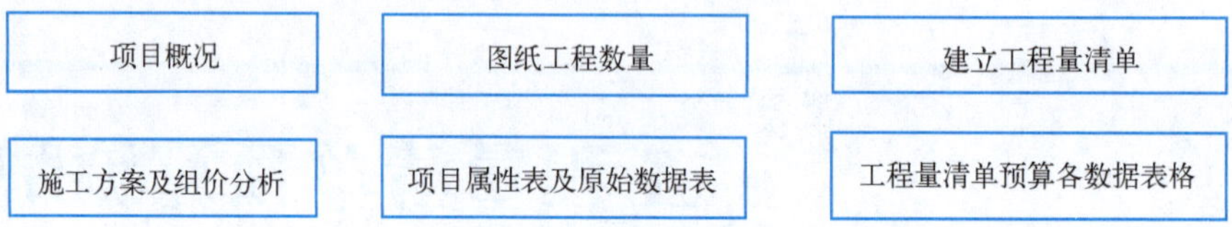

图 7-1　工程量清单预算编制实例有关过程

【小贴士】工程量清单公路工程造价编制发挥着重要作用

首先，工程量清单为投标人的投标竞争提供了一个平等和共同的基础。工程量清单是由招标人负责编制的，为投标人提供了拟建工程的基本内容、实体数量和质量要求等基础信息。这样，在建设工程的招标投标中，投标人的竞争活动就有了一个共同基础，投标人机会均等，受到的待遇是公正和公平的。

其次，实行工程量清单计价是规范建设市场秩序、适应社会主义经济发展的需要，有利于规范业主在招标中的行为，可有效避免招标单位在招标中盲目压价的行为，从而真正体现公开、公平、公正的原则，适应了市场经济规律。

最后，工程量清单计价是国际通行的计价办法，在我国实行工程量清单计价，有利于提高国内建设各方主体参与国际化竞争的能力。

【学后谨记】

为使工程造价市场形成统一的计算规则、有序的竞争机制及良好开放的自主报价体系，工程造价人员应该严格按法律法规、合同文本等编制工程量清单预算文件，从而形成和市场经济体制相适应的投标报价模式。

任务 7.1　编制一条公路的工程量清单预算

▶ 任务引入

请用公路工程造价软件编制江西省××国道新建工程的工程量清单预算。

▶ 任务分析

根据相关资料编制工程量清单。

相关知识

7.1.1　项目概况

江西省××国道新建工程项目，项目位于江西省赣州市宁都县，起讫桩号 K0+000—K2+784.095，路基宽度为 26 m，路线长度为 2.784 km，项目设计标准为一级公路混凝土路面，设计时速为 60 km。K0+900 处××中桥，桥长为 65 m，桥面宽度为 24 m，基础采用灌注桩基础，下部墩台采用柱式墩台，上部采用 3 * 20 预应力混凝土小箱梁。

桥梁结构基本情况：桥梁上部结构采用先简支后连续 3 * 20 预应力小箱梁，单片梁长 20 m，梁宽 2.4 m，钢绞线对应 5 孔锚具的消耗为 6.484 t，对应 4 孔锚具的消耗为 6.683 t，负弯矩部分钢绞线 0.877 t。桥梁下部结构采用圆柱式桥墩和桥台，墩高 8 m，台高 6.8 m。

桥梁基础结构采用钻孔灌注桩基础，桥台布设 16 根 ϕ1.5 m 单根长 20 m 的灌注桩，单根灌注桩岩层分布：黏土层 6 m、砂砾层 6 m、软石层 8 m。桥墩布设 16 根 ϕ1.5 m 单根长 17.5 m 的灌注桩，单根灌注桩岩层分布：黏土层 5.25 m、砂砾层 5.25 m、软石层 7 m。

7.1.2　图纸工程数量

以下为节选的图纸工程数量，见表 7-1～表 7-6。

表 7-1　每公里土石方分类数量表

<table>
<tr><td colspan="3">江西省××国道新建工程</td><td colspan="9">1. 本表使用的压实系数为：普通土 1.16、硬土 1.09 和石方 0.92；
2. 本表除填方、本桩利用和远运利用为压实方外，其余为天然方；
3. 平衡公式：挖方/1.16+借方/1.09=填方；
4. 本桩利用运距 40 m，借方 5 km。</td></tr>
<tr><td rowspan="3">起讫桩号</td><td rowspan="3">长度/m</td><td colspan="3">挖方/m³</td><td colspan="4">填方/m³</td><td colspan="2">本桩利用</td><td>借方</td></tr>
<tr><td rowspan="2">总体积</td><td>土方</td><td>石方</td><td rowspan="2">总数量</td><td colspan="2">土方</td><td>石　方</td><td>土　方</td><td>石　方</td><td>土方</td></tr>
<tr><td>普通土</td><td>软石</td><td>普通土</td><td>硬土</td><td>软石</td><td>普通土</td><td>软石</td><td>硬土</td></tr>
<tr><td>K0+00—K1+000</td><td>1 000</td><td>4 662.9</td><td>2 331.4</td><td>2 331.4</td><td>73 478.1</td><td>2 009.9</td><td>68 934.0</td><td>2 534.2</td><td>2 009.9</td><td>2 534.2</td><td>75 138.1</td></tr>
<tr><td>K1+00—K2+000</td><td>1 000</td><td>4 651.6</td><td>2 325.8</td><td>2 325.8</td><td>140 720.0</td><td>2 005.0</td><td>136 187.0</td><td>2 528.0</td><td>2 005.0</td><td>2 528.0</td><td>148 443.8</td></tr>
<tr><td>K2+000—K2+784.095</td><td>784</td><td>3 925.0</td><td>1 962.5</td><td>1 962.5</td><td>100 027.0</td><td>1 691.8</td><td>96 202.0</td><td>2 133.2</td><td>1 691.8</td><td>2 133.2</td><td>104 860.2</td></tr>
<tr><td>合计</td><td>2 784</td><td>13 239.5</td><td>6 619.7</td><td>6 619.7</td><td>314 225.1</td><td>5 706.7</td><td>301 323.0</td><td>7 195.4</td><td>5 706.7</td><td>7 195.4</td><td>328 442.1</td></tr>
</table>

表 7-2　路基、路面排水工程数量表

<table>
<tr><th rowspan="2">序　号</th><th rowspan="2">起 讫 桩 号</th><th rowspan="2">路线长度 /m</th><th colspan="3">边　　沟</th><th rowspan="2">备　　注</th></tr>
<tr><th>浆砌片石 /m³</th><th>挖土方 /m³</th><th>砂砾垫层 /m³</th></tr>
<tr><td>1</td><td>K0+000—K2+784.095</td><td>2.784</td><td>5 516.05</td><td>5 516.05</td><td>2 321.98</td><td>扣除桥梁总长 65 m</td></tr>
<tr><td></td><td>合计</td><td>2.784</td><td>5 516.0</td><td>5 516.0</td><td>2 322.0</td><td></td></tr>
</table>

表 7-3　路基防护工程数量表（路堤防护）

<table>
<tr><th rowspan="2">起讫桩号</th><th rowspan="2">防护型式</th><th colspan="2">位置长度/m</th><th colspan="4">工程数量</th></tr>
<tr><th>左</th><th>右</th><th>M7.5 浆砌片石/m³</th><th>M12.5 砂浆抹面/m²</th><th>喷播植草灌/m²</th><th>挖基土方/m³</th></tr>
<tr><td>K0+000—K2+784</td><td>人字型骨架护坡+植草</td><td>2 784</td><td></td><td>767</td><td>3 748</td><td>15 875</td><td>811</td></tr>
<tr><td>K0+000—K2+784</td><td>人字型骨架护坡+植草</td><td></td><td>2 784</td><td>522</td><td>2 552</td><td>11 869</td><td>552</td></tr>
<tr><td>合计</td><td></td><td></td><td></td><td>1 289.0</td><td>6 299.8</td><td>27 744.5</td><td>1 363.7</td></tr>
</table>

表 7-4　路面工程数量表

<table>
<tr><th rowspan="2">起讫桩号</th><th rowspan="2">长度（m）</th><th rowspan="2">结构类型</th><th colspan="4">机动车道（1 000 m²）</th><th rowspan="2">HRB400 钢筋 /t</th><th colspan="2">路肩</th><th rowspan="2">备　注</th></tr>
<tr><th>28 cm 厚 C30 水泥混凝土表面层</th><th>20 cm 厚水泥稳定碎石（7D 抗压强度 3.5~4 MPa）上基层</th><th>18 cm 厚水泥稳定碎石（7D 抗压强度 2.5~3 MPa）下基层</th><th>15 cm 厚级配碎石垫层</th><th>C25 水泥砼硬化 10 cm 厚 /m³</th><th>培土 /m³</th></tr>
<tr><td>K0+000—K2+784</td><td>2 784</td><td>水泥混凝土</td><td>64.71</td><td>67.14</td><td>72.66</td><td>78.45</td><td>17.50</td><td>444.53</td><td>1 684.89</td><td>扣除桥长 65 m</td></tr>
</table>

表 7-5　K0+900 ××1 号桥 全桥主要工程数量表（节选）

材料 \ 数量 \ 部位		单位	上部构造			下部构造							合计
			小箱梁（预制）	桥面铺装	小计	桥墩			桥台			小计	
						盖梁	墩柱	桩基	台帽	耳背墙	桩基		
混凝土	C50		520.2	518.4	1 038.6								1 038.6
	C35					119.7	40.5		136.6	57.4		354.2	354.2
	C30 水下							494.8			565.5	1 060.3	1 060.3
	小计		520.2	518.4	1 038.6	119.7	40.5	494.8	136.6	57.4	565.5	1 414.5	2 453.1
锚具	15-3	套	32.0		32.0								32.0
	15-4		144		144.0								144.0
	15-5		112		112.0								112.0
Φs15.2 预应力钢绞线		kg	14 044		14 044.0								14 044.0
波纹管（Φ 内 55）		m	3 528		3 528.0								3 528.0
普通钢筋	HRB400	kg	125 256	26 024	151 280.0	24 007.6	7 268.0	39 268.8	25 924.4	8 260.0	46 506.0	151 234.8	302 514.8
	HPB300							4 793.8			5 370.0	10 163.8	10 163.8
	小计		125 256	26 024	151 280.0	24 007.6	7 268.0	44 062.6	25 924.4	8 260.0	51 876.0	161 398.6	312 678.6
声测管	声测管（50＊1.8 mm）	kg									1 797.4	1 797.4	1 797.4
支座	GBZY400×69 mm（CR）	个			32.0								32.0
	GBZYH300×65 mm（CR）				32.0								32.0

表 7-6 安全设施工程数量汇总表

	交通设施	规格			备注
1	热熔反光标线		m^2	2 957.5	反光型
2	其他				
2.1	里程碑		块	2	预制混凝土
2.2	百米桩		块	25	预制混凝土

根据图纸工程数量表及已知条件编制工程量清单预算。

7.1.3 建立工程量清单

工程量清单如表 7-7 所示。

表 7-7 工程量清单

清单 第 100 章 总则					
子目号	子 目 名 称	单位	数量	单价	合价
101	通则				
101-1	保险费				
-a	按合同条款规定，提供建筑工程一切险	总额	1.000		
-b	按合同条款规定，提供第三者责任险	总额	1.000		
102	工程管理				
102-3	安全生产费	总额	1.000		
102-4	信息化系统（暂估价）	总额	1.000		
105	施工标准化				
105-1	施工驻地	总额	1.000		
105-5	预制场	总额	1.000		
清单 第 200 章 路基					
子目号	子 目 名 称	单位	数量	单价	合价
203	挖方路基				
203-1	路基挖方				
-a	挖土方	m^3	6 619.700		
-b	挖石方	m^3	6 619.700		
204	填方路基				
204-1	路基填筑（包括填前压实）				
-a	利用土方	m^3	5 706.700		
-b	利用石方	m^3	7 195.400		
-d	借土填方	m^3	301 323.000		
207	坡面排水				

续表

清单 第 200 章　路基					
子目号	子 目 名 称	单位	数量	单价	合价
207-1	边沟				
-a	浆砌片石	m^3	5 516. 000		
208	护坡、护面墙				
208-3	浆砌片石护坡				
-b	浆砌骨架护坡	m^3	1 289. 000		
清单 第 300 章　路面					
子目号	子 目 名 称	单位	数量	单价	合价
302	垫层				
302-1	碎石垫层				
-a	厚 150 mm	m^2	78 450. 000		
304	水泥稳定土底基层、基层				
304-3	水泥稳定土基层				
-a	厚 200 mm 上基层	m^2	67 140. 000		
-b	厚 180 mm 下基层	m^2	72 660. 000		
312	水泥混凝土面板				
312-1	水泥混凝土面板				
-a	厚 280 mm（混凝土弯拉强度 5. 0 MPa）	m^3	64 710. 000		
312-2	钢筋				
-b	带肋钢筋（HRB335、HRB400）	kg	17 500. 000		
313	路肩培土、中央分隔带回填土、土路肩加固及路缘石				
313-1	路肩培土	m^3	1 684. 890		
313-3	现浇混凝土加固土路肩	m^3	444. 530		
清单 第 400 章　桥梁、涵洞					
子目号	子 目 名 称	单位	数量	单价	合价
403	钢筋				
403-1	基础钢筋（含灌注桩、承台、桩系梁、沉桩、沉井等）				
-a	光圆钢筋（HPB235、HPB300）	kg	10 163. 800		
-b	带肋钢筋（HRB335、HRB400）	kg	85 774. 800		
403-2	下部结构钢筋				
-b	带肋钢筋（HRB335、HRB400）	kg	65 460. 000		
403-3	上部结构钢筋				
-b	带肋钢筋（HRB335、HRB400）	kg	151 280. 000		
405	钻孔灌注桩				

续表

清单 第400章 桥梁、涵洞					
子目号	子 目 名 称	单位	数量	单价	合价
405-1	钻孔灌注桩				
-a	陆上钻孔灌注桩				
-1	ϕ1.5 m	m	300.000		
410	结构混凝土工程				
410-2	混凝土下部结构				
-b	桥墩混凝土				
-1	C35 混凝土墩柱	m^3	40.500		
-c	盖梁混凝土				
-1	C35 混凝土盖梁	m^3	119.700		
-d	台帽混凝土				
-1	C35 混凝土台帽	m^3	136.600		
-2	C35 混凝土耳背墙	m^3	57.400		
411	预应力混凝土工程				
411-5	后张法预应力钢绞线	kg	14 044.000		
411-8	预制预应力混凝土上部结构				
-a	C50 混凝土箱梁	m^3	520.200		
415	桥面铺装				
415-2	水泥混凝土桥面铺装	m^3	518.400		
清单 第600章 安全设施及预埋管线					
子目号	子 目 名 称	单位	数量	单价	合价
604	道路交通标志				
604-8	里程碑	个	2.000		
604-10	百米桩	个	25.000		
605	道路交通标线				
605-1	热熔型涂料路面标线				
-a	热熔反光标线	m^2	2 957.500		
清单 第700章 绿化及环境保护设施					
子目号	子 目 名 称	单位	数量	单价	合价
703	撒播草种和铺植草皮				
703-1	撒播草种（含喷播）	m^2	27 744.500		

▶ 任务实施

请用公路工程造价软件编制江西省××国道新建工程的工程量清单预算。

【操作】：根据相关资料制定施工方案，进行组价分析，用软件编制出工程量清单预算，详见7.1.4节~7.1.6节内容。

7.1.4　施工方案及组价分析

1. 土石方工程

1）施工工艺

挖土方施工顺序为：场地清理—土方开挖—土方运输—弃方—填筑。

挖石方施工顺序为：场地清理—石方开挖—石方运输—弃方—填筑。

路基填筑施工顺序为：施工准备—机械整平—分层填筑—机械压实。

2）组价及定额调整

土石方工程工程量清单及组价如图 7-2 所示。

清单编号	名称	单位	清单数量
	第100章至700章清单		
	清单 第200章　路基		
203	挖方路基		
203-1	路基挖方		
-a	挖土方	m3	6619.700
-b	挖石方	m3	6619.700
204	填方路基		
204-1	路基填筑（包括填前压实）		
-a	利用土方	m3	5706.700
-b	利用石方	m3	7195.400
-d	借土填方	m3	301323.000

（a）土石方工程工程量清单

编号	名称	单位	工程量	工程类别	调整状态
1-1-12-18	165kw以内推土机推普通土40m	n3天然密	6.620	(01)土方	+20×2

（b）挖土方组价

编号	名称	单位	工程量	工程类别	调整状态
1-1-14-4	机械打眼开炸软石	1000m3天然密实方	6.620	(02)石方	
1-1-12-31	135kw以内推土机推软石40m（本桩利用）	1000m3天然密实方	6.620	(02)石方	+34×2

（c）挖石方组价

编号	名称	单位	工程量	工程类别	调整状态
1-1-18-1	高速、一级公路填方路基12～15t光轮压路机碾压土方	000m3压实)	5.707	(01)土方	

（d）利用土方组价

编号	名称	单位	工程量	工程类别	调整状态
1-1-18-13	高速、一级公路填方路基20t以内振动压路机碾压石方	000m3压实)	7.195	(02)石方	

（e）利用石方组价

图 7-2　土石方工程工程量清单及组价

编号	名称	单位	工程量	工程类别	调整状态
1-1-9-9	2.0m3以内挖掘机挖装硬土	n3天然密	328.442	(01)土方	
1-1-11-9	15t以内自卸汽车运土5km	n3天然密	337.482	(03)运输	+10×8
1-1-18-1	高速、一级公路填方路基12～15t光轮压路机碾压土方	)0m3压实	301.323	(01)土方	

（f）借土填方组价

图 7-2　土石方工程工程量清单及组价（续）

2. 排水工程

1）施工工艺

边沟排水施工顺序为：测量放样—边沟开挖—边沟砌体砌筑—砌体勾缝—质量检验。

2）组价及定额调整

排水工程工程量清单及组价如图 7-3 所示。

清单编号	名称	单位	清单数量
⊟	**第100章至700章清单**		
⊟	清单 第200章　路基		
⊟207	坡面排水		
⊟207-1	边沟		
-a	浆砌片石	m3	5516.000

（a）排水工程工程量清单

编号	名称	单位	工程量	工程类别	调整状态
1-3-1-3	机械开挖土方	0m3天然密3	5.516	(01)土方	
1-3-3-1	浆砌片石边沟、排水沟	10m3实体	551.600	(06)构造物Ⅰ	
1-2-12-2	地基砂砾垫层	1000m3	2.322	(04)路面	

（b）坡面排水组价

图 7-3　排水工程工程量清单及组价

3. 防护工程

1）施工工艺

浆砌片石骨架护坡施工顺序为：施工放样—边坡修整—坡面沟槽开挖—墙基础开挖—脚墙砌筑—浆砌混凝土预制块—喷播植草—养生。

2）组价及定额调整

防护工程工程量清单及组价如图 7-4 所示。

4. 路面工程

1）施工工艺

垫层施工顺序为：测量放样—基地清理、平整—分层摊铺—分层碾压。

清单编号	名称	单位	清单数量
	第100章至700章清单		
	清单 第200章 路基		
208	护坡、护面墙		
208-3	浆砌片石护坡		
-b	浆砌骨架护坡	m3	1289.000
	清单 第700章 绿化及环境保护设施		
703	撒播草种和铺植草皮		
703-1	撒播草种(含喷播)	m2	27744.500

（a）防护工程工程量清单

编号	名称	单位	工程量	工程类别	调整状态
4-1-1-1	人工挖基坑深3m以内干处土方	1000m3	1.364	(01)土方	
1-4-11-2	浆砌片石护坡（坡高10m以内）	10m3实体	128.900	(06)构造物 I	人工×1.3
4-11-6-17	水泥砂浆抹面2cm厚	100m2	62.998	(06)构造物 I	M10换M12.5

（b）浆砌骨架护坡组价

编号	名称	单位	工程量	工程类别	调整状态
1-4-2-7	机械液压喷播植草（填方边坡）	1000m2	27.745	(06)构造物 I	

（c）撒播草种（含喷播）组价

图 7-4 防护工程工程量清单及组价

水泥混凝土面层施工顺序为：测量放样—路面基层清理—安装模板—安装角隅钢筋、传力筋等—摊铺混凝土—抹平、压纹—拆模—切缝—养生。

2）组价及定额调整

路面工程工程量清单及组价如图 7-5 所示。

清单编号	名称	单位	清单数量
	清单 第300章 路面		
302	垫层		
302-1	碎石垫层		
-a	厚150mm	m2	78450.000
304	水泥稳定土底基层、基层		
304-3	水泥稳定土基层		
-a	厚200mm上基层	m2	67140.000
-b	厚180mm下基层	m2	72660.000
312	水泥混凝土面板		
312-1	水泥混凝土面板		
-a	厚280mm (混凝土弯拉强度5.0MPa)	m3	64710.000
312-2	钢筋		
-b	带肋钢筋(HRB335、HRB400)	kg	17500.000
313	路肩培土、中央分隔带回填土、土路/		
313-1	路肩培土	m3	1684.890
313-3	现浇混凝土加固土路肩	m3	444.530

（a）路面工程工程量清单

图 7-5 路面工程工程量清单及组价

编号	名称	单位	工程量	工程类别	调整状态
2-1-1-15	机械铺碎石压实厚度15cm	1000m2	78.450	(04)路面	

（b）厚150mm碎石垫层组价

编号	名称	单位	工程量	工程类别	调整状态
2-1-7-5	厂拌厚20cm碎石水泥(95:5)	1000m2	67.140	(04)路面	
2-1-8-5	12t以内自卸车运1km	1000m3	13.428	(03)运输	
2-1-9-11	12.5m以内摊铺机铺筑基层	1000m2	67.140	(04)路面	

（c）厚200mm上基层组价

编号	名称	单位	工程量	工程类别	调整状态
2-1-7-5	厂拌厚18cm碎石水泥(96:4)	1000m2	72.660	(04)路面	+6×-2; 96:4
2-1-8-5	12t以内自卸车运1km	1000m3	13.079	(03)运输	
2-1-9-11	12.5m以内摊铺机铺筑基层	1000m2	72.660	(04)路面	

（d）厚180mm下基层组价

编号	名称	单位	工程量	工程类别	调整状态
2-2-17-5	滑模式摊铺机铺筑混凝土路面厚度28cm	1000m2路面	231.107	(04)路面	+6×8
4-11-11-15	60m3/h以内混凝土拌合站拌和	100m3	660.042	(06)构造物	
4-11-11-26	8m3搅拌运输车运混凝土1km	100m3	660.042	(03)运输	

（e）厚280mm水泥混凝土面板组价

编号	名称	单位	工程量	工程类别	调整状态
2-2-17-15	水泥混凝土路面钢筋	1t	17.500	(18)钢材及钢结构(除桥以外)	2001001量0,2001002量1.025

（f）面板钢筋组价

编号	名称	单位	工程量	工程类别	调整状态
2-3-2-5	培路肩	100m3	16.849	(04)路面	

（g）路肩培土组价

编号	名称	单位	工程量	工程类别	调整状态
2-3-5-1	现浇混凝土加固土路肩	10m3	44.453	(04)路面	普C30-32.5-4换普C25-32.5-4

（h）现浇混凝土加固土路肩组价

图 7-5　路面工程工程量清单及组价（续）

5. 桥梁工程

1）上部结构

（1）施工工艺。

箱梁施工顺序为：准备工作—台座准备—底、腹板钢筋安装（钢筋制作）—安放波纹管—外模、内模安装（模板制作）—绑扎顶板钢筋—浇筑混凝土（混凝土拌和、运输）—养生、拆模—张拉钢绞线—封锚—调运。

桥面铺装施工顺序为：桥面放样—绑扎钢筋网—浇筑防水混凝土（混凝土拌和、运输）—养生—铺筑沥青面层。

(2) 组价及定额调整。

桥梁上部结构工程量清单及组价如图 7-6 所示。

清单编号	名称	单位	清单数量
⊟	清单 第400章 桥梁、涵洞		
⊟ 403	钢筋		
⊟ 403-3	上部结构钢筋		
-b	带肋钢筋(HRB335、HRB400)	kg	151280.000
⊟ 411	预应力混凝土工程		
411-5	后张法预应力钢绞线	kg	14044.000
⊟ 411-8	预制预应力混凝土上部结构		
-a	C50混凝土箱梁	m3	520.200
⊟ 415	桥面铺装		
415-2	水泥混凝土桥面铺装	m3	518.400

(a) 桥梁上部结构工程量清单

编号	名称	单位	工程量	工程类别	调整状态
4-7-15-3	现场加工预制安装预应力箱梁	1t	125.256	(12)钢材及钢结构(桥梁)	2001001量0,2001002量1.025
4-6-13-8	水泥及防水混凝土钢筋(直径	1t	26.024	(12)钢材及钢结构(桥梁)	2001001量0,2001002量1.025

(b) 上部结构带肋钢筋组价

编号	名称	单位	工程量	工程类别	调整状态
4-7-19-17	预应力钢绞线束长40m以内 7孔	1t	6.484	(12)钢材及钢结构(桥梁)	+18×4.9; 6005009换6005007
4-7-19-15	预应力钢绞线束长40m以内 3孔	1t	6.683	(12)钢材及钢结构(桥梁)	+16×1.97; 6005005换6005006
4-7-19-45	预应力钢绞线负弯矩应力 16m	1t	0.877	(12)钢材及钢结构(桥梁)	+46×2.034; 6005025换600502

(c) 后张法预应力钢绞线组价

编号	名称	单位	工程量	工程类别	调整状态
4-7-15-2	预制等截面箱梁混凝土泵送	10m3	52.020	(08)构造物II	
4-8-7-1	龙门架装车(构件重100t以内	00m3实体	5.202	(03)运输	
4-8-7-1	龙门架装车(构件重100t以内	00m3实体	5.202	(03)运输	+5×4
4-7-15-5	安装双梁式架桥机简支梁(跨	10m3	52.020	(08)构造物II	
4-7-28-2	双导梁	t金属设施	11.570	(12)钢材及钢结构(桥梁)	7901001量10800
4-7-28-3	跨墩门架高9m	t金属设施	2.970	(12)钢材及钢结构(桥梁)	7901001量8400
7-1-4-3	轨道铺设在路基上钢轨重32kg	100m	2.000	(06)构造物I	
7-1-4-4	轨道铺设在桥面上钢轨重32kg	100m	0.350	(06)构造物I	
4-11-11-16	90m3/h以内混凝土拌和站拌和	100m3	5.358	(06)构造物I	
4-11-11-26	8m3搅拌运输车运混凝土1km	100m3	5.358	(03)运输	

(d) C50混凝土箱梁组价

编号	名称	单位	工程量	工程类别	调整状态
4-6-13-5	防水混凝土面层非泵送	10m3实体	51.840	(04)路面	
4-11-11-16	90m3/h以内混凝土拌和站拌和	100m3	5.288	(06)构造物I	
4-11-11-26	8m3搅拌运输车运混凝土1km	100m3	5.288	(03)运输	

(e) 水泥混凝土桥面铺装组价

图 7-6　桥梁上部结构工程量清单及组价

2）下部结构

(1) 施工工艺。

桥墩施工顺序为：测量放样—搭设支架—接茬面凿毛处理—绑扎墩身钢筋（墩身钢筋加工）—模板安装（加工模板）—自检后、监理验收（原材料实验—砼配合比设计—砼拌和、运输—试块检测）—浇筑混凝土—养生—拆除模板支架。

盖梁施工顺序为：测量放样—安装底模—绑扎钢筋（钢筋制作、运输）—安装侧模—浇筑混凝土—砼养生。

耳背墙施工顺序为：准备工作—搭拆作业平台—钢筋安装、绑扎—外膜、内膜安装—浇筑混凝土—养生—拆模。

(2) 组价及定额调整。

桥梁下部结构工程量清单及组价如图 7-7 所示。

清单编号	名称	单位	清单数量
⊟	清单 第400章 桥梁、涵洞		
⊟403	钢筋		
⊟403-2	下部结构钢筋		
-b	带肋钢筋(HRB335、HRB400)	kg	65460.000
⊟410	结构混凝土工程		
⊟410-2	混凝土下部结构		
⊟-b	桥墩混凝土		
-1	C35混凝土墩柱	m3	40.500
⊟-c	盖梁混凝土		
-1	C35混凝土盖梁	m3	119.700
⊟-d	台帽混凝土		
-1	C35混凝土台帽	m3	136.600
-2	C35混凝土耳背墙	m3	57.400

（a）桥梁下部结构工程量清单

编号	名称	单位	工程量	工程类别	调整状态
4-6-4-9	现场加工盖梁钢筋	1t	24.008	(12)钢材及钢结构(桥梁)	2001001量0,2001002量1.025
4-6-4-11	现场加工耳背墙钢筋	1t	8.260	(12)钢材及钢结构(桥梁)	2001001量0,2001002量1.025
4-6-2-24	现场加工柱式墩台10m以内主筋	1t	7.268	(12)钢材及钢结构(桥梁)	2001001量0,2001002量1.025
4-6-3-5	现场加工桥(涵)台帽钢筋	1t	25.924	(12)钢材及钢结构(桥梁)	2001001量0,2001002量1.025

（b）下部结构带肋钢筋组价

编号	名称	单位	工程量	工程类别	调整状态
4-6-2-12	圆柱式墩台混凝土非泵送(高	10m3实体	4.050	(08)构造物II	
4-11-11-16	90m3/h以内混凝土拌和站拌和	100m3	0.413	(06)构造物I	
4-11-11-26	8m3搅拌运输车运混凝土1km	100m3	0.413	(03)运输	

（c）C35混凝土墩柱

编号	名称	单位	工程量	工程类别	调整状态
4-6-4-1	盖梁非泵送	10m3实体	11.970	(08)构造物II	
4-11-11-16	90m3/h以内混凝土拌和站拌和	100m3	1.221	(06)构造物I	
4-11-11-26	8m3搅拌运输车运混凝土1km	100m3	1.221	(03)运输	

（d）C35混凝土盖梁

图 7-7 桥梁下部结构工程量清单及组价

编号	名称	单位	工程量	工程类别	调整状态
4-6-3-1	墩、台帽混凝土非泵送	10m3实体	13.660	(08)构造物II	
4-11-11-16	90m3/h以内混凝土拌合站拌和	100m3	1.393	(06)构造物I	
4-11-11-26	8m3搅拌运输车运混凝土1km	100m3	1.393	(03)运输	

（e）C35混凝土台帽

编号	名称	单位	工程量	工程类别	调整状态
4-6-4-7	耳背墙混凝土	10m3实体	5.740	(08)构造物II	
4-11-11-16	90m3/h以内混凝土拌合站拌和	100m3	0.585	(06)构造物I	
4-11-11-26	8m3搅拌运输车运混凝土1km	100m3	0.585	(03)运输	

（f）C35混凝土耳背墙

图7-7 桥梁下部结构工程量清单及组价（续）

3）基础结构

（1）施工工艺。

干处钻孔灌注桩施工顺序为：平整场地—埋设钢护筒—钻孔—吊装钢筋笼—安放声测管—灌注混凝土—拔出护筒—凿除桩头。

（2）组价及定额调整。

桥梁基础工程量清单及组价如图7-8所示。

清单编号	名称	单位	清单数量
	清单 第400章 桥梁、涵洞		
403	钢筋		
403-1	基础钢筋(含灌注桩、承台、桩系梁、		
-a	光圆钢筋(HPB235、HPB300)	kg	10163.800
-b	带肋钢筋(HRB335、HRB400)	kg	85774.800
405	钻孔灌注桩		
405-1	钻孔灌注桩		
-a	陆上钻孔灌注桩		
-1	φ1.5m	m	300.000

（a）桥梁基础工程量清单

编号	名称	单位	工程量	工程类别	调整状态
4-4-8-24	现场加工主筋焊接连接	1t	10.164	(12)钢材及钢结构(桥梁)	2001001量1.025,2001002量0

（b）基础光圆（HPB235、HPB300）钢筋组价

编号	名称	单位	工程量	工程类别	调整状态
4-4-8-24	现场加工主筋焊接连接	1t	85.775	(12)钢材及钢结构(桥梁)	2001001量0,2001002量1.025

（c）基础带肋钢筋（HRB335、HRB400）组价

编号	名称	单位	工程量	工程类别	调整状态
4-4-4-42	陆上桩径150cm以内 孔深40m以	10m	9.000	(08)构造物II	
4-4-4-43	陆上桩径150cm以内 孔深40m以	10m	9.000	(08)构造物II	
4-4-4-46	陆上桩径150cm以内 孔深40m以	10m	12.000	(08)构造物II	
4-4-8-11	回旋潜水钻φ150cm以内起重机	10m3实体	106.030	(08)构造物II	水C25-32.5-4换水C30-32.5-4
4-4-8-28	灌注桩检测管	1t	5.112	(12)钢材及钢结构(桥梁)	
4-4-9-7	干处埋设钢护筒	1t	54.528	(12)钢材及钢结构(桥梁)	
4-11-11-16	90m3/h以内混凝土拌合站拌和	100m3	12.734	(06)构造物I	
4-11-11-26	8m3搅拌运输车运混凝土1km	100m3	12.734	(03)运输	

（d）φ1.5m陆上钻孔灌注桩组价

图7-8 桥梁基础工程量清单及组价

6. 交安工程

1）施工工艺

里程碑施工顺序为：施工准备—里程碑制作—埋设里程碑—回填。

百米桩施工顺序为：施工准备—百米桩制作—埋设百米桩—回填。

道路交通标线施工顺序为：路面处理—放样—加热熔化标线涂料—划线—玻璃微珠的撒布。

2）组价及定额调整

交安工程工程量清单及组价如图 7-9 所示。

清单编号	名称	单位	清单数量
⊟	清单 第600章 安全设施及预埋管线		
⊟604	道路交通标志		
604-8	里程碑	个	2.000
604-10	百米桩	个	25.000
⊟605	道路交通标线		
⊟605-1	热熔型涂料路面标线		
-a	热熔反光标线	m2	2957.500

（a）交安工程工程量清单

编号	名称	单位	工程量	工程类别	调整状态
5-1-6-1	混凝土里程碑	100块	0.020	(06)构造物 I	

（b）里程碑组价

编号	名称	单位	工程量	工程类别	调整状态
5-1-6-2	混凝土百米桩	100块	0.250	(06)构造物 I	

（c）百米桩组价

编号	名称	单位	工程量	工程类别	调整状态
5-1-5-4	沥青路面热熔标线	100m2	29.575	(06)构造物 I	

（d）热熔反光标线组价

图 7-9　交安工程工程量清单及组价

7. 清单第 100 章总则（节选）

1）条件说明

（1）工程一切险为 100 至 700 章合计不含一切险、第三者责任险及安全生产费。

（2）第三者责任险投保金额 100 万，保险费率为 0.3%。

（3）安全生产费为各章清单合计的 1.5%（不含一切险及本身）。

（4）信息化系统为暂估价 10 万。

（5）施工驻地及预制场根据项目实际情况进行编制。

2）组价

工程量清单第 100 章（节选）及组价如图 7-10 所示。

清单编号	名称	单位	清单数量
⊟	第100章至700章清单		
⊟	清单 第100章 总则		
⊟ 101	通则		
⊟ 101-1	保险费		
-a	按合同条款规定，提供建筑工程一切	总额	1.000
-b	按合同条款规定，提供第三者责任险	总额	1.000
⊟ 102	工程管理		
102-3	安全生产费	总额	1.000
102-4	信息化系统（暂估价）	总额	1.000
⊟ 105	施工标准化		
105-1	施工驻地	总额	1.000
105-5	预制场	总额	1.000

（a）工程量清单第100章 （节选）

编号	名称	单位	工程量	工程类别	调整状态
1-1-1-12	135kW以内推土机清除表土	100m3	16.008	(01)土方	
1-1-5-4	填前12～15t光轮压路机压实	1000m2	5.336	(01)土方	
2-1-1-15	机械铺碎石压实厚度20cm	1000m2	5.336	(04)路面	+20×5；拖平摊压机×2，人工+
2-2-17-3	轨道摊铺机铺筑混凝土路面厚度20cm	1000m2路面	5.336	(04)路面	
4-7-28-3	跨墩门架高9m	.0t金属设备	2.970	(12)钢材及钢	
4-11-9-1	平面底座	0m2底座面积	22.440	(08)构造物II	
7-1-4-3	轨道铺设在路基上钢轨重32kg/m	100m	2.000	(06)构造物I	

（b）工程量清单第100章组价

图 7-10　工程量清单第 100 章（节选）及组价

7.1.5　项目属性表及原始数据表

项目属性及费率参数表如表 7-8 所示。

表 7-8　项目属性及费率参数表

所属建设项目	江西省××国道新建工程	冬季施工	不计
项目属性地区	江西赣州	雨季施工	Ⅱ区 7 个月
建设单位		夜间施工	不计
编制		高原施工	不计
编制人编号		风沙施工	不计
复核		沿海地区	不计
复核人编号		行车干扰	不计
合同段	A1	施工辅助	计
编制范围	A1	工地转移（km）	392.000
编制单位		养老保险（%）	16.000
单价文件名称	A1	失业保险（%）	0.500
不变费用系数	1	医疗保险（%）	6.500
辅助生产间接费率	0.03	住房公积金（%）	8.000
高原生产费率文件	江西省××国道新建工程	工伤保险（%）	1.300
养路费车船税标准	江西车船税标准（2012）	基本费用	计
费率文件名称	A1	综合里程（km）	5.000
工程所在地	江西	职工探亲	计
费率标准	江西一级公路估概预算-赣交建管字〔2019〕23 号	职工取暖	不计
财务费用	计		

原始数据表如表 7-9 所示。

表 7-9　原始数据表

建设项目名称：江西省××国道新建工程

编 制 范 围：A1

编号	名　称	单　位	工程量	费率编号	备注
	第 100 章至 700 章清单				
	清单 第 100 章　总则				
101	通则				
101-1	保险费				
-a	按合同条款规定，提供建筑工程一切险	总额	1.000		=(@1-@1180)*0.3%
-b	按合同条款规定，提供第三者责任险	总额	1.000		
102	工程管理				
102-3	安全生产费	总额	1.000		=@1*1.5%
102-4	信息化系统（暂估价）	总额	1.000		
105	施工标准化				
105-1	施工驻地	总额	1.000		
105-5	预制场	总额	1.000		
1-1-1-12	135 kW 以内推土机清除表土	100 m^3	16.008	1	
1-1-5-4	填前 12~15 t 光轮压路机压实	1000 m^2	5.336	1	
2-1-1-15	机械铺碎石压实厚度 20 cm	1000 m^2	5.336	4	+20×5；拖平摊压机×2，人工+1.5
2-2-17-3	轨道摊铺机铺筑混凝土路面厚度 20 cm	1 000 m^2 路面	5.336	4	
4-7-28-3	跨墩门架高 9 m	10 t 金属设备	2.970	12	
4-11-9-1	平面底座	10 m^2 底座面积	22.440	8	
7-1-4-3	轨道铺设在路基上钢轨重 32 kg/m	100 m	2.000	6	
	清单 第 200 章　路基				
203	挖方路基				
203-1	路基挖方				
-a	挖土方	m^3	6 619.700		
1-1-12-18	165 kW 以内推土机推普通土 40 m	1 000 m^3 天然密实方	6.620	1	+20×2
-b	挖石方	m^3	6 619.700		
1-1-14-4	机械打眼开炸软石	1 000 m^3 天然密实方	6.620	2	
1-1-12-31	135 kW 以内推土机推软石 40 m（本桩利用）	1 000 m^3 天然密实方	6.620	2	+34×2
204	填方路基				

续表

编号	名　称	单　位	工程量	费率编号	备注
204-1	路基填筑（包括填前压实）				
-a	利用土方	m^3	5 706.700		
1-1-18-1	高速、一级公路填方路基 12～15 t 光轮压路机碾压土方	1 000 m^3 压实方	5.707	1	
-b	利用石方	m^3	7 195.400		
1-1-18-13	高速、一级公路填方路基 20 t 以内振动压路机碾压石方	1 000 m^3 压实方	7.195	2	
-d	借土填方	m^3	301 323.000		
1-1-9-9	2.0 m^3以内挖掘机挖装硬土	1 000 m^3 天然密实方	328.442	1	
1-1-11-9	15 t 以内自卸汽车运土 5 km	1 000 m^3 天然密实方	337.482	3	+10×8
1-1-18-1	高速、一级公路填方路基 12～15 t 光轮压路机碾压土方	1 000 m^3 压实方	301.323	1	
207	坡面排水				
207-1	边沟				
-a	浆砌片石	m^3	5 516.000		
1-3-1-3	机械开挖土方	1 000 m^3 天然密实方	5.516	1	
1-3-3-1	浆砌片石边沟、排水沟	10 m^3实体	551.600	6	
1-2-12-2	地基砂砾垫层	1 000 m^3	2.322	4	
208	护坡、护面墙				
208-3	浆砌片石护坡				
-b	浆砌骨架护坡	m^3	1 289.000		
4-1-1-1	人工挖基坑深 3 m 以内干处土方	1 000 m^3	1.364	1	
1-4-11-2	浆砌片石护坡（坡高 10 m 以内）	10 m^3实体	128.900	6	人工×1.3
4-11-6-17	水泥砂浆抹面 2 cm 厚	100 m^2	62.998	6	M10 换 M12.5
	清单 第 300 章　路面				
302	垫层				
302-1	碎石垫层				
-a	厚 150 mm	m^2	78 450.000		78.45 * 1 000
2-1-1-15	机械铺碎石压实厚度 15 cm	1 000 m^2	78.450	4	
304	水泥稳定土底基层、基层				
304-3	水泥稳定土基层				
-a	厚 200 mm 上基层	m^2	67 140.000		67.14 * 1 000
2-1-7-5	厂拌厚 20 cm 碎石水泥（95:5）	1 000 m^2	67.140	4	

续表

编号	名　称	单　位	工程量	费率编号	备注
2-1-8-5	12 t 以内自卸汽车运 1 km	1 000 m^3	13. 428	3	
2-1-9-11	12. 5 m 以内摊铺机铺筑基层	1 000 m^2	67. 140	4	
-b	厚 180 mm 下基层	m^2	72 660. 000		72. 66 * 1 000
2-1-7-5	厂拌厚 18 cm 碎石水泥（96:4）	1 000 m^2	72. 660	4	+6×-2；96:4
2-1-8-5	12 t 以内自卸汽车运 1 km	1 000 m^3	13. 079	3	
2-1-9-11	12. 5 m 以内摊铺机铺筑基层	1 000 m^2	72. 660	4	
312	水泥混凝土面板				
312-1	水泥混凝土面板				
-a	厚 280 mm（混凝土弯拉强度 5. 0 MPa）	m^3	64 710. 000		64. 71 * 1 000
2-2-17-5	滑模式摊铺机铺筑混凝土路面厚度 28 cm	1 000 m^2 路面	231. 107	4	+6×8
4-11-11-15	60 m^3/h 以内混凝土拌和站拌和	100 m^3	660. 042	6	
4-11-11-26	8 m^3 搅拌运输车运混凝土 1 km	100 m^3	660. 042	3	
312-2	钢筋				
-b	带肋钢筋（HRB335、HRB400）	kg	17 500. 000		17. 5 * 1 000
2-2-17-15	水泥混凝土路面钢筋	1 t	17. 500	18	2001001 量 0，2001002 量 1. 025
313	路肩培土、中央分隔带回填土、土路肩加固及路缘石				
313-1	路肩培土	m^3	1 684. 890		
2-3-2-5	培路肩	100 m^3	16. 849	4	
313-3	现浇混凝土加固土路肩	m^3	444. 530		
2-3-5-1	现浇混凝土加固土路肩	10 m^3	44. 453	4	普 C30-32. 5-4 换普 C25-32. 5-4
	清单 第 400 章　桥梁、涵洞				
403	钢筋				
403-1	基础钢筋（含灌注桩、承台、桩系梁、沉桩、沉井等）				
-a	光圆钢筋（HPB235、HPB300）	kg	10 163. 800		4 793. 8+5 370. 0
4-4-8-24	现场加工主筋焊接连接	1t	10. 164	12	2001001 量 1. 025，2001002 量 0
-b	带肋钢筋（HRB335、HRB400）	kg	85 774. 800		39 268. 8+46 506
4-4-8-24	现场加工主筋焊接连接	1 t	85. 775	12	2001001 量 0，2001002 量 1. 025
403-2	下部结构钢筋				
-b	带肋钢筋（HRB335、HRB400）	kg	65 460. 000		24 007. 6+7 268. 0+25 924. 4+8 260. 0

续表

编号	名　　称	单　位	工程量	费率编号	备注
4-6-4-9	现场加工盖梁钢筋	1 t	24.008	12	2001001 量 0, 2001002 量 1.025
4-6-4-11	现场加工耳背墙钢筋	1 t	8.260	12	2001001 量 0, 2001002 量 1.025
4-6-2-24	现场加工柱式墩台 10 m 以内主筋焊接连接	1 t	7.268	12	2001001 量 0, 2001002 量 1.025
4-6-3-5	现场加工桥（涵）台帽钢筋	1 t	25.924	12	2001001 量 0, 2001002 量 1.025
403-3	上部结构钢筋				
-b	带肋钢筋（HRB335、HRB400）	kg	151 280.000		125 256+26 024
4-7-15-3	现场加工预制安装预应力箱梁钢筋	1 t	125.256	12	2001001 量 0, 2001002 量 1.025
4-6-13-8	水泥及防水混凝土钢筋（直径 8 mm 以上）	1 t	26.024	12	2001001 量 0, 2001002 量 1.025
405	钻孔灌注桩				
405-1	钻孔灌注桩				
-a	陆上钻孔灌注桩				
-1	ϕ1.5 m	m	300.000		17.5 * 8+20 * 8
4-4-4-42	陆上桩径 150 cm 以内 孔深 40 m 以内黏土	10 m	9.000	8	
4-4-4-43	陆上桩径 150 cm 以内 孔深 40 m 以内砂砾	10 m	9.000	8	
4-4-4-46	陆上桩径 150 cm 以内 孔深 40 m 以内软石	10 m	12.000	8	
4-4-8-11	回旋潜水钻 ϕ150 cm 以内起重机配吊斗砼	10 m^3实体	106.030	8	水 C25-32.5-4 换水 C30-32.5-4
4-4-8-28	灌注桩检测管	1 t	5.112	12	
4-4-9-7	干处埋设钢护筒	1 t	54.528	12	
4-11-11-16	90 m^3/h 以内混凝土拌和站拌和	100 m^3	12.734	6	
4-11-11-26	8 m^3搅拌运输车运混凝土 1 km	100 m^3	12.734	3	
410	结构混凝土工程				
410-2	混凝土下部结构				
-b	桥墩混凝土				
-1	C35 混凝土墩柱	m^3	40.500		
4-6-2-12	圆柱式墩台混凝土非泵送（高 10 m 以内）	10 m^3实体	4.050	8	
4-11-11-16	90 m^3/h 以内混凝土拌和站拌和	100 m^3	0.413	6	
4-11-11-26	8 m^3搅拌运输车运混凝土 1 km	100 m^3	0.413	3	
-c	盖梁混凝土				

续表

编号	名　　称	单　位	工程量	费率编号	备注
-1	C35 混凝土盖梁	m^3	119.700		
4-6-4-1	盖梁非泵送	$10m^3$实体	11.970	8	
4-11-11-16	$90m^3/h$ 以内混凝土拌和站拌和	$100m^3$	1.221	6	
4-11-11-26	$8m^3$搅拌运输车运混凝土 1km	$100m^3$	1.221	3	
-d	台帽混凝土				
-1	C35 混凝土台帽	m^3	136.600		
4-6-3-1	墩、台帽混凝土非泵送	$10m^3$实体	13.660	8	
4-11-11-16	$90m^3/h$ 以内混凝土拌和站拌和	$100m^3$	1.393	6	
4-11-11-26	$8m^3$搅拌运输车运混凝土 1km	$100m^3$	1.393	3	
-2	C35 混凝土耳背墙	m^3	57.400		
4-6-4-7	耳背墙混凝土	$10m^3$实体	5.740	8	
4-11-11-16	$90m^3/h$ 以内混凝土拌和站拌和	$100m^3$	0.574	6	
4-11-11-26	$8m^3$搅拌运输车运混凝土 1km	$100m^3$	0.574	3	
411	预应力混凝土工程				
411-5	后张法预应力钢绞线	kg	14 044.000		
4-7-19-17	预应力钢绞线束长 40m 以内 7 孔每 t 8.72 束	1t	6.484	12	+18×4.9；6005009 换 6005007
4-7-19-15	预应力钢绞线束长 40m 以内 3 孔每 t 10.88 束	1t	6.683	12	+16×1.97；6005005 换 6005006
4-7-19-45	预应力钢绞线负弯矩应力 16m 以内 4 孔每 t 18 束	1t	0.877	12	+46×2.034；6005025 换 6005024
411-8	预制预应力混凝土上部结构				
-a	C50 混凝土箱梁	m^3	520.200		
4-7-15-2	预制等截面箱梁混凝土泵送	$10m^3$	52.020	8	
4-8-7-1	龙门架装车（构件重 100t 以内）运梁车运输 1km	$100m^3$实体	5.202	3	
4-8-7-1	龙门架装车（构件重 100t 以内）运梁车运输 3km	$100m^3$实体	5.202	3	+5×4
4-7-15-5	安装双梁式架桥机简支梁（跨径 30m 以内）	$10m^3$	52.020	8	
4-7-28-2	双导梁	10t 金属设备	11.570	12	7901001 量 10800
4-7-28-3	跨墩门架高 9m	10t 金属设备	2.970	12	7901001 量 8400
7-1-4-3	轨道铺设在路基上钢轨重 32kg/m	100m	2.000	6	

续表

编号	名　　称	单　位	工程量	费率编号	备注
7-1-4-4	轨道铺设在桥面上钢轨重 32 kg/m	100 m	0.350	6	
4-11-11-16	90 m^3/h 以内混凝土拌和站拌和	100 m^3	5.358	6	
4-11-11-26	8 m^3搅拌运输车运混凝土 1 km	100 m^3	5.358	3	
415	桥面铺装				
415-2	水泥混凝土桥面铺装	m^3	518.400		
4-6-13-5	防水混凝土面层非泵送	10 m^3实体	51.840	4	
4-11-11-16	90 m^3/h 以内混凝土拌和站拌和	100 m^3	5.288	6	
4-11-11-26	8 m^3搅拌运输车运混凝土 1 km	100 m^3	5.288	3	
	清单 第 600 章　安全设施及预埋管线				
604	道路交通标志				
604-8	里程碑	个	2.000		
5-1-6-1	混凝土里程碑	100 块	0.020	6	
604-10	百米桩	个	25.000		
5-1-6-2	混凝土百米桩	100 块	0.250	6	
605	道路交通标线				
605-1	热熔型涂料路面标线				
-a	热熔反光标线	m^2	2 957.500		
5-1-5-4	沥青路面热熔标线	100 m^2	29.575	6	
	清单 第 700 章　绿化及环境保护设施				
703	撒播草种和铺植草皮				
703-1	撒播草种（含喷播）	m^2	27 744.500		
1-4-2-7	机械液压喷播植草（填方边坡）	1 000 m^2	27.745	6	
	已包含在清单合计中的材料、工程设备、专业工程暂估价合计				
	清单合计减去材料、工程设备、专业工程暂估价合计				
	计日工合计				
	材料				
	机械				
	暂列金额（不含计日工总额）				
	投标报价				

编制：　　　　　　　　　　　　　　　　　　　　　　　复核：

7.1.6 工程量清单预算各数据表格

工程量清单汇总表见表 7-10，工程量清单表见表 7-11，工程量清单预算其他数据表见表 7-12~表 7-14。

表 7-10 工程量清单汇总表

标段：A1

序 号	章 次	科 目 名 称	金额/元
1	100	清单 第 100 章 总则	2 471 350
2	200	清单 第 200 章 路基	10 644 865
3	300	清单 第 300 章 路面	39 241 645
4	400	清单 第 400 章 桥梁、涵洞	5 041 496
5	600	清单 第 600 章 安全设施及预埋管线	153 265
6	700	清单 第 700 章 绿化及环境保护设施	388 700
7	第 100 章至 700 章清单合计		57 941 321
8	已包含在清单合计中的材料、工程设备、专业工程暂估价合计		100 000
9	清单合计减去材料、工程设备、专业工程暂估价合计（即 7-8）= 9		57 841 321
10	计日工合计		
11	暂列金额（不含计日工总额）		
12	投标报价（7+10+11）= 12		57 941 321

表 7-11 工程量清单表

标段：A1 货币单位：人民币 元

清单 第 100 章 总则					
子目号	子 目 名 称	单位	数量	单价	合价
101	通则				
101-1	保险费				
-a	按合同条款规定，提供建筑工程一切险	总额	1.000	170 741.00	170 741
-b	按合同条款规定，提供第三者责任险	总额	1.000	3 000.00	3 000
102	工程管理				
102-3	安全生产费	总额	1.000	853 752.00	853 752
102-4	信息化系统（暂估价）	总额	1.000	100 000.00	100 000
105	施工标准化				
105-1	施工驻地	总额	1.000	500 000.00	500 000
105-5	预制场	总额	1.000	843 857.00	843 857
	清单 第 100 章合计 人民币	2 471 350			

续表

清单 第 200 章　路基					
子目号	子 目 名 称	单位	数量	单价	合价
203	挖方路基				
203-1	路基挖方				
-a	挖土方	m^3	6 619. 700	4. 76	31 510
-b	挖石方	m^3	6 619. 700	21. 31	141 066
204	填方路基				
204-1	路基填筑（包括填前压实）				
-a	利用土方	m^3	5 706. 700	6. 83	38 977
-b	利用石方	m^3	7 195. 400	9. 61	69 148
-d	借土填方	m^3	301 323. 000	25. 11	7 566 221
207	坡面排水				
207-1	边沟				
-a	浆砌片石	m^3	5 516. 000	386. 63	2 132 651
208	护坡、护面墙				
208-3	浆砌片石护坡				
-b	浆砌骨架护坡	m^3	1 289. 000	516. 13	665 292
	清单　第 200 章合计　人民币	10 644 865			

清单 第 300 章　路面					
子目号	子 目 名 称	单位	数量	单价	合价
302	垫层				
302-1	碎石垫层				
-a	厚 150 mm	m^2	78 450. 000	25. 66	2 013 027
304	水泥稳定土底基层、基层				
304-3	水泥稳定土基层				
-a	厚 200 mm 上基层	m^2	67 140. 000	56. 27	3 777 968
-b	厚 180 mm 下基层	m^2	72 660. 000	49. 19	3 574 145
312	水泥混凝土面板				
312-1	水泥混凝土面板				
-a	厚 280 mm（混凝土弯拉强度 5. 0 MPa）	m^3	64 710. 000	455. 29	29 461 816

续表

清单 第300章　路面					
子目号	子 目 名 称	单位	数量	单价	合价
312-2	钢筋				
-b	带肋钢筋（HRB335、HRB400）	kg	17 500.000	5.80	101 500
313	路肩培土、中央分隔带回填土、土路肩加固及路缘石				
313-1	路肩培土	m^3	1 684.890	40.48	68 204
313-3	现浇混凝土加固土路肩	m^3	444.530	551.11	244 985
	清单　第300章合计　人民币	39 241 645			

清单 第400章　桥梁、涵洞					
子目号	子 目 名 称	单位	数量	单价	合价
403	钢筋				
403-1	基础钢筋（含灌注桩、承台、桩系梁、沉桩、沉井等）				
-a	光圆钢筋（HPB235、HPB300）	kg	10 163.800	6.33	64 337
-b	带肋钢筋（HRB335、HRB400）	kg	85 774.800	6.04	518 080
403-2	下部结构钢筋				
-b	带肋钢筋（HRB335、HRB400）	kg	65 460.000	6.28	411 089
403-3	上部结构钢筋				
-b	带肋钢筋（HRB335、HRB400）	kg	151 280.000	6.42	971 218
405	钻孔灌注桩				
405-1	钻孔灌注桩				
-a	陆上钻孔灌注桩				
-1	φ1.5 m	m	300.000	4 034.02	1 210 206
410	结构混凝土工程				
410-2	混凝土下部结构				
-b	桥墩混凝土				
-1	C35 混凝土墩柱	m^3	40.500	772.74	31 296
-c	盖梁混凝土				
-1	C35 混凝土盖梁	m^3	119.700	985.52	117 967
-d	台帽混凝土				

续表

清单 第 400 章　桥梁、涵洞					
子目号	子 目 名 称	单位	数量	单价	合价
-1	C35 混凝土台帽	m^3	136. 600	805. 89	110 085
-2	C35 混凝土耳背墙	m^3	57. 400	997. 98	57 284
411	预应力混凝土工程				
411-5	后张法预应力钢绞线	kg	14 044. 000	16. 41	230 462
411-8	预制预应力混凝土上部结构				
-a	C50 混凝土箱梁	m^3	520. 200	1 836. 48	955 337
415	桥面铺装				
415-2	水泥混凝土桥面铺装	m^3	518. 400	702. 42	364 135
	清单　第 400 章合计　人民币	5 041 496			

清单 第 600 章　安全设施及预埋管线					
子目号	子 目 名 称	单位	数量	单价	合价
604	道路交通标志				
604-8	里程碑	个	2. 000	126. 50	253
604-10	百米桩	个	25. 000	13. 84	346
605	道路交通标线				
605-1	热熔型涂料路面标线				
-a	热熔反光标线	m^2	2 957. 500	51. 62	152 666
	清单　第 600 章合计　人民币	153 265			

清单 第 700 章　绿化及环境保护设施					
子目号	子 目 名 称	单位	数量	单价	合价
703	撒播草种和铺植草皮				
703-1	撒播草种（含喷播）	m^2	27 744. 500	14. 01	388 700
	清单　第 700 章合计　人民币	388 700			

表 7-12　综合费率计算表

建设项目名称：江西省××公路改建工程

编 制 范 围：A1　　　　第 1 页　　共 2 页　　04 表

序号	工程类别	措施费（%）											企业管理费（%）						规费（%）					
		冬季施工增加费	雨季施工增加费	夜间施工增加费	高原地区施工增加费	风沙地区施工增加费	沿海地区施工增加费	行车干扰施工增加费	施工辅助费	工地转移费	综合费率		基本费用	主副食运费补贴	职工探亲路费	职工取暖补贴	财务费用	综合费率	养老保险费	失业保险费	医疗保险费	工伤保险费	住房公积金	综合费率
											Ⅰ	Ⅱ												
1	2	3	4	5	6	7	8	9	10	11	12	13	14	15	16	17	18	19	20	21	22	23	24	25
1	土方		1. 289						0. 521	0. 536	1. 825	0. 521	2. 747	0. 131	0. 192		0. 271	3. 341	16. 000	0. 500	6. 500	1. 300	8. 000	32. 300
2	石方		1. 194						0. 470	0. 415	1. 609	0. 470	2. 792	0. 117	0. 204		0. 259	3. 372	16. 000	0. 500	6. 500	1. 300	8. 000	32. 300
3	运输		1. 314						0. 154	0. 361	1. 675	0. 154	1. 374	0. 130	0. 132		0. 264	1. 900	16. 000	0. 500	6. 500	1. 300	8. 000	32. 300
4	路面		1. 267						0. 818	0. 778	2. 045	0. 818	2. 427	0. 088	0. 159		0. 404	3. 078	16. 000	0. 500	6. 500	1. 300	8. 000	32. 300
5	隧道								1. 195	0. 626	0. 626	1. 195	3. 569	0. 104	0. 266		0. 513	4. 452	16. 000	0. 500	6. 500	1. 300	8. 000	32. 300
6	构造物Ⅰ		0. 884						1. 201	0. 629	1. 513	1. 201	3. 587	0. 120	0. 274		0. 466	4. 447	16. 000	0. 500	6. 500	1. 300	8. 000	32. 300
7	构造物Ⅰ（不计冬）		0. 884						1. 201	0. 629	1. 513	1. 201	3. 587	0. 120	0. 274		0. 466	4. 447	16. 000	0. 500	6. 500	1. 300	8. 000	32. 300
8	构造物Ⅱ		1. 059						1. 537	0. 806	1. 865	1. 537	4. 726	0. 140	0. 348		0. 545	5. 759	16. 000	0. 500	6. 500	1. 300	8. 000	32. 300
9	构造物Ⅲ（桥梁）		1. 996						2. 729	1. 502	3. 498	2. 729	5. 976	0. 248	0. 551		1. 094	7. 869	16. 000	0. 500	6. 500	1. 300	8. 000	32. 300

编制：　　　　复核：

表 7-12　综合费率计算表

建设项目名称：江西省××公路改建工程

编　制　范　围：A1　　　　　　　　　　第 2 页　　　共 2 页　　　04 表

序号	工程类别	措施费（%）											企业管理费（%）						规费（%）					
		冬季施工增加费	雨季施工增加费	夜间施工增加费	高原地区施工增加费	风沙地区施工增加费	沿海地区施工增加费	行车干扰施工增加费	施工辅助费	工地转移费	综合费率 Ⅰ	综合费率 Ⅱ	基本费用	主副食运费补贴	职工探亲路费	职工取暖补贴	财务费用	综合费率	养老保险费	失业保险费	医疗保险费	工伤保险费	住房公积金	综合费率
1	2	3	4	5	6	7	8	9	10	11	12	13	14	15	16	17	18	19	20	21	22	23	24	25
10	构造物Ⅲ（除桥以外不计雨夜）								2. 729	1. 502	1. 502	2. 729	5. 976	0. 248	0. 551		1. 094	7. 869	16. 000	0. 500	6. 500	1. 300	8. 000	32. 300
11	技术复杂大桥		1. 233						1. 677	0. 933	2. 166	1. 677	4. 143	0. 115	0. 208		0. 637	5. 103	16. 000	0. 500	6. 500	1. 300	8. 000	32. 300
12	钢材及钢结构（桥梁）								0. 564	0. 840	0. 840	0. 564	2. 242	0. 113	0. 164		0. 653	3. 172	16. 000	0. 500	6. 500	1. 300	8. 000	32. 300
13	钢材及钢结构（除桥以外不计夜）								0. 564	0. 840	0. 840	0. 564	2. 242	0. 113	0. 164		0. 653	3. 172	16. 000	0. 500	6. 500	1. 300	8. 000	32. 300
14	费率为 0																							
15	路面（不计雨）									0. 778	0. 778		2. 427	0. 088	0. 159		0. 404	3. 078	16. 000	0. 500	6. 500	1. 300	8. 000	32. 300
16	构造物Ⅰ（不计雨）									0. 629	0. 629		3. 587	0. 120	0. 274		0. 466	4. 447	16. 000	0. 500	6. 500	1. 300	8. 000	32. 300
17	构造物Ⅲ（除桥以外）		1. 996						2. 729	1. 502	3. 498	2. 729	5. 976	0. 248	0. 551		1. 094	7. 869	16. 000	0. 500	6. 500	1. 300	8. 000	32. 300
18	钢材及钢结构（除桥以外）								0. 564	0. 840	0. 840	0. 564	2. 242	0. 113	0. 164		0. 653	3. 172	16. 000	0. 500	6. 500	1. 300	8. 000	32. 300

编制：　　　　　　　　　　　　　　复核：

表 7-13 人工、材料、施工机械台班单价汇总表

建设项目名称：江西省××公路改建工程

编 制 范 围：A1　　　　第 1 页　　共 4 页　　09 表

序号	名称	单位	代号	预算单价（元）	备注	序号	名称	单位	代号	预算单价（元）	备注
1	人工	工日	1001001	108. 02		19	电焊条	kg	2009011	5. 73	
2	机械工	工日	1051001	108. 02		20	螺栓	kg	2009013	15. 31	
3	预制构件	m^3	1517001	0. 00		21	铁件	kg	2009028	5. 04	
4	HPB300 钢筋	t	2001001	4291. 00		22	铁钉	kg	2009030	6. 99	
5	HRB400 钢筋	t	2001002	4 047. 00		23	石油沥青	t	3001001	5 711. 00	
6	钢绞线	t	2001008	5 937. 00		24	重油	kg	3003001	5. 80	
7	钢丝绳	t	2001019	6 910. 00		25	汽油	kg	3003002	11. 12	
8	8~12 号铁丝	kg	2001021	5. 75		26	柴油	kg	3003003	9. 40	
9	20~22 号铁丝	kg	2001022	5. 75		27	煤	t	3005001	561. 95	
10	型钢	t	2003004	4 477. 00		28	电	kW · h	3005002	0. 85	
11	钢板	t	2003005	4 696. 00		29	水	m^3	3005004	2. 72	
12	钢管	t	2003008	5 614. 00		30	原木	m^3	4003001	1 133. 00	
13	钢护筒	t	2003022	5 384. 00		31	锯材	m^3	4003002	1 501. 00	
14	钢模板	t	2003025	5 827. 00		32	枕木	m^3	4003003	1 442. 48	
15	组合钢模板	t	2003026	5 561. 00		33	草籽	kg	4013001	90. 00	
16	安全爬梯	t	2003028	8 076. 92		34	塑料波纹管 90 mm×25 mm	m	5001034	4. 87	
17	空心钢钎	kg	2009003	7. 84		35	塑料波纹管 SBG-50Y	m	5001035	4. 87	
18	Φ50 mm 以内合金钻头	个	2009004	30. 97		36	塑料波纹管 SBG-60Y	m	5001036	5. 75	

编制：　　　　复核：

表 7-13　人工、材料、施工机械台班单价汇总表

建设项目名称：江西省××公路改建工程

编 制 范 围：A1　　　　第 2 页　　共 4 页　　09 表

序号	名称	单位	代号	预算单价（元）	备注	序号	名称	单位	代号	预算单价（元）	备注
37	塑料波纹管 SBG-72B	m	5001041	4.61		55	42.5 级水泥	t	5509002	484.00	
38	压浆料	t	5003003	1 709.40		56	钢绞线群锚（4 孔）	套	6005006	98.67	
39	硝铵炸药	kg	5005002	13.01		57	钢绞线群锚（5 孔）	套	6005007	132.95	
40	非电毫秒雷管	个	5005008	3.16		58	钢绞线扁锚（3 孔）	套	6005024	47.78	
41	导爆索	m	5005009	2.05		59	反光玻璃珠	kg	6007003	4.34	
42	油漆	kg	5009002	13.27		60	其他材料费	元	7801001	1.00	
43	热熔涂料	kg	5009008	5.31		61	设备摊销费	元	7901001	1.00	
44	黏土	m^3	5501003	11.65		62	75 kW 以内履带式推土机	台班	8001002	995.43	
45	种植土	m^3	5501007	11.65		63	105 kW 以内履带式推土机	台班	8001004	1 333.37	
46	中（粗）砂	m^3	5503005	128.15		64	135 kW 以内履带式推土机	台班	8001006	1 796.26	
47	砂砾	m^3	5503007	46.60		65	165 kW 以内履带式推土机	台班	8001007	2 134.33	
48	片石	m^3	5505005	63.11		66	0.6 m^3 以内履带式液压单斗挖掘机	台班	8001025	909.33	
49	碎石（2 cm）	m^3	5505012	88.35		67	2.0 m^3 以内履带式液压单斗挖掘机	台班	8001030	1 684.89	
50	碎石（4 cm）	m^3	5505013	86.41		68	1.0 m^3 以内履带式机械单斗挖掘机	台班	8001035	1 182.47	
51	碎石（6 cm）	m^3	5505014	85.44		69	1.0 m^3 以内轮胎式装载机	台班	8001045	684.71	
52	碎石（8 cm）	m^3	5505015	82.52		70	3.0 m^3 以内轮胎式装载机	台班	8001049	1 481.35	
53	碎石	m^3	5505016	110.00		71	120 kW 以内自行式平地机	台班	8001058	1 357.27	
54	32.5 级水泥	t	5509001	440.90		72	12～15 t 光轮压路机	台班	8001081	667.23	

编制：　　　　复核：

表 7-13 人工、材料、施工机械台班单价汇总表

建设项目名称：江西省××公路改建工程

编 制 范 围：A1　　　　第 3 页　　共 4 页　　09 表

序号	名称	单位	代号	预算单价（元）	备注	序号	名称	单位	代号	预算单价（元）	备注
73	18~21 t 光轮压路机	台班	8001083	870. 70		91	60 m^3/h 以内混凝土搅拌站	台班	8005060	1 718. 96	
74	0. 6 t 以内手扶式振动碾	台班	8001085	172. 62		92	90 m^3/h 以内混凝土搅拌站	台班	8005061	2 054. 42	
75	20 t 以内振动压路机	台班	8001090	1 676. 94		93	智能张拉系统	台班	8005079	649. 55	
76	液压喷播机	台班	8001132	390. 78		94	智能压浆系统	台班	8005084	709. 03	
77	300 t/h 内稳定土厂拌设备	台班	8003011	1 306. 30		95	4 t 以内载货汽车	台班	8007003	570. 11	
78	12. 5 m 以内稳定土摊铺机	台班	8003017	3327. 68		96	15 t 以内载货汽车	台班	8007009	1 041. 82	
79	16~20 t 轮胎式压路机	台班	8003067	850. 36		97	12 t 以内自卸汽车	台班	8007016	968. 13	97
80	热熔标线设备	台班	8003070	925. 73		98	15 t 以内自卸汽车	台班	8007017	1 066. 35	98
81	3. 0 ~ 9. 0 m 滑模式水泥混凝土摊铺机	台班	8003076	2 801. 77		99	6 000 L 以内洒水汽车	台班	8007041	798. 48	99
82	2. 5 ~ 4. 5 m 轨道式水泥混凝土摊铺机	台班	8003077	1 440. 33		100	10 000 L 以内洒水汽车	台班	8007043	1 212. 95	100
83	混凝土电动刻纹机	台班	8003083	266. 54		101	1 t 以内机动翻斗车	台班	8007046	232. 37	101
84	混凝土电动切缝机	台班	8003085	212. 02		102	120 t 以内轮胎式运梁车	台班	8007063	756. 82	102
85	250 L 以内强制式混凝土搅拌机	台班	8005002	179. 60		103	12 t 以内汽车式起重机	台班	8009027	916. 44	103
86	400 L 以内灰浆搅拌机	台班	8005010	139. 53		104	16 t 以内汽车式起重机	台班	8009028	1 103. 03	104
87	3 m^3 以内混凝土搅拌运输车	台班	8005028	902. 79		105	20 t 以内汽车式起重机	台班	8009029	1 294. 97	105
88	8 m^3 以内混凝土搅拌运输车	台班	8005032	1 870. 73		106	25 t 以内汽车式起重机	台班	8009030	1 447. 13	106
89	60 m^3/h 以内混凝土输送泵	台班	8005051	1 262. 04		107	30 kN 以内单筒慢动电动卷扬机	台班	8009080	155. 77	107
90	15 m^3/h 以内混凝土搅拌站	台班	8005056	809. 86		108	50 kN 以内单筒慢动电动卷扬机	台班	8009081	174. 04	108

编制：　　　　复核：

表 7-13 人工、材料、施工机械台班单价汇总表

建设项目名称：江西省××公路改建工程

编 制 范 围：A1　　　　第 4 页　　共 4 页　　09 表

序号	名称	单位	代号	预算单价（元）	备注	序号	名称	单位	代号	预算单价（元）	备注
109	Φ1 500 mm 以内回旋钻机	台班	8011035	1 350. 17							
110	泥浆分离器	台班	8011056	435. 01							
111	泥浆搅拌机容量 100~150L	台班	8011057	126. 24							
112	32 kV · A 以内交流电弧焊机	台班	8015028	185. 97							
113	42 kV · A 以内交流电弧焊机	台班	8015029	229. 56							
114	75 kV · A 以内交流对焊机	台班	8015047	273. 92							
115	100 kV · A 以内交流对焊机	台班	8015048	371. 25							
116	9 m^3/min 内机动空压机	台班	8017049	837. 37							
117	小型机具使用费	元	8099001	1. 00							

编制：　　　　复核：

表 7-14　工程量清单单价分析表

建设项目名称：江西省××公路改建工程

标　　段：A1　　　　第 1 页　　共 14 页　　5-5 表

序号	编码	子目名称	人工费			材料费						机械使用费	其他	管理费	税费	利润	综合单价
			工日	单价	金额	主材				辅材费	金额						
						主材耗量	单位	单价	主材费								
1	101-1-a	按合同条款规定，提供建筑工程一切险															170 741.00
2	101-1-b	按合同条款规定，提供第三者责任险															3 000.00
3	102-3	安全生产费															853 752.00
4	102-4	信息化系统（暂估价）															100 000.00
5	105-1	施工驻地															500 000.00
6	105-5	预制场	755.797 8	108.02	81 641.28				550 846.18		550 846.18	44 134.49	6 969.00	48 395.00	69 675.00	42 194.00	843 857.00
						HPB300 钢筋 1.138 0	t	4 291.00	4 883.19								
						钢丝绳 0.062 4	t	6 910.00	430.98								
						8~12 号铁丝 9.801 0	kg	5.75	56.36								
						型钢 1.127 3	t	4 477.00	5 047.08								
						钢板 0.448 8	t	4 696.00	2 107.56								
						电焊条 16.005 0	kg	5.73	91.71								
						铁件 203.082 0	kg	5.04	1 023.53								
						铁钉 1.801 0	kg	6.99	12.59								
						石油沥青 0.528 3	t	5 711.00	3 016.92								
						煤 0.106 7	t	561.95	59.97								
						水 249.840 0	m^3	2.72	679.56								

编制：　　　　复核：

表 7-14　工程量清单单价分析表

建设项目名称：江西省××公路改建工程

标　　段：A1　　　　第 2 页　　共 14 页　　5-5 表

序号	编码	子目名称	人工费			材料费						机械使用费	其他	管理费	税费	利润	综合单价
						主材				辅材费	金额						
			工日	单价	金额	主材耗量	单位	单价	主材费								
6	105-5	预制场				原木 0.356 4	m^3	1 133.00	403.80								
						锯材 1.627 0	m^3	1 501.00	2 442.07								
						枕木 6.750 0	m^3	1 442.48	9 736.74								
						中（粗）砂 561.318 2	m^3	128.15	71 932.93								
						片石 100.980 0	m^3	63.11	6 372.85								
						碎石（4cm）941.639 5	m^3	86.41	81 367.07								
						碎石（6cm）42.534 0	m^3	85.44	3 634.10								
						碎石 1 327.917 0	m^3	110.00	146 070.87								
						32.5 级水泥 429.230 7	t	440.90	189 247.81								
						其他材料费 1 552.887 8	元	1.00	1 552.89								
						设备摊销费 20 675.600 0	元	1.00	20 675.60								
7	203-1-a	挖土方	0.002 6	108.02	0.28							3.44	0.08	0.31	0.39	0.26	4.76
8	203-1-b	挖石方	0.036 7	108.02	3.96				2.92		2.92	9.26	0.26	1.98	1.76	1.16	21.31
						空心钢钎 0.009 0	kg	7.84	0.07								
						Φ50 mm 以内合金钻头 0.017 0	个	30.97	0.53								
						硝铵炸药 0.129 0	kg	13.01	1.68								
						非电毫秒雷管 0.148 0	个	3.16	0.47								

编制：　　　　　　复核：

表 7-14　工程量清单单价分析表

建设项目名称：江西省××公路改建工程

标　　段：A1　　　　第 3 页　　共 14 页　　5-5 表

序号	编码	子目名称	人工费			材料费						机械使用费	其他	管理费	税费	利润	综合单价
			工日	单价	金额	主材				辅材费	金额						
						主材耗量	单位	单价	主材费								
8	203-1-b	挖石方				导爆索 0.079 0	m	2.05	0.16								
						其他材料费 0.017 6	元	1.00	0.02								
9	204-1-a	利用土方	0.002 1	108.02	0.23							5.07	0.11	0.49	0.56	0.37	6.83
10	204-1-b	利用石方	0.010 0	108.02	1.08							6.28	0.14	0.81	0.79	0.51	9.61
11	204-1-d	借土填方	0.005 8	108.02	0.63							19.30	0.36	1.40	2.07	1.36	25.11
12	207-1-a	浆砌片石	0.730 9	108.02	78.96				201.13		201.13	12.24	4.32	37.71	31.92	20.36	386.63
						水 1.800 0	m^3	2.72	4.90								
						中（粗）砂 0.417 0	m^3	128.15	53.44								
						砂砾 0.520 7	m^3	46.60	24.27								
						片石 1.150 0	m^3	63.11	72.58								
						32.5 级水泥 0.103 7	t	440.90	45.72								
						其他材料费 0.230 0	元	1.00	0.23								
13	208-3-b	浆砌骨架护坡	1.427 9	108.02	154.24				212.87		212.87	8.94	6.28	65.08	42.62	26.10	516.13
						水 2.333 1	m^3	2.72	6.35								
						中（粗）砂 0.541 9	m^3	128.15	69.44								
						片石 1.150 0	m^3	63.11	72.58								
						32.5 级水泥 0.145 5	t	440.90	64.15								

编制：　　　　　　　　　　　　复核：

表 7-14　工程量清单单价分析表

建设项目名称：江西省××公路改建工程

标　　段：A1　　　　第 4 页　　共 14 页　　5-5 表

序号	编码	子目名称	人工费			材料费						机械使用费	其他	管理费	税费	利润	综合单价
			工日	单价	金额	主材				辅材费	金额						
						主材耗量	单位	单价	主材费								
13	208-3-b	浆砌骨架护坡				其他材料费 0.350 0	元	1.00	0.35								
14	302-1-a	厚 150 mm	0.000 5	108.02	0.05				20.53		20.53	1.11	0.15	0.53	2.12	1.17	25.66
						碎石 0.1867	m^3	110.00	20.53								
15	304-3-a	厚 200 mm 上基层	0.004 7	108.02	0.51				42.97		42.97	3.87	0.35	1.33	4.65	2.60	56.27
						水 0.028 0	m^3	2.72	0.08								
						碎石 0.296 7	m^3	110.00	32.64								
						32.5 级水泥 0.022 6	t	440.90	9.95								
						其他材料费 0.301 0	元	1.00	0.30								
16	304-3-b	厚 180 mm 下基层	0.004 5	108.02	0.49				37.22		37.22	3.65	0.31	1.19	4.06	2.28	49.19
						水 0.026 0	m^3	2.72	0.07								
						碎石 0.269 9	m^3	110.00	29.68								
						32.5 级水泥 0.016 2	t	440.90	7.16								
						其他材料费 0.301 0	元	1.00	0.30								
17	312-1-a	厚 280 mm（混凝土弯拉强度 5.0 MPa）	0.177 5	108.02	19.17				308.36		308.36	45.65	3.54	17.87	37.59	23.10	455.29
						型钢 0.000 0	t	4 477.00	0.02								
						石油沥青 0.000 7	t	5 711.00	3.79								
						煤 0.000 1	t	561.95	0.07								

编制：　　　　复核：

表 7-14　工程量清单单价分析表

建设项目名称：江西省××公路改建工程

标　　段：A1　　　　第 5 页　　共 14 页　　5-5 表

序号	编码	子目名称	人工费			材料费						机械使用费	其他	管理费	税费	利润	综合单价
			工日	单价	金额	主材				辅材费	金额						
						主材耗量	单位	单价	主材费								
17	312-1-a	厚 280 mm（混凝土弯拉强度 5.0 MPa）				水 0.167 9	m^3	2.72	0.46								
						中（粗）砂 0.469 1	m^3	128.15	60.12								
						碎石（4 cm）0.846 7	m^3	86.41	73.16								
						32.5 级水泥 0.384 5	t	440.90	169.54								
						其他材料费 1.194 3	元	1.00	1.19								
18	312-2-b	带肋钢筋（HRB335、HRB400）	0.004 8	108.02	0.52				4.18		4.18	0.01	0.03	0.29	0.48	0.30	5.80
						HRB400 钢筋 0.001 0	t	4 047.00	4.15								
						20~22 号铁丝 0.005 1	kg	5.75	0.03								
19	313-1	路肩培土	0.205 0	108.02	22.14							3.63	0.72	8.66	3.34	1.98	40.48
20	313-3	现浇混凝土加固土路肩	0.780 0	108.02	84.26				305.13		305.13	42.00	5.42	40.92	45.50	27.88	551.11
						型钢 0.000 7	t	4 477.00	3.13								
						水 1.200 0	m^3	2.72	3.26								
						锯材 0.005 0	m^3	1 501.00	7.51								
						中（粗）砂 0.520 4	m^3	128.15	66.69								
						碎石（4 cm）0.850 0	m^3	86.41	73.45								
						32.5 级水泥 0.341 7	t	440.90	150.66								
						其他材料费 0.430 0	元	1.00	0.43								

编制：　　　　　　复核：

表 7-14　工程量清单单价分析表

建设项目名称：江西省××公路改建工程

标　　　段：A1　　　　第 6 页　　　共 14 页　　　5-5 表

序号	编码	子目名称	人工费			材料费						机械使用费	其他	管理费	税费	利润	综合单价
			工日	单价	金额	主材				辅材费	金额						
						主材耗量	单位	单价	主材费								
21	403-1-a	光圆钢筋（HPB235、HPB300）	0.004 2	108.02	0.45				4.43		4.43	0.26	0.03	0.31	0.52	0.32	6.33
						HPB300 钢筋 0.001 0	t	4 291.00	4.40								
						20~22 号铁丝 0.001 8	kg	5.75	0.01								
						电焊条 0.004 1	kg	5.73	0.02								
22	403-1-b	带肋钢筋（HRB335、HRB400）	0.004 2	108.02	0.45				4.18		4.18	0.26	0.03	0.31	0.50	0.31	6.04
						HRB400 钢筋 0.001 0	t	4 047.00	4.15								
						20~22 号铁丝 0.001 8	kg	5.75	0.01								
						电焊条 0.004 1	kg	5.73	0.02								
23	403-2-b	带肋钢筋（HRB335、HRB400）	0.006 6	108.02	0.71				4.18		4.18	0.13	0.03	0.38	0.52	0.32	6.28
						HRB400 钢筋 0.001 0	t	4 047.00	4.15								
						20~22 号铁丝 0.002 8	kg	5.75	0.02								
						电焊条 0.002 5	kg	5.73	0.01								
24	403-3-b	带肋钢筋（HRB335、HRB400）	0.006 4	108.02	0.70				4.19		4.19	0.25	0.03	0.40	0.53	0.33	6.42
						HRB400 钢筋 0.001 0	t	4 047.00	4.15								
						20~22 号铁丝 0.003 1	kg	5.75	0.02								
						电焊条 0.003 8	kg	5.73	0.02								
25	405-1-a-1	ϕ1.5 m	5.294 3	108.02	571.89				1 672.72		1 672.72	813.82	60.41	371.93	333.09	210.17	4 034.02

编制：　　　　　　　　　　　　　　复核：

表 7-14　工程量清单单价分析表

建设项目名称：江西省××公路改建工程

标　　　段：A1　　　　第 7 页　　　共 14 页　　　5-5 表

序号	编码	子目名称	人工费			材料费						机械使用费	其他	管理费	税费	利润	综合单价
			工日	单价	金额	主材				辅材费	金额						
						主材耗量	单位	单价	主材费								
25	405-1-a-1	ϕ1.5 m				20~22 号铁丝 0.022 2	kg	5.75	0.13								
						钢板 0.000 0	t	4 696.00	0.08								
						钢管 0.018 2	t	5 614.00	102.17								
						钢护筒 0.018 2	t	5 384.00	97.86								
						电焊条 0.126 9	kg	5.73	0.73								
						铁件 0.020 0	kg	5.04	0.10								
						水 12.115 8	m^3	2.72	32.96								
						锯材 0.001 2	m^3	1 501.00	1.80								
						黏土 2.072 2	m^3	11.65	24.14								
						中（粗）砂 2.166 5	m^3	128.15	277.64								
						碎石（4 cm）2.845 1	m^3	86.41	245.85								
						32.5 级水泥 1.952 7	t	440.90	860.95								
						其他材料费 1.411 8	元	1.00	1.41								
						设备摊销费 26.902 6	元	1.00	26.90								
			1.110 0	108.02	119.90				377.18		377.18	88.89	11.26	71.16	63.80	40.57	772.74
26	410-2-b-1	C35 混凝土墩柱				钢丝绳 0.001 2	t	6 910.00	8.29								
						钢板 0.000 1	t	4 696.00	0.47								

编制：　　　　　　　　　　复核：

表 7-14 工程量清单单价分析表

建设项目名称：江西省××公路改建工程

标 段：A1

第 8 页 共 14 页 5-5 表

序号	编码	子目名称	人工费			材料费						机械使用费	其他	管理费	税费	利润	综合单价
			工日	单价	金额	主材				辅材费	金额						
						主材耗量	单位	单价	主材费								
26	410-2-b-1	C35 混凝土墩柱				钢模板 0.007 1	t	5 827.00	41.37								
						安全爬梯 0.003 7	t	8 076.92	29.88								
						螺栓 0.092 0	kg	15.31	1.41								
						铁件 0.572 0	kg	5.04	2.88								
						水 1.200 0	m^3	2.72	3.26								
						中（粗）砂 0.490 0	m^3	128.15	62.79								
						碎石（4 cm）0.847 0	m^3	86.41	73.19								
						32.5 级水泥 0.341 7	t	440.90	150.66								
						其他材料费 2.970 0	元	1.00	2.97								
			1.230 0	108.02	132.86				494.10		494.10	125.32	14.36	85.39	81.37	52.11	985.52
27	410-2-c-1	C35 混凝土盖梁				型钢 0.010 0	t	4 477.00	44.77								
						钢模板 0.020 0	t	5 827.00	116.54								
						螺栓 0.010 0	kg	15.31	0.15								
						铁件 3.090 0	kg	5.04	15.57								
						水 1.200 0	m^3	2.72	3.26								
						中（粗）砂 0.469 0	m^3	128.15	60.10								
						碎石（4 cm）0.847 0	m^3	86.41	73.19								

编制： 复核：

表 7-14 工程量清单单价分析表

建设项目名称：江西省××公路改建工程

标　　段：A1　　　　第 9 页　　共 14 页　　5-5 表

序号	编码	子目名称	人工费			材料费						机械使用费	其他	管理费	税费	利润	综合单价
			工日	单价	金额	主材				辅材费	金额						
						主材耗量	单位	单价	主材费								
27	410-2-c-1	C35 混凝土盖梁				32.5 级水泥 0.384 5	t	440.90	169.53								
						其他材料费 10.980 0	元	1.00	10.98								
28	410-2-d-1	C35 混凝土台帽	1.240 0	108.02	133.94				354.06		354.06	119.53	12.27	77.90	66.54	41.66	805.89
						钢模板 0.004 9	t	5 827.00	28.55								
						螺栓 0.591 0	kg	15.31	9.05								
						铁件 0.348 0	kg	5.04	1.75								
						水 1.200 0	m^3	2.72	3.26								
						中（粗）砂 0.469 0	m^3	128.15	60.10								
						碎石（4 cm）0.847 0	m^3	86.41	73.19								
						32.5 级水泥 0.384 5	t	440.90	169.53								
						其他材料费 8.620 0	元	1.00	8.62								
29	410-2-d-2	C35 混凝土耳背墙	1.770 0	108.02	191.20				365.90		365.90	183.19	16.41	106.85	82.40	52.02	997.98
						钢模板 0.008 6	t	5 827.00	50.11								
						螺栓 0.952 0	kg	15.31	14.58								
						铁件 0.562 0	kg	5.04	2.83								
						水 1.200 0	m^3	2.72	3.26								
						中（粗）砂 0.490 0	m^3	128.15	62.79								

编制：　　　　复核：

表 7-14　工程量清单单价分析表

建设项目名称：江西省××公路改建工程

标　　段：A1　　　　第 10 页　　共 14 页　　5-5 表

序号	编码	子目名称	人工费			材料费						机械使用费	其他	管理费	税费	利润	综合单价
						主材				辅材费	金额						
			工日	单价	金额	主材耗量	单位	单价	主材费								
29	410-2-d-2	C35 混凝土耳背墙				碎石（4 cm）0.847 0	m^3	86.41	73.19								
						32.5 级水泥 0.341 7	t	440.90	150.66								
						其他材料费 8.480 0	元	1.00	8.48								
30	411-5	后张法预应力钢绞线	0.011 9	108.02	1.28				10.55		10.55	1.30	0.09	0.96	1.35	0.87	16.41
						钢绞线 0.001 0	t	5 937.00	6.17								
						塑料波纹管 90 mm×25 mm 0.014 4	m	4.87	0.07								
						塑料波纹管 SBG-50Y 0.146 1	m	4.87	0.71								
						塑料波纹管 SBG-60Y 0.060 9	m	5.75	0.35								
						塑料波纹管 SBG-72B 0.013 4	m	4.61	0.06								
						压浆料 0.000 5	t	1 709.40	0.90								
						钢绞线群锚（4 孔）0.010 5	套	98.67	1.03								
						钢绞线群锚（5 孔）0.008 1	套	132.95	1.08								
						钢绞线扁锚（3 孔）0.002 3	套	47.78	0.11								
						其他材料费 0.056 8	元	1.00	0.06								
31	411-8-a	C50 混凝土箱梁	3.591 2	108.02	387.92				833.04		833.04	137.59	22.37	205.01	151.64	98.93	1 836.48
						预制构件 1.000 0	m^3										
						HPB300 钢筋 0.000 2	t	4 291.00	0.86								

编制：　　　　　　　　复核：

表 7-14　工程量清单单价分析表

建设项目名称：江西省××公路改建工程

标　　段：A1　　　　第 11 页　　共 14 页　　5-5 表

序号	编码	子目名称	人工费			材料费						机械使用费	其他	管理费	税费	利润	综合单价
			工日	单价	金额	主材				辅材费	金额						
						主材耗量	单位	单价	主材费								
31	411-8-a	C50 混凝土箱梁				钢丝绳 0.000 6	t	6 910.00	4.05								
						8~12 号铁丝 0.072 2	kg	5.75	0.42								
						型钢 0.000 5	t	4 477.00	2.24								
						钢板 0.001 8	t	4 696.00	8.45								
						钢模板 0.008 0	t	5 827.00	46.62								
						电焊条 0.540 6	kg	5.73	3.10								
						铁件 0.898 5	kg	5.04	4.53								
						铁钉 0.009 4	kg	6.99	0.07								
						水 1.600 0	m^3	2.72	4.35								
						原木 0.000 7	m^3	1 133.00	0.78								
						锯材 0.012 9	m^3	1 501.00	19.37								
						枕木 0.015 2	m^3	1 442.48	21.99								
						中（粗）砂 0.546 0	m^3	128.15	69.97								
						碎石（2 cm）0.680 0	m^3	88.35	60.08								
						碎石（6 cm）0.081 8	m^3	85.44	6.99								
						42.5 级水泥 0.570 6	t	484.00	276.17								
						其他材料费 5.712 8	元	1.00	5.71								

编制：　　　　　　　　　　复核：

表 7-14 工程量清单单价分析表

建设项目名称：江西省××公路改建工程

标　　段：A1　　　　第 12 页　　共 14 页　　5-5 表

序号	编码	子目名称	人工费			材料费						机械使用费	其他	管理费	税费	利润	综合单价
			工日	单价	金额	主材				辅材费	金额						
						主材耗量	单位	单价	主材费								
31	411-8-a	C50 混凝土箱梁				设备摊销费 297.299 6	元	1.00	297.30								
32	415-2	水泥混凝土桥面铺装	1.330 0	108.02	143.67				341.03		341.03	51.42	7.47	65.32	58.00	35.53	702.42
						型钢 0.000 2	t	4 477.00	0.90								
						水 1.500 0	m^3	2.72	4.08								
						中（粗）砂 0.469 0	m^3	128.15	60.10								
						碎石（4 cm）0.857 0	m^3	86.41	74.05								
						32.5 级水泥 0.406 0	t	440.90	179.01								
						其他材料费 22.890 0	元	1.00	22.89								
33	604-8	里程碑	0.331 0	108.02	35.75				50.54		50.54	5.91	1.50	15.50	10.50	6.50	126.50
						HPB300 钢筋 0.002 7	t	4 291.00	11.46								
						型钢 0.000 1	t	4 477.00	0.22								
						组合钢模板 0.000 3	t	5 561.00	1.78								
						铁件 0.180 0	kg	5.04	0.91								
						水 0.160 0	m^3	2.72	0.44								
						原木 0.000 2	m^3	1 133.00	0.24								
						油漆 0.311 0	kg	13.27	4.13								
						中（粗）砂 0.062 0	m^3	128.15	7.94								

编制：　　　　复核：

表 7-14　工程量清单单价分析表

建设项目名称：江西省××公路改建工程

标　　段：A1　　　　第 13 页　　共 14 页　　5-5 表

序号	编码	子目名称	人工费			材料费						机械使用费	其他	管理费	税费	利润	综合单价
			工日	单价	金额	主材				辅材费	金额						
						主材耗量	单位	单价	主材费								
33	604-8	里程碑				碎石（2 cm）0.044 1	m^3	88.35	3.90								
						碎石（8 cm）0.050 8	m^3	82.52	4.19								
						32.5 级水泥 0.033 3	t	440.90	14.66								
						其他材料费 0.686 0	元	1.00	0.69								
			0.036 0	108.02	3.89				5.86		5.86	0.31	0.20	1.68	1.16	0.72	13.84
34	604-10	百米桩				HPB300 钢筋 0.000 7	t	4 291.00	3.00								
						型钢 0.000 0	t	4 477.00	0.04								
						组合钢模板 0.000 1	t	5 561.00	0.39								
						铁件 0.037 0	kg	5.04	0.19								
						水 0.010 0	m^3	2.72	0.03								
						原木 0.000 0	m^3	1 133.00	0.05								
						油漆 0.046 0	kg	13.27	0.61								
						中（粗）砂 0.002 5	m^3	128.15	0.31								
						碎石（2 cm）0.004 1	m^3	88.35	0.36								
						32.5 级水泥 0.001 9	t	440.90	0.83								
						其他材料费 0.048 0	元	1.00	0.05								
35	605-1-a	热熔反光标线	0.031 0	108.02	3.35				31.00		31.00	6.80	0.54	3.05	4.26	2.63	51.62

编制：　　　　复核：

表 7-14　工程量清单单价分析表

建设项目名称：江西省××公路改建工程

标　　段：A1　　　　第 14 页　　共 14 页　　5-5 表

序号	编码	子目名称	人工费			材料费						机械使用费	其他	管理费	税费	利润	综合单价
			工日	单价	金额	主材				辅材费	金额						
						主材耗量	单位	单价	主材费								
35	605-1-a	热熔反光标线				热熔涂料 4.690 0	kg	5.31	24.90								
						反光玻璃珠 0.957 0	kg	4.34	4.15								
						其他材料费 1.942 0	元	1.00	1.94								
36	703-1	撒播草种（含喷播）	0.015 5	108.02	1.67				7.02		7.02	2.19	0.16	1.02	1.16	0.80	14.01
						水 0.090 0	m^3	2.72	0.24								
						草籽 0.020 0	kg	90.00	1.80								
						种植土 0.071 4	m^3	11.65	0.83								
						其他材料费 4.142 8	元	1.00	4.14								

编制：　　　　　　　　复核：

图 7-11　工程量清单预算各数据表格实例

参 考 文 献

[1] 聂莉萍．公路工程造价编制及软件应用．北京：人民交通出版社，2013.

[2] 王首绪，李晶晶，杨玉胜，等．公路施工组织及概预算．4 版．北京：人民交通出版社股份有限公司，2020.

[3] 中华人民共和国交通运输部．公路工程建设项目投资估算编制办法：JTG 3820—2018. 北京：人民交通出版社股份有限公司，2018.

[4] 中华人民共和国交通运输部．公路工程建设项目概算预算编制办法：JTG 3830—2018. 北京：人民交通出版社股份有限公司，2018.

[5] 中华人民共和国交通运输部．公路工程预算定额：JTG/T 3832—2018. 北京：人民交通出版社股份有限公司，2018.

[6] 中华人民共和国交通运输部．公路工程机械台班费用定额：JTG/T 3833—2018. 北京：人民交通出版社股份有限公司，2018.

[7] 中华人民共和国交通运输部．公路工程标准施工招标文件．北京：人民交通出版社股份有限公司，2018.

[8] 中华人民共和国交通运输部．公路工程建设项目招标投标管理办法．北京：人民交通出版社股份有限公司，2016.